Albert Haug

Mikroelektronik und Mikroprozessoren für Maschinenbauer

Mit 140 Bildern

Friedr. Vieweg & Sohn   Braunschweig / Wiesbaden

CIP-Kurztitelaufnahme der Deutschen Bibliothek

Haug, Albert:
Mikroelektronik und Mikroprozessoren für
Maschinenbauer / Albert Haug. — Braunschweig;
Wiesbaden: Vieweg, 1986.
 (Viewegs Fachbücher der Technik)
 ISBN 3-528-04370-9

Das in diesem Buch enthaltene Programm-Material ist mit keiner Verpflichtung oder Garantie
irgendeiner Art verbunden. Der Autor, der Herausgeber und der Verlag übernehmen infolgedessen
keine Verantwortung und werden keine daraus folgende oder sonstige Haftung übernehmen, die
auf irgendeine Art aus der Benutzung dieses Programm-Materials oder Teilen davon entsteht.

1986

Alle Rechte vorbehalten
© Friedr. Vieweg & Sohn Verlagsgesellschaft mbH, Braunschweig 1986

Umschlaggestaltung: Hanswerner Klein, Leverkusen
Satz: Vieweg, Braunschweig
Druck und buchbinderische Verarbeitung: Wilhelm + Adam, Heusenstamm
Printed in Germany

ISBN 3-528-04370-9

Vorwort

Bücher mit dem Titel „Elektrotechnik für Maschinenbauer" sind geläufig, bekannt und werden immer wieder aktualisiert. Sie sollen dem Maschinenbau-Ingenieur ein elektrotechnisches Grundlagenwissen vermitteln, und ihn in die für Elektrotechnik typische Denkweise und in die Grundbegriffe der elektrotechnischen Fachsprache einführen. Darüber hinaus ist es meist das Ziel solcher Bücher, den Maschinenbauer in die Vorschriften und Sicherheitsauflagen der Elektrotechnik einzuführen, damit er gefahrlos mit ihr umgehen kann. Nicht zuletzt erhebt die genannte Gruppe von Büchern den Anspruch, das Entwerfen, Planen und Berechnen einfacher Schaltungen, also eine durchaus anwendbare Fachkenntnis, zu lehren.

Von hierher betrachtet, müßte ein Titel „Mikroelektronik für Maschinenbauer" ganz ähnliche Ziele verfolgen. Auch die Mikroelektronik, vor allem der Mikroprozessor, ist dem Maschinenbauer fremd, und trotzdem sollte er Grundkenntnisse darüber besitzen; auch in der Mikroelektronik gibt es eine eigene Fachsprache und eigene Denkstrukturen. Aber — die Mikroelektronik ist jung, befindet sich in rasanter Entwicklung und hat noch kaum abgeklärte oder hinreichend standardisierte Gebiete wie die rund 100 Jahre alte Elektrotechnik. Somit ergeben sich für ein Buch über Mikroelektronik für Maschinenbauer andere Aspekte und Zielsetzungen.

Ohne viel Ballast aus dem Bereich der Logischen Schaltungen und der Digitaltechnik sollte der Einstieg möglichst rasch, sozusagen „von oben", in die zentralen Einheiten der Mikroelektronik erfolgen. Daran können sich Kapitel über Daten-Transport sowie Ein/Ausgabe von Daten anschließen. Nach Abschluß der gerätetechnischen Seite (hardware) folgt das Problem der Programmierung (software), deren Entwicklung und Test. Die für den Maschinenbauer zugeschnittene Elektronik der speicherprogrammierbaren Steuerungen rundet den Inhalt ab.

Die Zielsetzungen im vorliegenden Buch sind somit anders als in einer „Elektrotechnik für Maschinenbauer". Der Sicherheitsaspekt tritt nicht auf, es kann auch nicht das Anliegen des vorliegenden Buches sein, dem Leser das Entwerfen von Schaltungen oder das Programmieren zu lehren. Die Schwerpunkte liegen anders:

Der Leser soll

— etwa vorhandene Angst oder Scheu vor der Mikroelektronik ablegen,
— das grundlegende Arbeiten und Verhalten von Bausteinen und die zugehörigen Fachbegriffe kennenlernen,
— fähig werden, sich mit den Fachkollegen aus der Mikroelektronik zu verständigen, und einfache Systeme zu verstehen,
— die Grundzüge des Programmierens auf verschieden hohen Sprach-Ebenen sowie das Vorgehen beim Erstellen und Testen von Programmen erfahren.

Kurzum: dem Leser soll der Einstieg in Mikroelektronik leichter gemacht werden. Bei einer solchen Zielsetzung war es dem Verlag ein Anliegen, daß der Autor kein Spezialist, sondern selber noch Lernender im Bereich Mikroelektronik und Prozessoren ist. Der Experte vergißt gar zu gern und zu rasch die Schwierigkeiten des Anfängers und Einsteigers und besitzt zudem meist den Ehrgeiz, möglichst alles auf den allerneuesten Stand zu bringen. So hoffe ich als jemand, der zwar Elektrotechniker ist, sich aber noch nicht allzulange im Gebiet der Prozessoren bewegt, den Leser behutsam und doch zügig in das neue Gebiet hineinzuführen. Wenn der Leser Orientierung findet, Grundkenntnisse erwirbt, Berührungsängste abbauen kann und einen ersten Einstieg gewinnt — dann ist das Ziel des Buches erreicht.

Anregungen zur Verbesserung nehme ich gerne an, und zum Schluß möchte ich mich beim Verlag und bei vielen Kollegen für Mithilfe und Anregungen herzlich bedanken.

November 1986   *Albert Haug*

Inhaltsverzeichnis

1 Einführung 1
  1.1 Mikro-Elektronik und Maschinenbau 1
  1.2 Das Feld der Automatisierung 3
  1.3 Methodische Hilfsmittel 5
  1.4 Binäre Darstellungen 8
      1.4.1 Das Dualzahlen-System 8
      1.4.2 Allgemeine binäre Darstellungen 11
      1.4.3 Aussagelogik und Boolesche Algebra 14
  1.5 Strukturen der Mikro-Elektronik 17
  1.6 Zum mechanischen Aufbau der Elektronik 19

2 Zentrale Einheiten 25
  2.1 Register 25
      2.1.1 Die Register-Grundform 25
      2.1.2 Serieller und paralleler Betrieb 26
      2.1.3 Schieberegister 28
      2.1.4 Asynchroner und synchroner Betrieb 30
      2.1.5 Zähler 30
  2.2 Der Akkumulator 35
  2.3 Status-Register 37
  2.4 Speicher 37
      2.4.1 Zur Speicher-Organisation 37
      2.4.2 Nur-Lese-Speicher (ROM) 40
      2.4.3 Programmierbare Nur-Lese-Speicher (PROM, EPROM) .. 41
      2.4.4 Schreib/Lese-Speicher (RAM) 43
      2.4.5 Speicher-Sonderformen 44
  2.5 Die Zentraleinheit (CPU) 46
      2.5.1 Arbeitsablauf in einer CPU 46
      2.5.2 Blockschaltbild einer CPU 48
      2.5.3 Befehlsaufbau und Adressierung 50
      2.5.4 Wesentliche Anschlüsse einer CPU 52
      2.5.5 Blockschaltbild des Prozessors 8085 55

3 Datenverkehr 56
  3.1 Der Bus 56
      3.1.1 Die Bus-Struktur 56
      3.1.2 Treiber, Pufferverstärker 57
      3.1.3 Tri-State-Betrieb 58
      3.1.4 Bus-Vereinbarungen 60
  3.2 Serielle Schnittstelle 60
  3.3 Parallele Schnittstelle 62

3.4   Der IEC-Bus 63
    3.4.1   IEC-Bus-Organisation 63
    3.4.2   Ablauf des Handshake-Verfahrens 67

4 Ein- und Ausgabe 69
  4.1   Aufbereitung analoger Daten 69
    4.1.1   Analoge Signale 69
    4.1.2   Die Meßkette 69
    4.1.3   Digital-Analog-Umsetzer 71
    4.1.4   Analog-Digital-Umsetzer 73
    4.1.5   Frequenz-Umsetzer und Frequenz-Analogie 78
  4.2   Einrichtungen zur Dateneingabe 79
    4.2.1   Schalter und Initiatoren 79
    4.2.2   Tastaturen 81
    4.2.3   Floppy-Disk 84
    4.2.4   Eingabe vom Band 85
  4.3   Einrichtungen zur Datenausgabe 86
    4.3.1   7-Segment- und 16-Segment-Anzeige 86
    4.3.2   Matrix- und Kamm-Drucker 89
    4.3.3   Plotter 92
    4.3.4   Datensichtgeräte 93
  4.4   Verkehr mit der Peripherie 95
    4.4.1   Ports und Port-Bausteine 95
    4.4.2   Weitere Parallel-Ein/Ausgabe-Bausteine 97
    4.4.3   Serienschnittstellen-Bausteine 98
    4.4.4   Sonstige periphere Bausteine 100

5 Anweisungen 101
  5.1   Darstellung von Befehlen 101
  5.2   Der Befehlsvorrat 102
    5.2.1   Befehlsliste und Ordnungskriterien 102
    5.2.2   Transferbefehle 103
    5.2.3   Arithmetische Operationen 104
    5.2.4   Logische Operationen 105
    5.2.5   Sprungbefehle 107
    5.2.6   Einige Sonderbefehle 109
  5.3   Das Interrupt-Problem 110
    5.3.1   Interrupt − von außen ausgelöster Unterprogrammsprung 110
    5.3.2   Interrupt-Bearbeitung 111
    5.3.3   Interrupt-Prioritäten 112
    5.3.4   Interrupt-Steuerung 113
  5.4   Arbeiten mit dem Speicher 114
    5.4.1   Speicherbelegungsplan 114
    5.4.2   Speicherausbau 116
    5.4.3   Direkter Speicherzugriff 117

6 Programmieren und Programm-Test 119

  6.1   Problem-Analyse 119
  6.2   Zur Programm-Entwicklung 120
        6.2.1   Entwicklungsstrategien 120
        6.2.2   Flußdiagramm 121
        6.2.3   Grundstrukturen in Flußdiagrammen 123
        6.2.4   Strukturierte Programmierung 126
        6.2.5   Flußdiagramm – Struktogramm – Pseudocode 127
  6.3   Programmieren in Maschinensprache 132
        6.3.1   Die 4-Felder-Liste 132
        6.3.2   Das Adressierungsproblem 134
        6.3.3   Assemblieren und Assembler 136
  6.4   Höhere Programmiersprachen 138
        6.4.1   Beispiele höherer Sprachen 138
        6.4.2   Elemente der Sprache BASIC 139
        6.4.3   Einige Beispiele in BASIC 140
  6.5   Programm-Test 143
        6.5.1   Stufen der Software-Entwicklung 143
        6.5.2   Entwicklungshilfsmittel 145
  6.6   Anwenderprogramme – Betriebssystem 146

7 Architektur von Mikroelektronik 148

  7.1   Einchip- und Mehrchip-Prozessoren 148
  7.2   Prozessor-Familien 149
  7.3   Analog- und Arithmetik-Prozessoren 150
  7.4   Mikro- und Mini-Computer 151
  7.5   Prozeßrechner 152
  7.6   Zusammenfassung 153

8 Speicherprogrammierbare Steuerungen 155

  8.1   Steuerungstechnik 155
  8.2   Arten von Steuerungen 157
  8.3   Darstellungsarten in der (speicherprogrammierbaren) Steuerungstechnik . . 160
        8.3.1   Der Kontaktplan 160
        8.3.2   Der Funktionsplan 161
        8.3.3   Die Anweisungsliste 163
        8.3.4   Beispiel 165
  8.4   Aufbau einer speicherprogrammierbaren Steuerung 166
        8.4.1   Die Aufbaustruktur 166
        8.4.2   Zur Arbeitsweise 168
  8.5   Zum Programmieren von Steuerungen 170
        8.5.1   Ablauf und Programmiersprachen 170
        8.5.2   Die Sprache STEP 171
        8.5.3   Ein Beispiel in STEP 171
        8.5.4   Weiterführung des Beispiels 176

Anhang 179

Sachwortverzeichnis 194

1 Einführung

1.1 Mikro-Elektronik und Maschinenbau

Maschinenbau, das ist die Welt der Mechanik und Hydraulik, der Werkstoffe und der Festigkeitslehre und vor allem die Welt der Konstruktion. Diese Welt war lange Jahre dadurch gekennzeichnet, daß in ihr die Elektrotechnik nur Hilfsfunktionen zu erfüllen hatte: Sie lieferte den Antrieb, vielleicht auch die Steuerung. Die Elektronik war zumeist auf den Bereich der Meßtechnik beschränkt. Heute sind die Verhältnisse anders geworden. Selbstverständlich steht im Maschinenbau die mechanische Konstruktion noch im Vordergrund, die Elektrotechnik und die Elektronik sind jedoch nicht mehr nur Hilfsfunktionen, sondern wie die Konstruktion selbst tragende Säule im Maschinenbau geworden. Das wohl auffälligste Beispiel für diese Aussage ist der Industrieroboter.

In einer rein mechanisch-konstruktiven Ära der Technik wurde die menschliche Handfertigkeit zwar schon auf Maschinen übertragen. Diese Werkzeugmaschinen beherrschten jedoch jede für sich nur sehr eingeschränkte Teilbereiche von Fertigkeiten, waren auf spezielle Vorgänge hin entworfen und sind in ihren verschiedenen Formen als Bohr-, Fräs-, Hobelmaschinen usw. bekannt.

Im Industrieroboter (Bild 1.1) wird die menschliche Hand anders und viel direkter nachgebildet, als wirkliche Universalgreifzange mit sehr komplexer Steuerung. Roboter können Werkstücke bewegen und positionieren, können bearbeiten und zusammenfügen, können messen. Sie können sogar aus ,,Erfahrung lernen", z.B. wenn in einem sog. teach-in-Prozeß ein Roboterarm vom Menschen geführt wird, die Bewegungen abgespeichert werden und danach beliebig oft in genau gleicher Weise reproduzierbar sind.

Wenn wir uns fragen, was denn wohl die ungeheure Geschicklichkeit menschlicher Hände ausmacht, dann liegt diese gewiß weder in der Kraft der Arme und Finger noch in ihrer erstaunlichen Beweglichkeit. Sie liegt auch und wohl vor allem in der Steuerung, im Gehirn des Menschen und in seinen Sinnesorganen. Ähnliches gilt für den Industrieroboter als Spitzenprodukt heutigen Maschinenbaues aber auch: Seine Beweglichkeit in mehreren Achsen ist eine zwar notwendige, keineswegs aber die hinreichende Bedingung für seine universelle Einsatzfähigkeit. ,,Gehirn" und ,,Sinnesorgane" jedoch werden von der heutigen Mikro-Elektronik beigesteuert in Form von Sensoren und in Form von Prozessoren oder Computern.

An dieser Stelle, bei der Mikro-Elektronik, pflegen die Schwierigkeiten für den Maschinenbauer von heute einzusetzen. Die Konstruktion ist ihm wohlbekannt, sie ist seine Domäne; die Elektronik steht ihm jedoch ferner, sie ist Gebiet seiner Kollegen aus Elektronik und Informatik. Der Maschinenbauer hat zwar nicht die Aufgabe, elektronische Einheiten zu entwerfen und zu bauen, das macht der Informatiker und der Elektroniker. Aber er muß sich mit seinen Kollegen aus diesem Bereich fachgerecht unterhalten können, damit so komplexe und vielschichtige Gebilde wie Industrieroboter überhaupt entstehen und optimierbar sind. Kurz: dem Maschinenbauer darf die Mikro-Elektronik nicht völlig fremd sein.

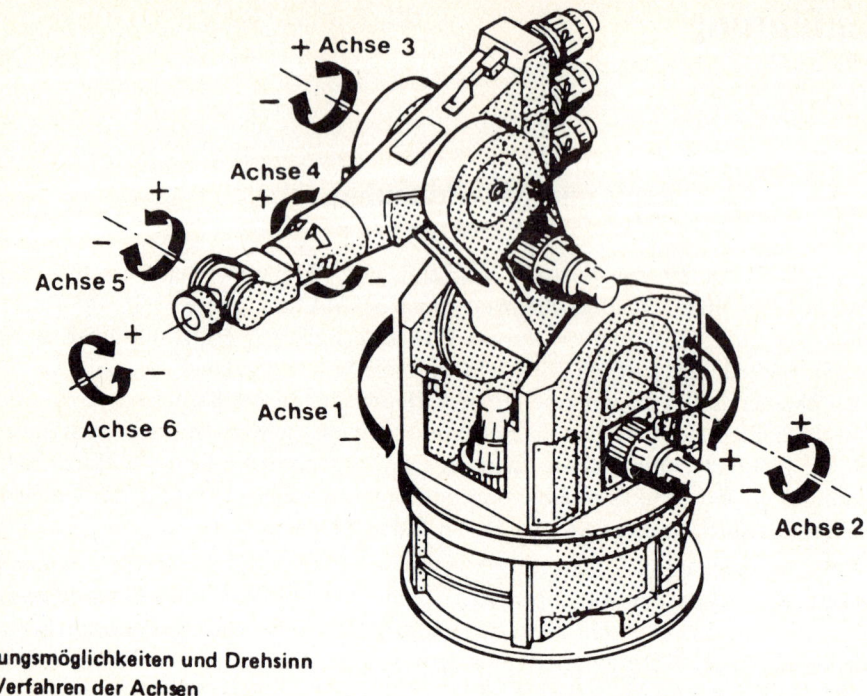

**Bewegungsmöglichkeiten und Drehsinn
beim Verfahren der Achsen**

Bild 1.1 Der Industrieroboter steht als Beispiel für den heutigen Maschinenbau: eine Kombination von Mechanik und (Mikro-)Elektronik. (Werkzeichnung: KUKA Schweißanlagen + Roboter GmbH)

Dies gilt aber nun weder für den Maschinenbauer allein noch ausschließlich für Industrieroboter. Es genügt nicht mehr, mit einem Taschenrechner umgehen oder einen Rechner in einer der problem-orientierten Sprachen programmieren zu können. Wer im Bereich der Technik arbeitet, muß in die Mikro-Elektronik einsteigen. Er muß in diesem Gebiet nicht zum Fachmann werden, aber er muß sich mit dem Fachmann auseinandersetzen können und seine Sprache verstehen.

Das ganze Feld der Technik ist durchsetzt mit Mikro-Elektronik, überall ist sie – meist über den Computer – mit im Spiel:

– Maschinen und Anlagen werden mit Speicher-programmierbaren Steuerungen SPS betrieben.

– Die Fertigungstechnik ist weitgehend rechnergestützt, man spricht von CAM (Computer Aided Manufacturing).

– Dazu gehören Industrieroboter genauso wie rechnergesteuerte, speziellere Werkzeugmaschinen (Stichwort CNC, Computerized Numerical Control).

– Die Verfahrens- und Prozeßtechnik wird vom Prozeßrechner beherrscht.

– auch in Konstruktion und Fertigungsvorbereitung wirkt Mikro-Elektronik mit: CAD, Computer Aided Design).

Überhaupt könnte man nach den beiden Buchstaben CA (Computer Aided oder Computer Assisted) jeden Buchstaben des Alphabets folgen lassen, fast immer ergäbe sich ein Begriff oder ein Bereich, in welchen die Mikro-Elektronik eingedrungen ist. Schließlich wird zusammenfassend ja auch von CAE (Computer Aided Engineering) gesprochen. Wenn aber der Computer, wenn die Mikro-Elektronik die ganze Technik unterstützt, dann braucht es zumindest ein Grundwissen, um die Unterstützungsmöglichkeiten zu kennen, richtig zu beurteilen und einzusetzen. Deswegen wollen wir nun die Denkweise und die Grundbegriffe und Grundstrukturen der Mikro-Elektronik näher kennenlernen.

1.2 Das Feld der Automatisierung

Bei den im vorangegangenen Abschnitt aufgezählten Beispielen wie der Steuerungstechnik, der Fertigung, der Verfahrenstechnik oder der Testvorgänge ist eine Gemeinsamkeit herausstellbar: In all diesen Fällen werden Aufgaben durch schematisches Befolgen von Regeln gelöst. Die Summe aller solcher Regeln oder Vorschriften, die zur Lösung einer gestellten Aufgabe führen, wird als Algorithmus bezeichnet.

Algorithmisch lösbare Aufgaben sind zur Automatisierung gut geeignet, und die Mikro-Elektronik ihrerseits ist hervorragend geeignet, algorithmische Abläufe zu übernehmen und/oder zu steuern. Die Aufgabenstellungen selbst können sehr verschieden sein. Die Hauptsache ist und bleibt der schematische Ablauf nach einem Satz vorgegebener Regeln. Wir wollen nun einmal an zwei sehr verschiedenen Beispielen abzuleiten versuchen, welche wesentlichen Teilbereiche zum Lösen einer automatisierbaren Aufgabe gehören.

Beim ersten Beispiel soll nochmals auf die Vorstellung eines Industrieroboters zurückgegriffen werden, und zwar soll es sich um einen Bearbeitungsroboter handeln, der Löcher bohren kann. Dann werden zur Gesamtheit der Regeln für den Ablauf des Bohrvorgangs Angaben wie die nachfolgenden gehören:

— Lage des zu bohrenden Lochs (z.B. in einem vereinbarten Koordinatensystem), ggf. Bohrtiefe;
— Drehzahl und Vorschub der Bohrspindel;
— Bohrlochdurchmesser bzw. Angabe über den zu verwendenden Bohrer;
— Ausgangs- und Rückkehrlage des Bohrkopfs;
— Verhalten bei Störungen.

Derartige Angaben können vor Beginn des Bohrvorgangs in sinnvoll aufeinanderfolgenden *Programm*punkten festgelegt sein. Sie reichen aber nicht aus, um den Bohrvorgang durchzuführen. Es ist unbedingt nötig, daß dem Bohrroboter aktuelle Meldungen *eingegeben* werden, z.B. wenn das Werkstück zum Bohrvorgang eingelegt und bereit ist. Ebenso sind Meldungen über die Lage des Bohrkopfes nötig, damit über Ist-Soll-Vergleich festgestellt werden kann, ob auch an der gewünschten Stelle gebohrt wird. In gleicher Weise muß der Roboter aber auch Meldungen *abgeben* können, etwa wenn das Bohrloch fertiggestellt ist oder aber bei Bohrerbruch und anderen Störungen.

Damit sind aber schon drei wesentliche Teilbereiche erkennbar, die für das automatische Bohren von Löchern notwendig sind: Benötigt werden

— ein *Programm* mit allen nötigen Ablaufsanweisungen;
— die Möglichkeit zum *Eingeben* von Information;
— die Möglichkeit zum *Ausgeben* von Information.

Mit ein paar weiteren Überlegungen werden wir noch zwei wichtige Teilbereiche entdecken. Es wurde weiter oben festgestellt, daß der Roboter einen Ist-Soll-Vergleich der Bohrkopfposition durchzuführen hat, um zu erkennen, ob die richtige Bohrposition auch tatsächlich angefahren wird. Ein solcher Vergleich läuft auf eine Differenzbildung, also auf eine mathematische Operation hinaus. Solche Operationen, auch logische Verknüpfungen und/oder Entscheidungen, werden immer durchzuführen sein. Dies soll ein *Rechenwerk* genannter Teilbereich erledigen, auch wenn es sich nur um sehr einfache Verknüpfungen handelt.

Schließlich muß noch ein Informations*speicher* mit im Spiel sein, z.B. um die Sollwerte oder irgendwelche Zwischenergebnisse von Verknüpfungen abzulegen. Damit kommen wir auf insgesamt fünf Teilbereiche, die notwendig sind, damit über ein *Steuerwerk* der gewünschte Vorgang ablaufen kann. Übrigens: Dies alles hat mit der Maschinenbauseite, mit der Konstruktion, nicht das geringste zu tun. Es handelt sich nur um die Teilbereiche, die zur Durchführung eines algorithmischen Ablaufs nötig sind.

Als zweites Beispiel sei die numerische Berechnung eines Wurzelwertes gewählt — gewiß eine völlig andere Aufgabe als das Löcherbohren. Trotzdem werden wir dieselben Teilbereiche für den Ablauf des Vorgangs finden. Ist beim Ziehen der Quadratwurzel aus einer Zahl a ein Wurzelwert b bekannt, so daß man $a = b^2 + c$ setzen kann, dann gilt die bekannte Näherungsformel

$$\sqrt{a} = \sqrt{b^2 + c} \approx b + \frac{c}{2 \cdot b}$$

Der errechnete Näherungswert kann erneut in die Formel eingesetzt werden.

Das (ggf. iterative) Berechnen des Wurzelwertes führt auf folgende Teilbereiche:

— Kernpunkt eines Programms wird die Näherungsformel sein.
— Zur Berechnung müssen Zahlen eingegeben werden können.
— Der jeweils errechnete Näherungswert muß in irgendeiner Form angezeigt, also ausgegeben werden.
— Die Notwendigkeit eines Rechenwerks ist offenkundig.
— Auch eine Speicherung wird notwendig sein. Beim Benutzen eines kleinen 4-Spezies-Rechners zum Aufnotieren von Zwischenwerten, beim automatischen zyklischen Berechnen, um nach Erreichen einer gewissen Näherung auch automatisch abbrechen zu können.

Die äußerst verschiedenen Aufgaben (Löcher bohren, Wurzelwerte berechnen) führen auf dieselben Teilbereiche, um sie zu automatisieren. Automatisierbar ist der gesamte Bereich manueller und fertigungstechnischer Routine; automatisierbar ist aber genauso die sog. „geistige" Routine, von der Kontenführung und Datenverwaltung bis zu umfangreichen numerischen Berechnungen.

1.3 Methodische Hilfsmittel

Eines der wichtigsten Hilfsmittel zum Darstellen von Strukturen und Zusammenhängen, auch in der Mikro-Elektronik, ist das Blockschaltbild. Machen wir einmal den Versuch, das Beispiel „Wurzelziehen" aus dem vorangegangenen Abschnitt darzustellen, und zwar mit einem Rechenschieber oder einem Taschenrechner, der nur die vier Grundrechenarten beherrscht. Es ergibt sich folgendes:

— Die Gesamtheit der Regeln, welche — schematisch befolgt — die Problemlösung ergeben, ist die schon angegebene Formel. Sie kann als Algorithmus, als Ablaufprogramm benutzt werden.

— Die Zahlen a, b, c müssen eingestellt oder eingegeben werden.

— Die Ausgabe erfolgt entweder durch Ablesen am Rechenschieber bzw. Rechner oder durch Notieren des Ergebnisses auf einem Blatt Papier,

— welches gleichzeitig als Zwischenspeicher verwendbar ist.

— Das eigentliche Rechenwerk ist der Rechenschieber bzw. der Taschenrechner, wie oben erwähnt.

Dies alles wird vom menschlichen Bearbeiter koordiniert. Die Zusammenhänge zeigt Bild 1.2. Die Pfeile geben an, in welcher Richtung die einzelnen Teilbereiche oder Funktionsblöcke miteinander korrespondieren, ob nur in einer (uni-direktional) oder in beiden (bi-direktional).

Im Blockbild wird jede Funktion, jeder Teilbereich, jede Komponente als Kästchen, als „black box" dargestellt. Wesentlich dabei ist der Zusammenhang, das Zusammenspiel zwischen den Blöcken, nicht aber deren detaillierte Innenstruktur. Da das Blockschaltbild Zusammenhänge herausstellt, sind funktionelle Vergleiche leicht möglich. In Bild 1.3 ist das automatisierte Wurzelziehen nach unserer Näherungsformel gezeigt: Dieses Blockbild enthält dieselben Blöcke wie Bild 1.2. An die Stelle des menschlichen Bearbeiters tritt nun ein Funktionsblock mit dem Namen Steuerwerk, das die Ablaufkoordinierung übernimmt.

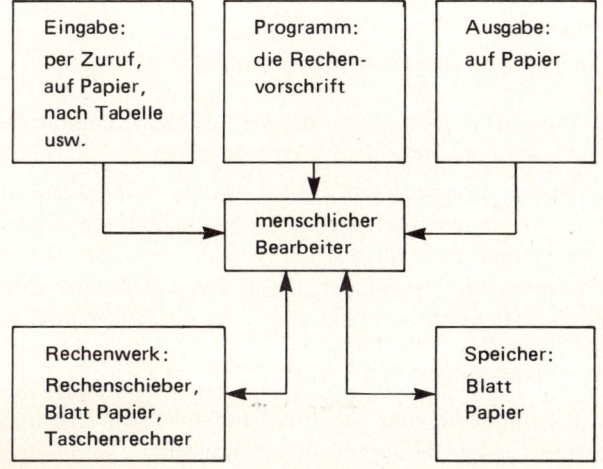

Bild 1.2

Blockbild für den Ablauf „Wurzelziehen nach Näherungsformel" durch einen menschlichen Bearbeiter.

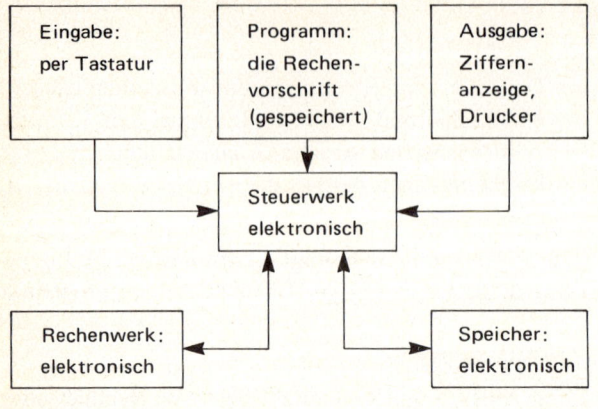

Bild 1.3

Blockbild für den automatisierten Vorgang „Wurzelziehen nach Näherungsformel".

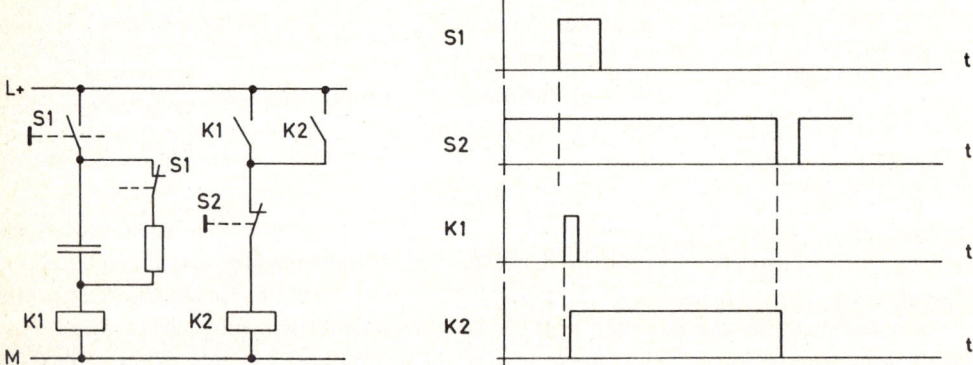

Bild 1.4 Ein sog. Wischrelais. Wird Schalter S 1 kurz betätigt, dann zieht Relais K 1 über den leeren Kondensator einen Moment an. Damit wird aber Relais K 2 betätigt, welches sich dann selbst hält, bis es beim Öffnen von Schalter S 2 wieder abfällt.

Im Diagramm bedeutet die Zeitachse „nicht betätigt" bzw. „Kontakt offen". Ein Impulsdach bedeutet dann „betätigt" bzw. „Kontakt geschlossen".

Dies ist typisch für jede Automatisierung: Dort, wo seither der Mensch algorithmisch ablaufende Vorgänge steuerte, kann heute an seine Stelle die Elektronik treten.

Wir werden viel mit Blockbildern arbeiten, dagegen kaum einmal mit einem detaillierten Stromlaufplan oder einem Schaltbild. Denn uns interessieren ja vornehmlich die prinzipiellen Zusammenhänge und nicht die Details. Dem Blockschaltbild nahe verwandt ist der Funktionsplan, wie ihn die Steuerungstechnik verwendet. Auch Funktionspläne sind gerätetechnisch neutral, die Ausführung der Funktionsblöcke kann sehr verschieden sein, mechanisch, pneumatisch, hydraulisch oder eben elektronisch.

Zeitdiagramme sind eine weitere, in der Technik allgemein übliche Art, Abläufe und Zusammenhänge darzustellen. In Bild 1.4 findet sich das Schaltbild für ein Wischrelais und daneben das Zeitdiagramm. Der Ablauf ist in der Bildlegende näher erläutert.

In Bild 1.4 sind einige sog. „zweiwertige" Elemente enthalten: die Kontakte und die Relais. Kontakte sind entweder offen oder geschlossen, Relais sind angezogen oder nicht angezogen (abgefallen) — diese Elemente kennen nur zwei Zustände, Zwischenmöglichkeiten gibt es nicht. Aus der Fülle solcher Elemente seien noch genannt: Schalthebel, Meldelampen, viele Ventile oder Signalgeber aller Art. Die Mikro-Elektronik bedient sich ebenfalls derartiger zweiwertiger Elemente, und zwar meist in Form einer elektrischen Spannung. Diese kann entweder vorhanden, eingeschaltet sein (z.B. +5 V, ein viel verwendeter Wert) oder sie ist nicht vorhanden (also 0 V). Im Unterschied zu den massebehafteten Elementen aus dem Maschinenbaubereich kann der Wechsel zwischen beiden Zuständen in Form einer Spannung ungeheuer rasch erfolgen; hier sind Mikrosekunden (μs) oftmals schon ein sehr grobes Zeitmaß.

Ein weiteres methodisches Hilfsmittel sind Ablaufdiagramme, auch Flußdiagramm genannt. Sie eignen sich hervorragend, um zeitliche Abfolgen und Entscheidungen darzustellen. Ein ganz einfaches Beispiel ist in Bild 1.5 gezeigt, die Ablaufsteuerung für eine sich wiederholende Messung. Sie zeigt die beiden wichtigsten Symbole für Ablaufdiagramme, das Rechteck für allgemeine Operationen und die Raute für Abfragen, Entscheidungen und Verzweigungen. Da wir uns in Abschnitt 6.2.2 noch ausführlicher mit Ablaufdiagrammen befassen werden, soll dieser Hinweis genügen.

Ein ganz wichtiges Hilfsmittel sind Abkürzungen. Sie können vereinbart oder festgelegt sein, wie etwa diejenigen der Steuerungstechnik (vgl. DIN 40 719 Teil 2), wofür folgende Beispiele genügen sollen:

A   Baugruppen, Teilbaugruppen
B   Umsetzer zwischen elektr. und nichtelektr. Größen
⋮
Z   Abschluß, Filter, Begrenzer.

Abkürzungen können auch *mnemotechnisch* aufgebaut sein, also so, daß sie sich leicht behalten und merken lassen (es sind Merkhilfen vorgesehen, die altbekannten Eselsbrücken). Hierher gehören etwa Ausdrücke wie

AWR   Anweisungsregister
PAA   Prozeßabbild der Ausgänge
⋮
VKE   Verknüpfungsergebnis.

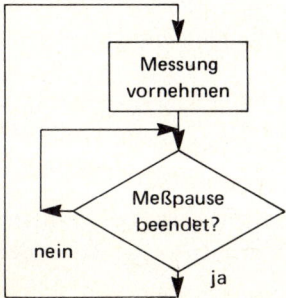

Bild 1.5

Einfaches Ablaufdiagramm: Ist die vorgesehene Meßpause noch nicht beendet, dann wird gewartet; ist die Meßpause abgelaufen, kann eine erneute Messung vorgenommen werden.

Der Schwerpunkt der Entwicklung für Mikro-Elektronik lag in Amerika, und deswegen sind eine ganze Reihe von Abkürzungen mnemotechnisch an englischsprachige Ausdrücke angelehnt, beispielsweise

ALU   Arithmetic Logik Unit, arithmetisch-logische Einheit
ADD   Befehl für den Rechner zum Addieren (to add)
JC   Sprungbefehl, wenn das Übertragsbit (carry) gesetzt ist (Jump On Carry)
JNC   Sprungbefehl, wenn das Übertragsbit (carry) nicht gesetzt ist
        (Jump On No Carry)
ROM   Read Only Memory, Nur-lese-Speicher.

Derartige Abkürzungen spielen eine große Rolle. Sie kennzeichnen oft sehr komplexe Inhalte, deren ausführliche verbale Beschreibung viel zu umfangreich und aufwendig wäre. Oft sind die Abkürzungen geradezu zu Begriffen geworden.

Abschließend sind noch die einschlägigen Normen als wichtige Hilfsmittel zu nennen. Ohne sie hier allesamt aufzuführen, sei doch an die Normen für Schaltzeichen (DIN 40 700 ff) wie auch an diejenigen der Steuerungstechnik (DIN 19 226, DIN 19 239) erinnert. Allerdings muß angemerkt werden, daß in der Mikro-Elektronik, vor allem bei den Mikroprozessoren, keine Einheitlichkeit von Darstellungen und Bezeichnungen gegeben ist. Deswegen wird hier insgesamt versucht, sich soweit wie irgend möglich an die Normen zu halten und sich sonst an dem in der Literatur üblichen Stand zu orientieren.

1.4 Binäre Darstellungen

1.4.1 Das Dualzahlen-System

Um das Dualzahlen-System zu erläutern, gehen wir am einfachsten von dem uns geläufigen Dezimalzahlen-System aus. Jede Dezimalzahl setzt sich aus Potenzen der Basiszahl 10 zusammen. Diese Basiszahl ist zugleich die erste zweistellige Zahl, für die einstelligen Zahlen werden die 10 Zahlzeichen 0 bis 9 benutzt. Unsere gewohnte Zahlenschreibweise ist eine Abkürzung der ausführlicheren Potenzschreibweise, z.B.

$$723,16 = 7 \cdot 10^2 + 2 \cdot 10^1 + 3 \cdot 10^0 + 1 \cdot 10^{-1} + 6 \cdot 10^{-2} \ .$$

Erinnern wir uns weiterhin noch an einige Regeln der vier Grundrechenarten. Bei der Addition entsteht dann ein Übertrag, wenn die Teiladdition in einer Stelle über den einstelligen Zahlenvorrat hinausgeht und mehrstellig wird. Auch hierfür ein Beispiel:

$$
\begin{array}{r}
17 \\
+\ 25 \\
\hline
\text{Übertrag} \longrightarrow \quad 1 \\
\hline
=\ 42
\end{array}
$$

Bei der Addition in der Einerstelle wird mit $5 + 7 = 12$ der Zahlenvorrat überschritten. Dann behandeln wir dieses Zwischenergebnis als zweistellige Zahl mit je einer Stelle der Dekade 0 (10^0) und der Dekade 1 (10^1).

Bei der Subtraktion geschieht ähnliches, wenn in einer Stelle ein direktes Abziehen nicht möglich ist. Dann holen wir uns einen „Übertrag in anderer Richtung" von der nächsthöheren Stelle, z.B.

$$
\begin{array}{r}
27 \\
- 19 \\
\hline
1 \quad \longleftarrow \\
\hline
= 08
\end{array}
$$

in Worten: „neun und acht ist siebzehn, 1 geborgt..." .

Ein solches Verfahren setzt voraus, daß der Rechnende einen Überblick über das Zahlensystem hat.

Bei Potenzsystemen bedeutet das Multiplizieren bzw. das Dividieren mit der Basiszahl einfach eine Stellenverschiebung. Multiplikation mit 10 verschiebt eine Dezimalzahl um eine Stelle nach links, Dividieren durch 10 um eine Stelle nach rechts, wie uns die nachfolgenden Beispiele in Erinnerung bringen können:

$$723,16 \cdot 10 = 7\,231,6$$
$$723,16 \, / \, 10 = \quad 72,316 \ .$$

Solche Potenzsystems sind zu jeder denkbaren Basiszahl möglich. Die Basis 10 ist uns zwar geläufig, aber insofern nicht sehr günstig, als 10 nur die Teiler 2 und 5 besitzt. Unter dem Gesichtspunkt vieler Teiler wäre ein 16er- oder 64-System günstiger — wer kann sich aber dann die nötigen 16 oder gar 64 verschiedenen Zahlzeichen merken?

Das einfachste denkbare Potenzsystem ist das Zweier-System (erstmals von Leibniz (1646—1716) angegeben). Es benötigt nur die Zahlzeichen 0 und 1, die Basiszahl 2 ist die erste zweistellige Zahl und wird mit der Ziffernfolge 10 zu schreiben sein. Die Zahlen des Dualsystems sind Folgen aus lauter Nullen und Einsen. Solche Ausdrücke bezeichnet man auch als *binäre Ausdrücke* oder *binäre Worte*.

Mit technischen Mitteln ist es einfach, zweiwertige Ausdrücke darzustellen. Jedes zweiwertige Element ist dazu im Prinzip verwendbar, und solche haben wir im vorangegangenen Abschnitt kennengelernt: Schalter, Kontakte, Hebel, Meldelampen, Relais u.a.m. Die zweiwertige Unterscheidung Spannung vorhanden ./. Spannung nicht vorhanden wird in der Mikro-Elektronik zur Darstellung zweiwertiger, binärer Ausdrücke fast ausschließlich verwendet.

Die für das Dezimalzahlen-System in Erinnerung gebrachten Regeln für die Grundrechenarten gelten auch in einem Zweier- oder Dual-System. Als Beispiel wollen wir die Dualzahl 10011 anschreiben, wobei wir der Einfachheit halber bei der Potenzdarstellung die uns gewohnten Zahlen (des Dezimal-Systems) verwenden. Dies ergibt

$$10011 \; \hat{=} \; 1 \cdot 2^4 + 0 \cdot 2^3 + 0 \cdot 2^2 + 1 \cdot 2^1 + 1 \cdot 2^0$$
$$= \quad 16 \qquad\qquad\quad + 2 \;\; + 1 \;\; = 19$$
$$\text{dezimal} \ .$$

Die Umrechnung zwischen einer dualen und einer dezimalen Zahl kann immer in dieser Weise erfolgen.

Für die Addition gelten die gewohnten Regeln: Sobald der Zahlenvorrat (0 und 1) überschritten wird, muß die nächste duale Stelle mit einem Übertrag berücksichtigt werden.

Im Beispiel führen wir der Übersichtlichkeit wegen die Potenz- und Dezimal-Schreibweise mit:

$$
\begin{array}{ll}
\;1100 & (1 \cdot 2^3 + 1 \cdot 2^2 + 0 \cdot 2^1 + 0 \cdot 2^0 = 12) \\
+\;\;1001 & (1 \cdot 2^3 + 0 \cdot 2^2 + 0 \cdot 2^1 + 1 \cdot 2^0 = +\;\;9) \\
\underline{\;\;\;1} & \longleftarrow \text{ Übertrag } \longrightarrow \qquad\qquad \underline{1} \\
= 10101 & \qquad\qquad\qquad\qquad\qquad\qquad\qquad\;= 21
\end{array}
$$

Der angegebene Zusammenhang zwischen Stellenverschiebung und Multiplikation bzw. Division mit der Basiszahl 2 gilt ebenfalls. Linksverschiebung um eine Stelle entspricht der Multiplikation, Rechtsverschiebung der Division mit der Zahl 2. Ein Beispiel mag dies verdeutlichen:

	Dualzahl	Potenz- bzw. Dezimal-Darstellung
	1010,1	$(1 \cdot 2^3 + 1 \cdot 2^1 + 1 \cdot 2^{-1} = 10,5)$
Linksver-schiebung	10101	$(1 \cdot 2^4 + 1 \cdot 2^2 + 1 \cdot 2^0 = 21\;\;)$
Rechtsver-schiebung	101,01	$(1 \cdot 2^2 + 1 \cdot 2^0 + 1 \cdot 2^{-2} = 5,25)$.

Solch einfache Regeln zur rechnerischen Verknüpfung von Dualzahlen können auch einfach mit technischen Mitteln realisiert, also auch einfach automatisiert, werden. Nur bei der Subtraktion gibt es Schwierigkeiten, denn eine technische Anordnung kann bei der Subtraktion den Vorgang „borge eine Zahl höheren Stellenwerts" nicht nachahmen. Bei der Subtraktion ist deswegen ein anderes Verfahren nötig, welches darauf beruht, daß die Stellenzahl für die Rechenoperationen begrenzt bleibt. Dies ist jedoch bei Rechnern immer der Fall.

Übernehmen wir einmal das Beispiel von weiter vorn, $27 - 19 = 8$, und gehen wir davon aus, daß der Zahlenumfang auf zwei Stellen eingeschränkt sei. Dann wird zunächst vom Subtrahenden (19) das Neunerkomplement gebildet. Dieses entsteht in der Ergänzung einer jeden Ziffer der einzelnen Stellen auf die 9; das Neunerkomplement von 4 ist folglich 5, dasjenige von 2 ist 7, und für die Zahl 19 ergibt sich das Neunerkomplement mit 80. Wird zum Neunerkomplement die 1 addiert, dann entsteht das Zehnerkomplement, und mit ihm läßt sich die Subtraktion nach folgendem Schema durchführen:

Neunerkomplement des Subtrahenden 19	┌ ─ ─ Begrenzte Stellenzahl │ 80
1 zuaddiert: Zehner-komplement	+│ 1 │ 81
Minuend 27 addiert	+│ 27
Übertrag fällt weg, weil Zahlbereich auf 2 Stellen begrenzt $\longrightarrow$	1│ 08 $\longleftarrow$ Ergebnis: 8

Mit der Komplementbildung wird die Subtraktion auf eine Addition zurückgeführt. Das dort auftretende Übertragsproblem läßt sich technisch-elektronisch lösen.

Mit einer Dual-Arithmetik kann man genauso rechnen wie mit der uns gewohnten Dezimal-Arithmetik. Das Dual-System jedoch ist insofern überlegen, als sich die Darstellung von nur zwei Zahlen 0 und 1 recht einfach mit zweiwertigen technischen Elementen durchführen läßt. Diese Feststellung soll uns genügen, wir wollen hier nicht weiter eindringen.

1.4.2 Allgemeine binäre Darstellungen

Als binär werden alle Zeichenfolgen bezeichnet, welche nur aus 0 (Nullen) und 1 (Einsen) bestehen. Unter den vielen Möglichkeiten für binäre Ausdrücke hatten wir das Dualzahlensystem kennengelernt, ein Potenzsystem auf der Basis der Zahl zwei, gut geeignet für technische, elektronische Realisierung. Mikro-Elektronik wird im Dual-System arbeiten, wir Menschen arbeiten in gewohnter Weise mit dem Dezimal-System. Mithin wäre eine Anpassung zwischen beiden Systemen gewiß erwünscht.

Ein solches System findet sich unter dem Namen BCD (Binary Coded Decimal). Wie der englischsprachige Ausdruck sagt, wird dabei jeder dezimalen Stelle die entsprechende Dualzahl zugeordnet und auf diese Art und Weise Stelle für Stelle einer dezimalen Zahl dual verschlüsselt, codiert.

Die ersten 10 Dual-Zahlen für die Dezimalziffern 0 bis 9 lauten 0000 bis 1001. Wir brauchen also zur dualen Verschlüsselung jeder dezimalen Stelle vier duale Stellen, 4 Bit (Binary Digit), wie der Fachausdruck heißt. Ein *Bit* ist also je eine duale oder auch binäre Stelle, ein Ausdruck, der nur die Werte 0 (Null) oder 1 (Eins) annehmen kann.

Die dezimalen Stellen werden häufig als Digit angesprochen. Die im vorangegangenen Abschnitt als Beispiel angeführte Dezimalzahl 723,16 hat also 5 Digit, deren jedes mit 4 Bit dual verschlüsselt wird für die BCD-Darstellung:

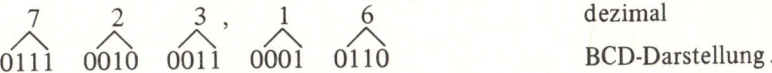

$$\begin{array}{ccccccc} 7 & 2 & 3 & , & 1 & 6 & \text{dezimal} \\ 0111 & 0010 & 0011 & & 0001 & 0110 & \text{BCD-Darstellung}. \end{array}$$

Manchmal werden auch „halbe" Digits angeführt, und zwar dann, wenn die betreffende Dezimalstelle ihrerseits auf die Ziffern 0 und 1 eingeschränkt ist, so daß man zu ihrer Codierung nur 1 Bit benötigt. Ein Digitalvoltmeter mit 3 1/2 Digit hat folglich einen Anzeigebereich von 0 000 bis 1 999 Volt.

Das BCD-Verfahren hat den Vorteil, daß auf der Seite der Elektronik zwar dual gerechnet werden kann, eine Anzeige jedoch – z.B. bei einem Digitalvoltmeter – einfach in dezimaler Darstellung möglich ist. Dabei wird nun allerdings nicht voll ausgenutzt, was mit vier dualen Stellen eigentlich möglich wäre: Mit 4 Bit ist ein Umfang von 0000 bis 1111 möglich, was den Dezimalzahlen 0 bis 15 entspricht.

Die Codierung mit jeweils vier dualen Bit je Stelle führt also weiter zu einem 16er-System, bei welchem die Zahl 16 die erste zweistellige und somit mit der Ziffernfolge 10 anzuschreibende Zahl ist. Ein derartiges 16er-System wird meist als *Hexadezimalsystem* bezeichnet, obwohl es korrekterweise Sedezimalsystem heißen müßte. Um Zahlen im 16er-System auszudrücken, sind 16 Zahlzeichen nötig. Es ist üblich, die zehn bekannten dezimalen Zahlzeichen (0...9) zu nehmen und mit den Buchstaben A.. F zu erweitern (Tabelle 1.1). Auf diese Weise kommt folgende Zahlenreihe zustande:

0 1 2 3 4 5 6 7 8 9 10 11 12 13 14 15 16 17 (dez)

0 1 2 3 4 5 6 7 8 9 A B C D E F 10 11 (hex) .

Tabelle 1.1 Zahlen im Dezimal- und Dual-System und als Hexadezimal-Zahlen

Dezimal	Dual	Hexadezimal (Sedezimal)
0	0000	0
1	0001	1
2	0010	2
3	0011	3
4	0100	4
5	0101	5
6	0110	6
7	0111	7
8	1000	8
9	1001	9
10	1010	A
11	1011	B
12	1100	C
13	1101	D
14	1110	E
15	1111	F
16	1 0000	10
17	1 0001	11
⋮		
100	110 0100	64
⋮		
255	1111 1111	FF
256	1 0000 0000	100
⋮		

Wir werden im folgenden das jeweilige Zahlensystem in Klammern mitführen. Die einstelligen Zahlen (hex) lassen sich leicht lernen. Bei mehrstelligen Hex-Zahlen kann man über die Potenzdarstellung umrechnen, wozu ein gewisser Aufwand nötig ist. Zwei Beispiele sollen dies illustrieren:

$$42(\text{hex}) = 4 \cdot 16^1 \quad + \quad 2 \cdot 16^0 \quad = 64 \; + 2 = 66(\text{dez})$$
$$\qquad\quad = 1 \cdot 2^2 \cdot 2^4 + \quad 1 \cdot 2^1 \quad = 1000010(\text{dual})$$

$$7E(\text{hex}) = 7 \cdot 16^1 \quad + 14 \cdot 16^0 = 112 + 14 = 126(\text{dez})$$
$$\qquad\quad = 4 \cdot 16^1 + 2 \cdot 16^1 + 1 \cdot 16^1 + 8 \cdot 16^0 + 4 \cdot 16^0 + 2 \cdot 16^0$$
$$\qquad\quad = 1 \cdot 2^6 + 1 \cdot 2^5 + 1 \cdot 2^4 + 1 \cdot 2^3 + 1 \cdot 2^2 + 1 \cdot 2^1$$
$$\qquad\quad = 1111110(\text{dual}) \; .$$

Mit 2-stelligen hexadezimalen Zahlen, also mit $2 \cdot 4 = 8$ Bit, lassen sich $2^8 = 16^2 = 256$ verschiedene Zahlen darstellen; das ist eine ganze Menge. Weil binäre Ausdrücke mit 8 Bit sehr häufig vorkommen (im Slang der Elektroniker: 8 Bit „breite" Worte), wurden sie mit dem Ausdruck 8 Bit = 1 Byte zusammengefaßt. 8-stellige Dualzahlen (Umfang 0000 0000 bis 1111 1111 dual), zwei Dekaden BCD (Umfang 00 bis 99 dezimal) und zwei Stellen Hex (Umfang 00 bis FF hexadezimal) umfassen also jeweils 1 Byte.

Auch das Hexadezimal-System ist ursprünglich zum Darstellen von Zahlen gedacht. Die Mikro-Elektronik muß aber auch noch weitere Zeichen beherrschen: Buchstaben (evtl. sogar unterschieden nach Groß- und Klein-Buchstaben), Satzzeichen, mathematische Verknüpfungszeichen und Operatoren, Steuerzeichen für Schreibsysteme (Wagenrücklauf, Zeilenvorschub u.a.m.) und vielleicht sogar noch einige Grafiksymbole oder Grafikelemente.

Selbstverständlich kann man jedem Buchstaben, Satzzeichen oder sonstigem Symbol eine Folge von Nullen und Einsen, ein binäres Wort, zuweisen. Mit n-Bit-Worten kommen wir dabei auf 2^n verschiedene Kombinationen, mithin 2^n verschlüsselbare Zeichen (einschließlich des Nullwortes 00000...0 und des Einswortes 11111...1). Ein weltweit übliches Darstellungssystem ist der in Tabelle 1.2 gezeigte ASCII-Code (American Standard Code for Information Interchange, amerikanischer Standard-Code für den Informationsaustausch). Mit 7 Bit werden $2^7 = 128$ Kombination/Zeichen möglich. In vielen Fällen werden für einen erweiterten ASCII-Code 8 Bit reserviert, also 256 Zeichen ermöglicht.

Der ASCII-Code von Tabelle 1.2 ist nicht als Liste, sondern als Matrix dargestellt. Die drei höchstwertigen Bit erscheinen als Kopfzeile, die vier niederwertigen Bit als Kopf-

Tabelle 1.2 Der ASCII-Code (american standard code for information interchange)

Bit ↱	5 6 7	0 0 0	1 0 0	0 1 0	1 1 0	0 0 1	1 0 1	0 1 1	1 1 1
4321	Spalte → Zeile ↓	0	1	2	3	4	5	6	7
0000	0	NUL	DLE	SP	0	@	P	`	p
0001	1	SOH	DC1	!	1	A	Q	a	q
0010	2	STX	DC2	"	2	B	R	b	r
0011	3	ETX	DC3	#	3	C	S	c	s
0100	4	EOT	DC4	$	4	D	T	d	t
0101	5	ENQ	NAK	%	5	E	U	e	u
0110	6	ACK	SYN	&	6	F	V	f	v
0111	7	BEL	ETB	'	7	G	W	g	w
1000	8	BS	CAN	(	8	H	X	h	x
1001	9	HT	EM	)	9	I	Y	i	y
1010	A	LF	SUB	*	:	J	Z	j	z
1011	B	VT	ESC	+	;	K	[	k	{
1100	C	FF	FS	,	<	L	\	l	|
1101	D	CR	GS	–	=	M	]	m	}
1110	E	SO	RS	.	>	N	∧(↑)	n	~
1111	F	SIm	US	/	?	O	-(←)	o	DEL

spalte. Der Code enthält Groß- und Klein-Buchstaben, Ziffern, Satzzeichen u.ä., aber auch eine Menge von Sonderbefehlen, die z.T. mnemotechnisch angegeben sind. In Spalte 0, Zeile 7 steht z.B. das Zeichen BEL (Bell, Ertönen eines akustischen Signals), typisch u.a. für (Fern-)Schreibmaschinen; ebenfalls als Steuerzeichen dient etwa CR (Carriage Return, Wagenrücklauf und Zeilenvorschub) von Spalte 0, Zeile D.

Abschließend noch ein paar Bemerkungen zu sonstigen Codes:

– Der EBCDI-Code (Extended-BCD-Interchange-Code, erweiterter BCD-Code für den Datenaustausch) ist ein echter 8-Bit-Code.

– Bei einschrittigen Codes wechselt von Zeichen zu Zeichen nur *ein* Bit von 0 auf 1 oder von 1 auf 0. Bei der automatischen Abtastung solcher Codes können keine Abtastfehler entstehen.

– Anordnungscodes benutzen nur gewisse Kombinationen aus einer größeren Auswahl und sind deswegen recht störsicher. Beim „Zwei-aus-fünf-Code" z.B. werden aus allen Binärworten mit je 5 Bit (das sind immerhin 32!) nur diejenigen 10 zum Darstellen der dezimalen Zahlzeichen benutzt, bei denen genau zwei Bit mit einer Eins belegt sind.

1.4.3 Aussagelogik und Boolesche Algebra

Mit binären Worten, also Folgen von Nullen und Einsen, lassen sich Zahlen darstellen und Arithmetik betreiben. Ebenso ist es möglich, mit binären Worten in Form geeigneter Codes beliebige Zeichen wie Buchstaben, Anweisungen, Satzzeichen so darzustellen, daß sie für die (automatische) Bearbeitung mit Geräten und Maschinen, vor allem mit solchen der Elektronik, gut geeignet sind.

Es gibt nun einen weiteren Bereich, der sich ausschließlich mit Nullen und Einsen beherrschen läßt: die Aussagelogik. Bei ihr geht es um die Verknüpfung von Aussagen oder Voraussetzungen, die alle entweder zutreffend („wahr") oder nicht zutreffend („falsch") sind. Weitere Möglichkeiten sind nicht zugelassen. Es liegt nahe, den beiden Aussagen wahr bzw. falsch die binären Zeichen 1 bzw. 0 zuzuordnen. Die Zuordnungen können technisch wie alle anderen binären Größen durch zweiwertige Elemente verwirklicht werden.

Wenn wir zwei Aussagen E1 und E2 nach Regeln der Aussagelogik zu einer Schlußfolgerung A1 verknüpfen wollen, dann kann dies mit einem Blockbild nach Bild 1.6 dargestellt werden. Technisch gesehen sind E1 und E2 Eingangsgrößen, A1 ist die Ausgangsgröße der Schaltung. Alle diese Größen müssen binär, zweiwertig sein. In Bild 1.6 sind Eingangs-

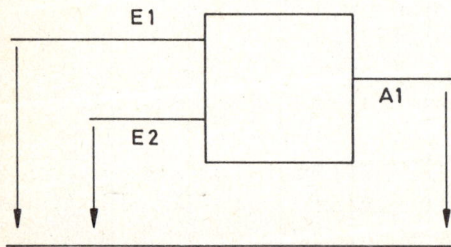

Bild 1.6
Blockbild für eine Verknüpfung der Aussagelogik. E1, E2 sind als Eingangsgrößen die Voraussetzungen (Prämissen), die Ausgangsgröße A1 ist die Schlußfolgerung.

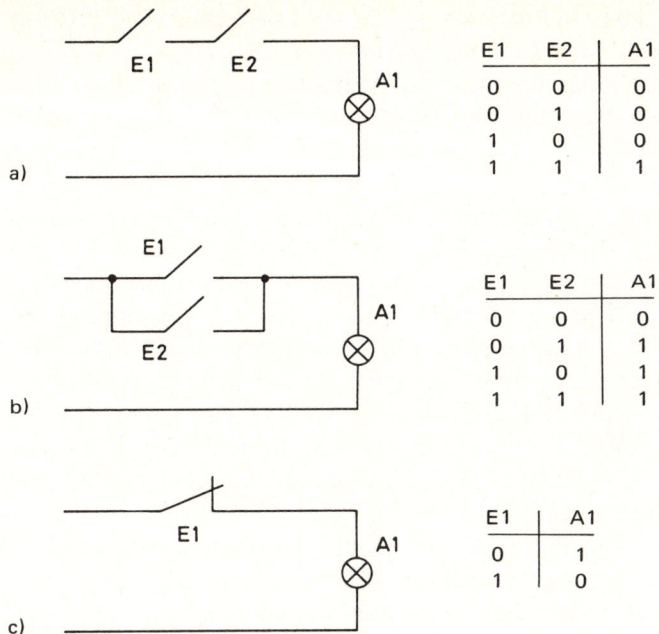

E1	E2	A1
0	0	0
0	1	0
1	0	0
1	1	1

a)

E1	E2	A1
0	0	0
0	1	1
1	0	1
1	1	1

b)

E1	A1
0	1
1	0

c)

Bild 1.7 Die drei logischen Grundverknüpfungen, mit welchen alle anderen Verknüpfungsaussagen aufgebaut werden können:

a) Die UND-Verknüpfung $E1 \& E2 = A1$,   b) die ODER-Verknüpfung $E1 \lor E2 = A1$
c) die NICHT-Verknüpfung $\overline{E1} = A1$.

und Ausgangsgrößen als elektrische Spannungen angenommen und durch Zählpfeile dargestellt. Es wurde ja schon festgestellt, daß in der Elektronik zweiwertige Größen überwiegend durch „Spannung vorhanden" ./. „Spannung nicht vorhanden" realisiert werden.

Leicht einzusehen (und für einfache Versuche auch leicht aufzubauen) sind einfache Verknüpfungen mit Schaltern und mit Anzeigelampen. Deswegen verwenden wir in Bild 1.7 ausnahmsweise einmal ein (wenn auch sehr primitives) Detail-Schaltbild. Die Eingangsgrößen sind Schalter, deren Kontakte entweder offen (entspricht 0, falsch) oder geschlossen (entspricht 1, wahr) sein können. Die Ausgangsgröße ist ein Lämpchen („Lämpchen brennt' entspricht 1, wahr).

Liegen nun nach Bild 1.7a unsere beiden Schalter in Reihe, dann brennt offenbar die **Lampe** ($A1 \stackrel{\wedge}{=} 1$) nur, wenn Schalter E1 *und* Schalter E2 zugleich eingeschaltet ($E1 \stackrel{\wedge}{=} 1$, $E2 \stackrel{\wedge}{=} 1$) sind. In allen anderen kombinatorisch möglichen Fällen brennt das Lämpchen nicht ($A1 \stackrel{\wedge}{=} 0$). Die $2^2 = 4$ möglichen Kombinationen sind in Bild 1.7a neben der Schaltung in einer sog. Wahrheitstabelle aufgeführt. Die gezeigte und beschriebene Anordnung entspricht der sog. UND-Verknüpfung oder Konjunktion; sie ist dann erfüllt (wahr, $A \stackrel{\wedge}{=} 1$) wenn alle Voraussetzungen gleichzeitig zutreffend sind ($E1 \stackrel{\wedge}{=} E2 \stackrel{\wedge}{=} 1$).

Werden die Schalter für die beiden Eingangsgrößen nach Bild 1.7b parallel gelegt, dann genügt es, wenn der Schalter E1 *oder* der Schalter E2 betätigt wird ($\stackrel{\wedge}{=} 1$), und die Lampe brennt ($A \stackrel{\wedge}{=} 1$). Die ODER-Schaltung, auch Disjunktion genannt, ist erfüllt, wenn eine oder die andere (oder mehrere) der Eingangsgrößen wahr ($\hat{=}1$) sind. Die in Bild 1.7b mit aufgeführte Wahrheitstabelle zeigt dies für den Fall von zwei Eingangsgrößen.

Die dritte logische Grundverknüpfung, die Negation (Verneinung) ist in Bild 1.7c samt ihrer Wahrheitstabelle dargestellt. Mit einem sog. Ruhekontakt wird dafür gesorgt, daß bei nicht betätigtem Schalter ($\hat{=}0$) Kontakt besteht und somit die Lampe brennt ($\hat{=}1$) und umgekehrt.

Die Aussagelogik ist in der Lage, alle (statischen) Verknüpfungen von Voraussetzungen und Folgerungen aus den Grundelementen UND, ODER, NICHT aufzubauen. Bei umfangreicheren logischen Zusammenhängen wäre es deswegen sehr umständlich, sich auf Detailschaltbilder zu stützen, ganz abgesehen davon, daß die Grundverknüpfungen technisch auf sehr verschiedene Weise verwirklicht werden können. Sogar Blockschaltbilder sind nicht immer übersichtlich genug, vor allem dann, wenn es um Vereinfachungen geht.

Deswegen gibt es eine Darstellung mit Symbolen: & steht für UND, $\vee$ (vom lat. vel, oder) für ODER; die Negation, die NICHT-Verknüpfung wird mit einem Querstrich über der betreffenden Eingangs- bzw. Ausgangsgröße gekennzeichnet. $\overline{E2}$ ist somit die Negation der (Eingangs-)Größe E2, gesprochen E2-Nicht.

Für das Zusammenspiel ganzer Netzwerke solcher logischer Zusammenhänge lassen sich Regeln aufstellen, die Rechen-Regel der Schaltalgebra oder Booleschen Algebra. Bild 1.8 zeigt uns ein paar einfache Beispiele dafür. Neben den wie Formeln angeschriebenen logischen Gleichungen ist jeweils die entsprechende Kontaktanordnung gezeichnet, so daß sich die Aussage der Gleichungen leicht überprüfen läßt.

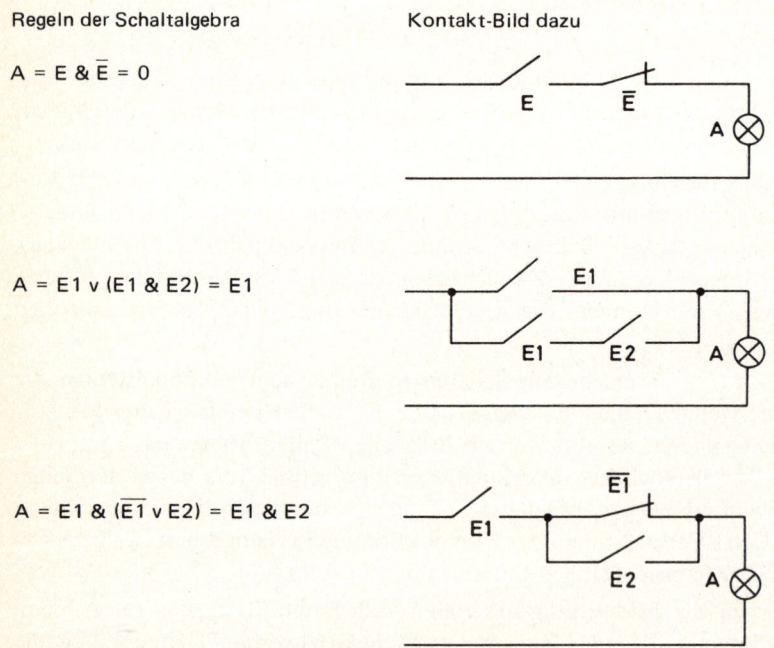

Regeln der Schaltalgebra

$A = E \ \& \ \overline{E} = 0$

$A = E1 \ \vee \ (E1 \ \& \ E2) = E1$

$A = E1 \ \& \ (\overline{E1} \ \vee \ E2) = E1 \ \& \ E2$

Kontakt-Bild dazu

Bild 1.8 Einige Beispiele für Regeln der Schaltalgebra.

Bei der ersten Gleichung $E \& \overline{E} = 0$ fällt auf, daß diese Aussage zwar richtig ist (die Lampe brennt weder für $E \hateq 0$ noch für $E \hateq 1$), aber nicht mit der gewohnten *algebraischen* Addition übereinstimmt. Diese würde die Beziehungen $0 + 1 = 1$ für $E = 0$ und $1 + 0 = 1$ für $E = 1$ liefern. Boolesche und normale Algebra sind nicht gleich! Die zweite Gleichung besagt, daß die ganze Kontaktanordnung durch *einen* Schalter E1 ersetzt werden kann, und im dritten Beispiel könnte der Kontakt $\overline{E1}$ weggelassen werden, ohne daß sich die Bedingungen für A ändern.

Nun haben wir das grundsätzliche „Werkzeug" beisammen, um in die Mikro-Elektronik, zunächst einmal in deren Struktur, einzusteigen. Falls nötig oder gewünscht, findet sich im Anhang (A 1, A 2, A 3) noch eine zusätzliche knappe Behandlung der Logischen Grundverknüpfungen, der Schaltalgebra und der sog. Logik-Familien.

1.5 Strukturen der Mikro-Elektronik

Es ist kaum möglich, alle in der Mikro-Elektronik auftretenden und üblichen Zusammenhänge und Baugruppen in eine möglichst knappe Zusammenstellung zu fassen. Trotzdem lassen sich die üblichen Strukturen so anordnen, daß ihr hauptsächlichstes Zusammenwirken gut erkennbar wird. Dies ist in Bild 1.9 geschehen.

Schon beim ersten Blick fällt die zentrale Lage des Mikroprozessors (oft auch kurz mit μP bezeichnet) bzw. Rechners auf. Er enthält als Kernstück die Zentraleinheit CPU (Central Processing Unit), welche das umfaßt, was wir seither als Rechenwerk und als Steuerwerk bezeichnet hatten. Meist enthalten die Zentraleinheiten auch noch interne Speicher, entweder als Schreib-/Lese-Speicher RAM (Random Access Memory) oder in der Form von Speichern, die nur lesbar (ROM, Read Only Memory) sind.

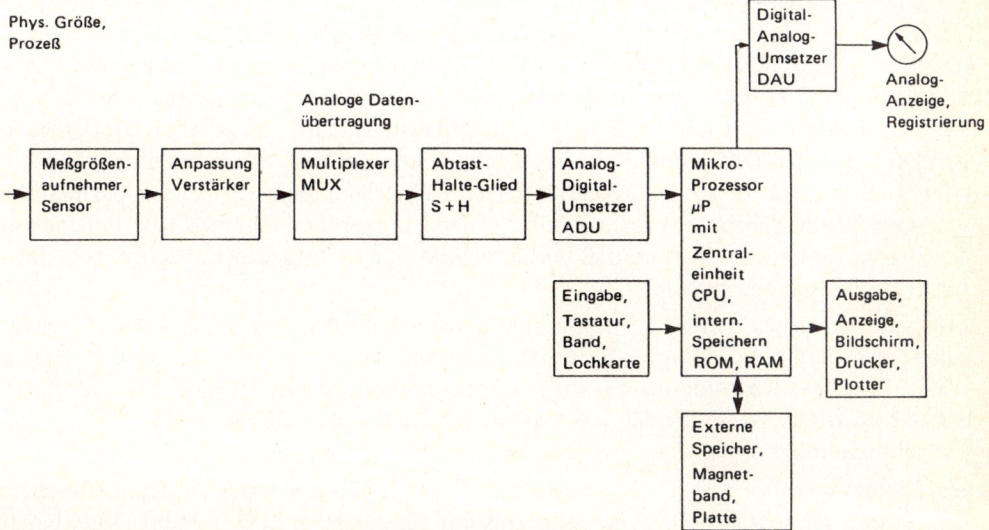

Bild 1.9 Eine Übersicht über grundsätzliche Zusammenhänge im Bereich Messen – Übertragen – Rechnen – Regeln

Die Zentraleinheit arbeitet mit weiteren, externen Speichern zusammen, welche wiederum beide Arten, RAM und ROM, beinhalten. Als Massenspeicher sind es heute meist Magnetplatten (große Platten oder Diskette, sog. Floppy Disk) oder auch Magnetbänder. Ein- und Ausgabe sind ebenfalls als größere Funktionsblöcke dargestellt.

Links an die Zentraleinheit, an den µP, schließt sich eine lange Kette von Blöcken an, die wir später noch unter dem Namen Meßkette (in Abschnitt 4.1.2) näher kennenlernen werden. Die Meßkette ist nötig, um zu messende Größen in Signale umzuformen, welche der µP annehmen und verarbeiten kann. Die Meßgrößen entstammen einem „Prozeß", also einem physikalischen Ablauf, einem Verfahrens- oder Fertigungsprozeß.

Die Meßgröße wird mit einem Meßgrößenaufnehmer (auch Sensor oder Fühler genannt) erfaßt, der sie in eine elektrische Größe umsetzt. Letztere ist der zu messenden Größe im Idealfall streng proportional, in Wirklichkeit besteht jedoch ein mehr oder weniger nichtlinearer Funktionszusammenhang. Die gewonnene elektrische Größe muß meist noch entsprechend aufbereitet werden, was in einem Funktionsblock mit der Bezeichnung Anpassung geschieht, danach ist im Regelfall noch eine Verstärkung notwendig. Danach steht ein analoges Signal, normalerweise in Form von Spannung, Strom oder Frequenz, zur weiteren Verarbeitung zur Verfügung.

Sollen mehrere Meßgrößen verarbeitet werden, so geschieht dies meist zeitlich nacheinander, im sog. Zeit-Multiplex. Der Multiplexer (MUX) ist ein rascher elektronischer Umschalter, welcher die einzelnen Meßsignale nacheinander abfragt und dem Prozessor oder Rechner zuführt. Die Abfragezeiten können sehr kurz sein, so kurz, daß sie für eine weitere Signalverarbeitung nicht ausreichen. Deswegen ist häufig ein Abtast-Halteglied (Sample and Hold, S+H), nötig. Bei diesen Elementen wird der Momentanwert des als elektrische Größe aufbereiteten Signals (proportional zur Meßgröße) für eine gewisse Zeit auf einen Kondensator als Ladung gespeichert.

Bevor ein analoges Signal im Rechner oder Prozessor verarbeitet werden kann, muß es in ein binäres, digitales (zweiwertiges) Signal umgeformt werden. Der verwendete Code spielt dabei keine prinzipielle Rolle. Diese Umsetzung leistet ein Analog-Digital-Umsetzer ADU (englisch Analog to Digital Converter ADC). Soll andererseits ein im Prozessor/Rechner aufgearbeiteter (digitaler) Wert mit klassischen Zeigermeßwerken angezeigt oder auf analogen Schreibern registriert werden, dann ist ein Digital-Analog-Umsetzer DAU (Digital to Analog Converter DAC) nötig. Die analogen Ausgangssignale betragen häufig 0...10 V oder 0...20 mA für den zu erfassenden Bereich. Wird dem Nullwert der analogen Größe schon ein Strom zugeordnet („Live Zero" genannt), dann entsteht eine Übertragung mit 4...20 mA; sie hat den Vorteil, daß eine Kontrolle auf Leitungsbruch möglich ist – dann fließt nämlich der Strom Null.

Insgesamt haben wir in Bild 1.9 eine Struktur vor uns, bei welcher der Prozessor/Rechner außer über die normale Eingabe auch noch geeignet aufbereitete Meßwerte aus Prozessen erhält. Dies ist die Anordnung der Prozeßdatenverarbeitung mit dem sog. Prozeßrechner. Zusätzlich drückt Bild 1.9 noch aus, daß ab und zu digitale Größen analogisiert werden können bzw. müssen.

Wirken die Ausgänge des µP auf den Prozeß zurück und beeinflussen sie dort die vorhandenen (und gemessenen) Größen, dann entsteht die bekannte Regelschleife. Verarbeitet der Prozessor die Daten laufend, eventuell sogar im Echtzeit-Betrieb (Real Time), dann haben wir einen on-line-Betrieb vor uns. Werden die Daten jedoch erst noch zwischengespeichert, bevor sie bearbeitet werden, dann spricht man vom off-line-Betrieb.

Bild 1.9 konnte uns eine ganze Reihe grundsätzlicher Zusammenhänge aufzeigen und eine Anzahl von Begriffen und Bausteinen vorstellen. Bleibt noch anzumerken, daß zwischen den Funktionsblöcken eine Daten-Übertragung notwendig ist. Sie kann drahtgebunden oder drahtlos sein, analog oder digital, über kürzere oder auch weitere Entfernungen. So zeigt sich uns der Zusammenhang zwischen Messen – Übertragen – Steuern – Regeln – Rechnen – Anzeigen – Auswerten: als ein riesengroßes Verbundgebiet, möglich geworden durch die Mikro-Elektronik. Bevor wir nun, sozusagen von oben her, in dieses Gebiet einsteigen, seien noch ein paar Bemerkungen zum mechanischen Aufbau elektronischer Anordnungen eingefügt.

1.6 Zum mechanischen Aufbau der Elektronik

Da man in elektronische Geräte nicht leicht hineinsehen kann, ist es vielleicht gut, wenn wir uns mit ein paar Bildern einen groben Eindruck vom Standardaufbau der Mikro-Elektronik zu machen versuchen. Einzelelemente wie Leistungs- oder Schalttransistoren, Dioden, Widerstände, Kondensatoren u.a.m. kommen natürlich immer noch vor. Die informationsverarbeitenden Transistoren jedoch sind „integriert", d.h. in kleineren bis zu sehr großen Gruppen als Modul auf einem Silizium-Plättchen zusammengefaßt und alle im selben Fertigungsgang hergestellt.

Die Siliziumplättchen werden in längliche Gehäuse gesetzt, die an den Längsseiten jeweils eine Reihe von Kontakten aufweisen. Der amerikanische Ausdruck „dual in line" hat sich durchgesetzt; man spricht allgemein von Dual-in-line-Gehäusen. Bild 1.10 zeigt eine Anzahl solcher integrierter Einheiten, im Elektroniker-Slang auch Chips genannt, mit 2 x 7

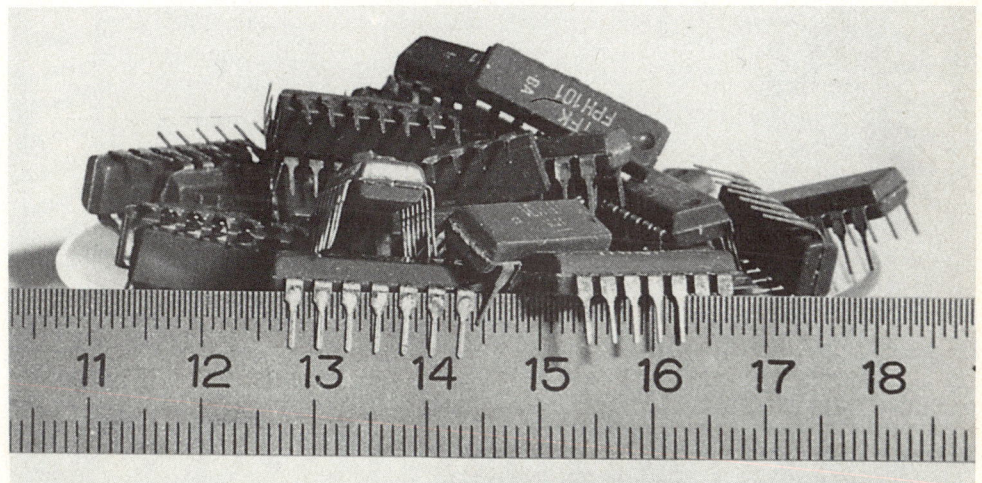

Bild 1.10 Integrierte Schaltkreise (SSI und MSI) im Dual-in-line-Gehäuse

bzw. 2 x 8 Kontaktbeinchen. Bei schwarzen Plastikgehäusen (Abmessungen ca.20 x 6 x 3 mm) sehen sie aus wie mehrbeinige Käfer und werden oft auch so genannt. In diesen Gehäuse befinden sich Elemente der small scale integration (SSI) mit einigen wenigen bis ein paar Dutzend Transistoren.

Bei der MSI (medium scale integration) kommt man schon auf die Größenordnung von rund 100 Transistoren, verständlicherweise bei mehr Anschluß-„Beinchen" und größeren Gehäusen. Mikroprozessoren gehören bereits zur LSI (large scale integration) und sitzen meist in Gehäusen mit 2 x 20 Anschlüssen. Der Weg zur VLSI (very large scale integration) wird begangen, bringt aber bei der Frage der Gehäuse Schwierigkeiten, die mit dem Dual-in-line-Prinzip nicht mehr beherrschbar sind. Bild 1.11 zeigt die Struktur eines

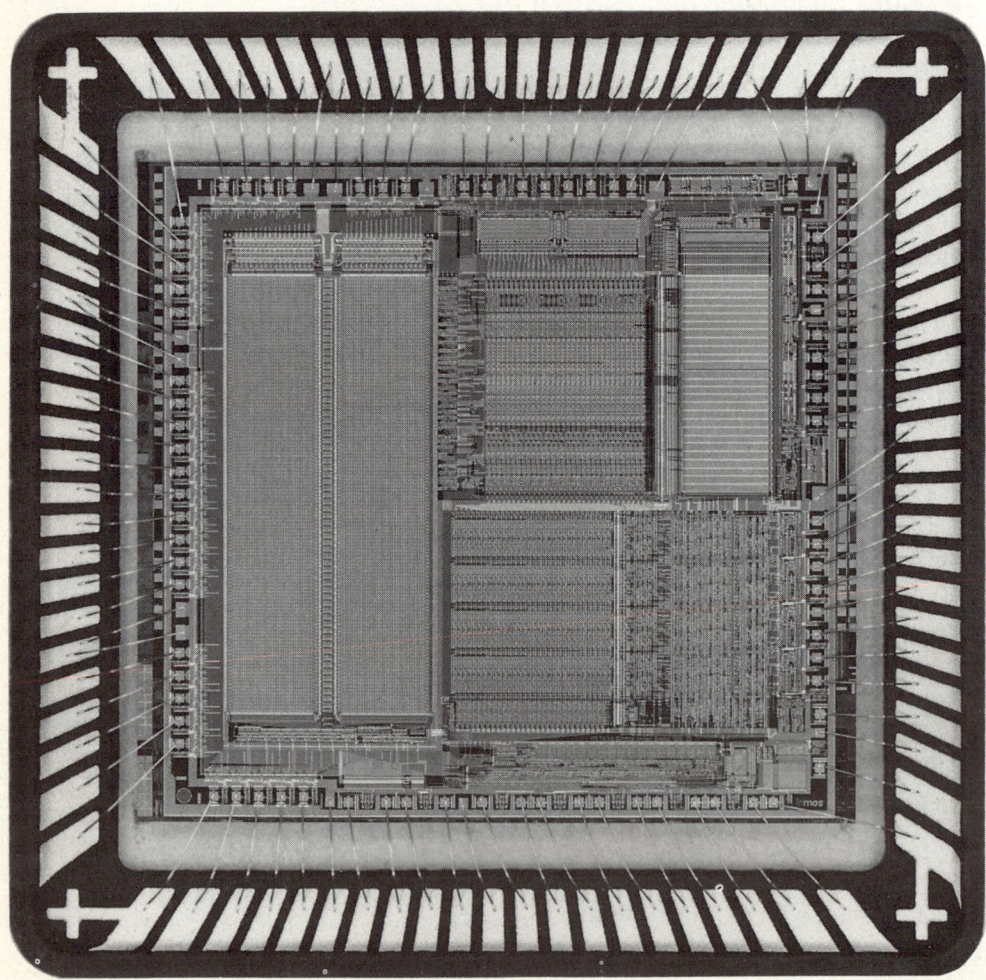

Bild 1.11 Bei sehr hoher Integrationsdichte (VLSI) werden die vielen nötigen Anschlüsse zum Problem

Bild 1.12 Bauelemente und Leiterbahnen auf einer Leiterplatte

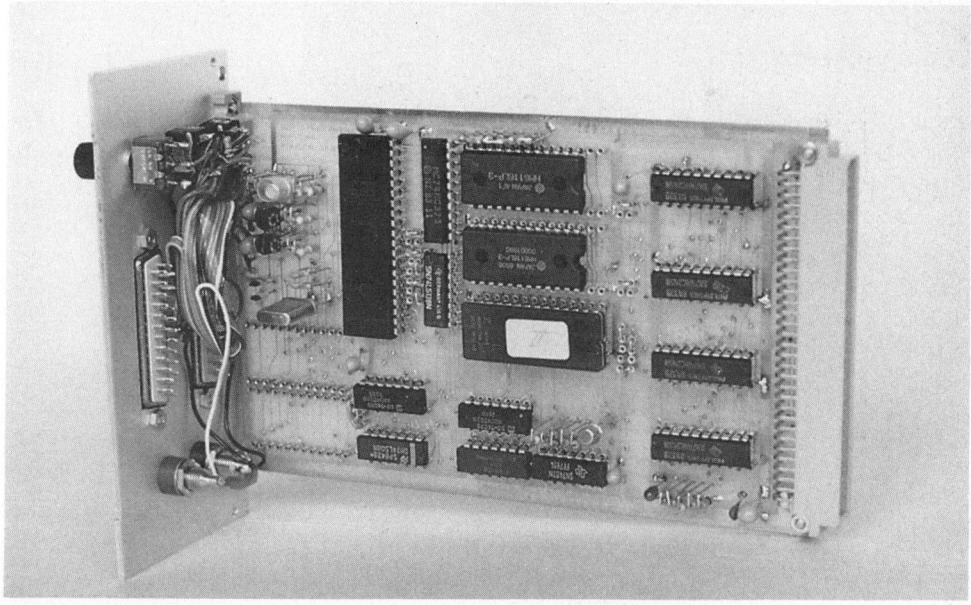

Bild 1.13 Eine Europa-Karte, von der Bestückungsseite her gesehen

Silizium-Plättchens, das einen überaus leistungsfähigen Prozessor trägt. Die Anschlüsse sind auf allen vier Seiten des quadratischen Siliziumplättchens angeordnet, insgesamt 84 Stück.

Alle Bauelemente, Einzelelemente und IC's (integrated circuits, Integrierte Schaltkreise) werden mit bzw. auch ohne Sockel auf die Leiterplatten gesetzt. Diese sind ein- oder beidseitig mit einer dünnen Kupferschicht versehene Kunststoffplatten. Die Verbindungsleitungen zwischen den elektrischen und/oder elektronischen Bauelementen kommen dadurch zustande, daß in einem fotografischen Verfahren die gewünschten Leiterbahnen markiert werden, so daß sie beim späteren Ätzen der Kupferschicht widerstehen können und nicht abgetragen werden. Bild 1.12 vermittelt einen Eindruck der Leiterbahnen. Sie sind als helle Schlangenlinien rund um die Dual-in-line-Chips zu sehen. Die Seite mit den

Bild 1.14 Europa-Karten im Kartenmagazin

Bauelementen heißt Bestückungsseite der Leiterplatte. Die andere Seite trägt (als „Verdrahtungsseite") den Großteil der Verbindungsleitungen, was in Bild 1.12 natürlich nicht zu sehen ist.

Eine Standardgröße für Leiterplatten sind die sog. Europakarten (ca. 100 × 160 mm). Bild 1.13 zeigt eine solche Karte, bestückt mit einem Prozessor-Minimalsystem. Die kleine Frontplatte ganz links trägt Steckverbindungen und Schalter. Dahinter kann man einige Einzelelemente (Transistoren, Widerstände) sehen. Dann kommt ein VLSI-Chip mit 2 × 40 Anschlüssen, der Prozessor selbst (die Zentraleinheit, CPU). Die größeren IC's sind Speicher mit 2 × 24 bzw. 2 × 28 Anschlüssen, die restlichen kleineren Dual-in-line-Gehäuse enthalten verschiedene einfachere Schaltkreise. Umfangreichere Geräte der Elektronik enthalten viele Europakarten voll Elektronik. Diese Karten werden nebeneinander in sog. Kartenmagazine geschoben, wovon Bild 1.14 einen Eindruck vermitteln kann. Dort sind drei Kartenmagazine, ihrerseits wiederum selbst als Gehäuse-Einschübe konstruiert, übereinander angeordnet. Jedes der Kartenmagazine enthält einzelne Europakarten, weitere Schienen zum Einschieben weiterer Karten sind noch leer. Auf diese Weise kann man Platz vorsehen, falls der Elektronik-Umfang anwachsen sollte.

Dies ist bei abgeschlossenen Geräten, wie etwa dem Kernstück eines Personal-Computers, nicht zu erwarten. Eine solche umfangreiche und nicht auf einer einzigen kleinen Karte unterzubringende Elektronik wird auf größeren Leiterplatten angeordnet. Bild 1.15 zeigt

Bild 1.15 Große Leiterplatte eines Personal Computers (APPLE IIe)

eine derartige Leiterplatte. Die IC's sitzen dichtgedrängt nebeneinander, große und kleine. Nur noch selten ist ein Einzelbauelement erkennbar.

Insgesamt wird mit den Bildern deutlich, welch große Packungsdichte mit solcher Standard-Elektronik erreicht werden kann und wie mechanisch robust sich die „empfindliche" Elektronik zeigt. Robustheit ist jedoch unbedingt nötig, denn die Siliziumplättchen selbst sind nicht sehr stabil, auch eine „Verdrahtung" im herkömmlichen Stil wäre nicht geeignet. So aber wird Elektronik kompakt, stabil, zuverlässig — auch im rauhen Maschinenbaubereich.

2 Zentrale Einheiten

2.1 Register

2.1.1 Die Register-Grundform

Ein Register ist ein Speicher für ein binäres Wort. Somit muß es für eine bestimmte Wortlänge ausgelegt sein. Die Wortlänge wiederum entspricht der Anzahl von Stellen und wird in Bit angegeben. Das im Register abgelegte binäre Wort kann an Ausgängen des Registers abgegriffen werden, wie dies in Bild 2.1 in Black-Box-Darstellung für ein 4-Bit-Register gezeigt ist. Dabei gilt normalerweise der Zusammenhang: Keine Spannung am Registerausgang (0 V) bedeutet Null, Spannung (z.B. 5 V) bedeutet Eins.

Unser 4-Bit-Register von Bild 2.1 ist aus vier Grundspeichern zusammengesetzt, von jedem einzelnen Speicherelement sind die Ausgänge A0 bis A3 herausgeführt. Der Grundspeicher in elektronischer Ausführung heißt *Flipflop*, seine Funktion wird in Anhang A4 näher beschrieben; hier begnügen wir uns mit dem Namen.

In mechanischer Analogie kann man statt eines Flipflops einen Kippschalter nehmen. Unser 4-Bit-Register besteht dann nach Bild 2.2 aus vier nebeneinander gesetzten Kippschaltern. In der mechanischen Analogie wird ein binäres Wort durch entsprechende Betätigung der Kippschalter eingegeben. An den Ausgängen, A0 bis A3, steht keine Spannung an (0 V), wenn sich der betreffende Schalter in Ruhelage (entspricht der Eingabe 0) befindet. Wird der Schalter gekippt (entspricht der Eingabe 1), dann steht die Spannung am Ausgang, welche der Eins entspricht. Die mechanische Betätigung, also die Eingabe, ist in Bild 2.2 durch eine gestrichelte Linie angedeutet.

Für ein elektro-mechanisches Register mit Schaltern ist die Eingabe eines binären Worts klar: durch Betätigen der einzelnen Schalter. Für das elektronische Speicherelement Flip-

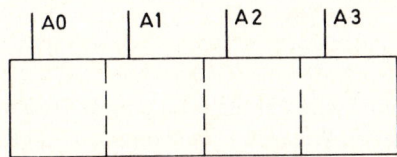

Bild 2.1 Grundform eines Registers.

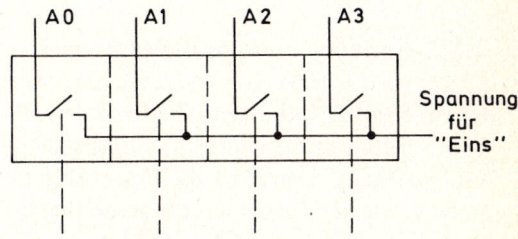

Eingabe: Betätigung der Schalter

Bild 2.2 Mechanische Analogie für ein Register: eine Reihe von Kippschaltern.

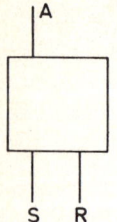

Bild 2.3 Speichereinheit für 1 Bit (Flipflop) mit Setz- und Rücksetz-Eingang.

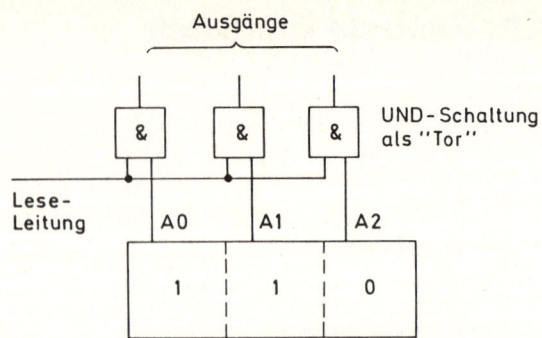

Bild 2.4 Paralleles Auslesen eines Registers.

flop jedoch ist bislang offen geblieben, wie die Eingabe erfolgt. Das soll jetzt mit Bild 2.3 nachgeholt werden. Nach dieser Blockdarstellung eines einfachen Flipflops gibt es zwei Eingänge: Einen Eingang S für das Setzen (set) und einen Eingang R für das Rücksetzen (reset). Wird an den Setz-Eingang S ein Eins-Signal, z.B. die entsprechende Spannung, angelegt, dann geht der Ausgang A des Flipflops ebenfalls auf das Signal für die Eins. Das Flipflop ist gesetzt und bleibt in diesem Zustand, wie auch ein Kippschalter nach der Betätigung im gekippten Zustand bleibt. Wird an den Rücksetz-Eingang R eine Eins abgelegt, dann geht der Ausgang A wieder auf Null zurück.

Flipflop wie Kippschalter bleiben in der Lage, in die sie durch Betätigung gebracht wurden. Schalter werden von Hand, Flipflops durch das Anlegen elektrischer Signale an den betreffenden Eingängen betätigt. Beide Elemente können sich „merken", in welche Lage sie gebracht worden sind, und bilden somit Basis-Speicher für 1 Bit.

Wir können zusammenfassen: Ein Register ist ein Speicher für binäre Worte. Es besteht aus einer Anzahl aneinander gereihter Grundspeicher für je 1 Bit. In der Elektronik sind die Flipflops diese Basis-Speicher. Die abgelegte Binär-Information ist an Ausgängen in Form von Spannungen verfügbar. Eingegeben wird das zu speichernde Wort über Setz- und Rücksetz-Eingänge; im Fachjargon spricht man oft nicht von Eingabe, sondern vom Laden des Registers. Das einfache Grundregister wird in der Fachliteratur oft als „latch" bezeichnet, ein Ausdruck, der ebenso wie Flipflop nicht direkt übersetzbar ist.

2.1.2 Serieller und paralleler Betrieb

Ist ein Register mit einem binären Wort geladen, dann stehen an den Ausgängen der einzelnen Flipflops die Nullen und Einsen des gespeicherten Worts in Form von Spannungen zur Verfügung. Damit ist die Frage aufgeworfen, wie diese Spannungen weiterverwertet werden, wie der Zugriff auf das gespeicherte Wort erfolgen kann.

Grundsätzlich ist dies auf zwei verschiedene Arten möglich: Entweder werden alle Registerausgänge gleichzeitig, also *parallel*, oder zeitlich nacheinander, also *seriell*, ausgelesen. Dieses Auslesen geschieht über UND-Verknüpfungen (vgl. auch Abschnitt 1.4.3, Bild 1.7a bzw. Anhang A1), wie es für ein 3-Bit-Register in Bild 2.4 dargestellt ist. Der Speicherinhalt ist dabei einfach in das Kästchen für die drei Flipflops eingetragen. Abgespeichert ist das duale Wort $011 = 0 \cdot 2^2 + 1 \cdot 2^1 + 1 \cdot 2^0$, also die Zahl 3 (dezimal). Die höchstwertige Stelle MSB (Most Significant Bit) steht ganz links, diejenige mit dem niedrigsten Stellenwert (LBS, Least Significant Bit) ganz rechts. In unserer Registerdarstellung ist dies gerade umgekehrt, der Ausgang A0 für das LSB liegt ganz links.

Nun aber zum Auslesen der gespeicherten Information. Die Ausgänge A0, A1 und A2 des Registers sind auf die Eingänge von UND-Schaltungen geführt, deren jeweils zweite Eingänge über eine Leseleitung verbunden sind. Steht an dieser das Signal 0 an, dann kann im Ausgang der UND-Schaltung keine 1 erscheinen; es wird nicht ausgelesen. Führt die Leseleitung hingegen das Signal 1, dann geschieht folgendes:

— Liegt einer der Register-Ausgänge auf Singal 1, dann steht am Ausgang der zugehörigen UND-Schaltung wegen der Regel $1 \& 1 = 1$ der Booleschen Algebra ebenfalls das Signal 1.

— Führt der Register-Ausgang jedoch die 0, dann steht am Ausgang der zugehörigen UND-Schaltung wegen $0 \& 1 = 0$ das Signal 0.

Über die Leseleitung können somit die Ausgänge des Registers abgefragt werden, und zwar alle zur gleichen Zeit, also parallel. Die UND-Schaltungen wirken dabei als elektronische Schalter, als Tor für den Zugang zum Speicherinhalt. Die möglichen Betriebsweisen sind in Bild 2.5 dargestellt: Im statischen Betrieb nach Bild 2.5a wird das Lesesignal ab einem gewissen Zeitpunkt angelegt. Beim Impulsbetrieb nach Bild 2.5b wird nur während einer kurzen Zeit, während der Dauer eines Lese-Impulses, der Registerinhalt abgefragt. Schließlich kann das Register nach Bild 2.5c auch periodisch mit einer Impulsfolge, einem sog. Takt, abgefragt werden.

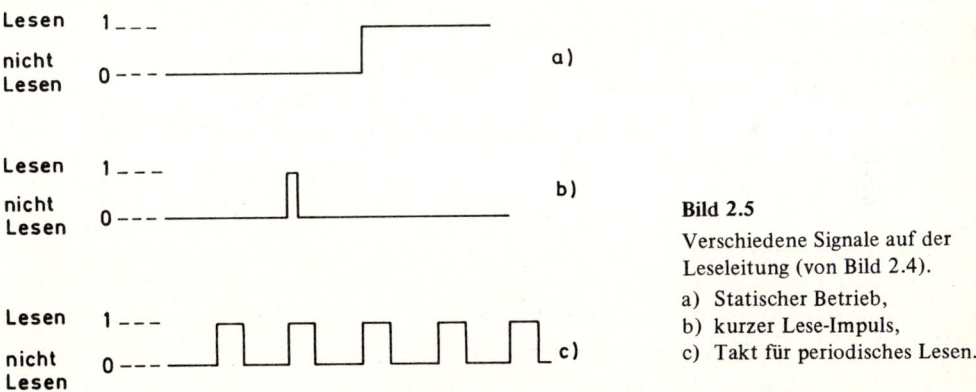

Bild 2.5
Verschiedene Signale auf der Leseleitung (von Bild 2.4).
a) Statischer Betrieb,
b) kurzer Lese-Impuls,
c) Takt für periodisches Lesen.

Die serielle Abfrage eines Registers geschieht dadurch, daß die Flipflop-Inhalte zeitlich nacheinander abgefragt werden. Dann müssen die als Tor wirkenden UND-Schaltungen von Bild 2.4 nicht gemeinsam über *eine* Leitung, sondern getrennt und zeitlich nacheinander angesteuert werden. Dies wirkt wie ein Umschalter zur Abfrage des Register-Inhalts, wie es in Bild 2.6 gezeigt ist.

Parallelen und seriellen Betrieb gibt es vielfältig in der Elektronik, nicht nur beim Lesen eines Register-Inhalts. Deswegen soll auf die generellen Eigenschaften beider Betriebs-

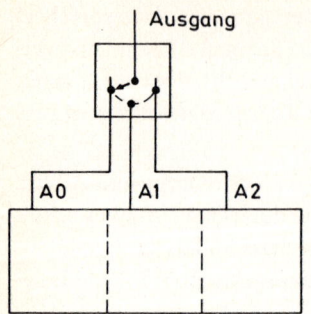

Bild 2.6 Serielles Auslesen eines Registers.

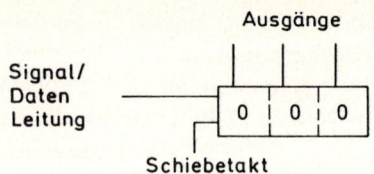

Bild 2.7 Schieberegister mit 3 Bit.

weisen nochmals eingegangen werden. Beim parallelen Betrieb sind für n Bit auch n Leitungen nötig, jedoch genügt *ein* Lese-Impuls. Paralleler Betrieb ist also aufwendig, aber rasch.

Beim seriellen Betrieb hingegen genügt zwar *eine* Leitung, dafür muß der Umschalter (von Bild 2.6) aber die n Ausgänge nacheinander abtasten und braucht dazu n Leseimpulse oder Lesetakte. Dieses Verfahren ist also langsamer. Hier macht sich ein Grundgesetz aus der Nachrichtentechnik bemerkbar: Bandbreite (in unserer Anwendung die Zahl der Leitungen) mal Zeitaufwand ergibt eine Konstante.

Nun haben wir uns bislang nur mit den Ausgängen eines Registers befaßt. Gelten die Betriebsweisen auch für die Eingänge, kann ein Register parallel bzw. seriell geladen werden? Aber natürlich: Das hängt ja nur davon ab, ob die Setz- bzw. Rücksetz-Eingänge der Flipflops (vgl. Bild 2.3) gleichzeitig oder nacheinander betätigt werden.

Zum seriellen Laden eines Registers führt aber auch noch ein anderer Weg, den wir im nächsten Abschnitt verfolgen wollen.

2.1.3 Schieberegister

Serielles Laden eines Registers ist dann einfach möglich, wenn die Organisation eines Schieberegisters vorliegt. Wir können uns den „Schiebe"-Vorgang mit Hilfe von Bild 2.7 klarmachen. Dort ist ein Register für 3 Bit skizziert. Es hat am Eingang eine Signal- oder Datenleitung, auf welcher zeitlich hintereinander, also seriell, die Nullen und Einsen eines binären Worts verfügbar sind. Bei jedem Takt-Impuls — man spricht hier vom Schiebe-Takt — wird die am Eingang anstehende Information vom ersten Flipflop übernommen. Der Inhalt des Flipflops wird an den Nachbarn zur Rechten weitergegeben.

Wir können nun Schritt für Schritt verfolgen, wie eine Folge von Nullen und Einsen in das Register geschoben wird, von dem wir der Einfachheit halber annehmen, es sei „leer", also mit lauter Nullen besetzt gewesen. In Bild 2.8 ist die Situation skizziert. Am Eingang soll die serielle Bitfolge 101 anstehen.

Mit einem ersten Schiebetakt wird die 1 in das erste Flipflop übernommen, dessen Inhalt 0 an das zweite Flipflop übergeht. Dieses selbst gibt seinen Original-Inhalt 0 an seinen

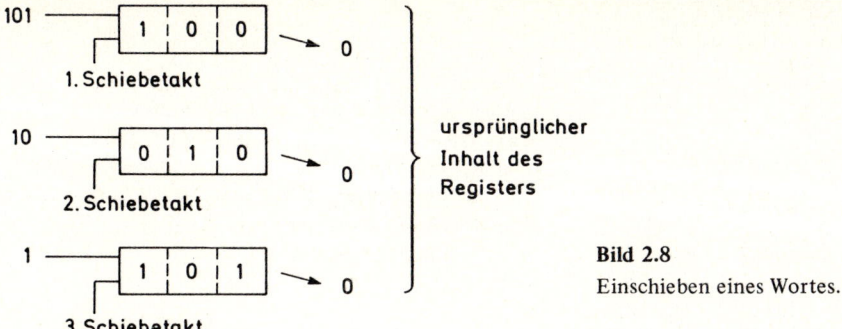

Bild 2.8
Einschieben eines Wortes.

Nachbarn zur Rechten weiter; und dessen Original-Inhalt, auch eine 0, würde an ein viertes Flipflop weitergegeben — wenn ein solches vorhanden wäre! Weil aber keines da ist, fällt diese 0 sozusagen rechts aus dem Register heraus. Das würde natürlich auch mit einer 1 geschehen: Grundsätzlich wird beim Schieben in einem solchen Register die ursprünglich enthaltene Information nach rechts hinausgeschoben und geht verloren, falls sie nicht in einem weiteren Register aufgefangen wird.

Beim zweiten Schiebetakt geht es einen Schritt weiter, im Register steht nun (01)0, wobei die beiden Bit in Klammern die neu eingeschobenen sind. Beim dritten Schiebetakt steht das Wort 101 komplett im Schieberegister.

Bei weiteren Schiebetakten würde das Wort 101 immer weiter von links nach rechts und schließlich aus dem Register hinausgeschoben, das sich von links her mit den Signalen füllt, welche am Eingang jeweils anstehen.

Halten wir einmal gedanklich beim dritten Schiebetakt an, wenn das Wort 101 gerade im Register steht. Dann können wir doch an den Ausgängen des Registers dieses Wort parallel auslesen, wie dies im vorhergehenden Abschnitt (vgl. Bild 2.4) geschildert wurde. Es ist also Information (ein binäres Wort) seriell eingegeben, aber parallel ausgegeben worden: das ist eine Seriell/Parallel-Umsetzung.

Ebenso ist eine Umsetzung parallel-seriell möglich. Hierzu werden die einzelnen Flipflops eines Schieberegisters an ihren Eingängen, z.B. über die S/R-Eingänge nach Abschnitt 2.1.1, Bild 2.3, mit der Information parallel geladen, die dann im Schiebetakt am Ausgang des am weitesten rechts angeordneten Flipflops seriell zur Verfügung steht.

Mit einem Schieberegister kann Information sowohl von links nach rechts wie auch von rechts nach links verschoben werden. Man spricht von Linksverschiebung oder Links-Shift (Shift Left) bzw. von Rechtsverschiebung (Shift Right). Wie wir aus Abschnitt 1.4.1 wissen, ist damit eine duale Multiplikation bzw. Division möglich.

Schließlich ist es möglich, den Ausgang eines Schieberegisters mit seinem Eingang zu verbinden. Ein parallel über die Flipflop-Eingänge in das Register geladenes binäres Wort kann dann innerhalb des Registers mit einem Schiebetakt rotieren, links oder rechts herum. An jedem Flipflop-Ausgang kann das im Register befindliche Wort seriell abgegriffen werden, von Flipflop zu Flipflop jeweils um einen Takt zeitlich versetzt. Für die vollständige Rotation eines n-Bit-Worts sind genau n Schiebetakte erforderlich.

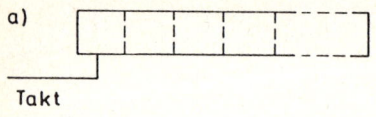

a)

Takt

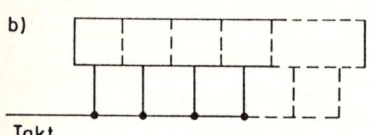

b)

Takt

Bild 2.9

Asynchroner Betrieb / synchroner Betrieb.

a) Asynchron: Nur ein Flipflop erhält den Takt, die Reaktion darauf hängt von der Geschwindigkeit der Flipflops ab.

b) Synchron: Alle Flipflops werden gleichzeitig vom Takt betätigt.

2.1.4 Asynchroner oder synchroner Betrieb

An den Registern lassen sich zwei weitere, immer wiederkehrende Begriffe erläutern: asynchron und synchron. Sie sind aus der Elektrotechnik geläufig, z.B. mit Asynchron- bzw. Synchron-Maschinen. Aber auch im Bereich Maschinenbau finden sich Parallelen, bedeutet doch synchron gleichzeitig, während asynchron die Verneinung dazu darstellt.

Wird bei einem Register, das ja grundsätzlich aus einer Reihe von Flipflops besteht, nur eines der Flipflops vom Takt angesteuert, sprechen wir von einem asynchronen Betrieb. In Bild 2.9a ist dies angedeutet. Da bekommt das erste Flipflop am Eingang des Registers den Takt (z.B. zum Schieben). Hat dieses Flipflop auf den Takt reagiert, dann erst kann das nächstfolgende Flipflop seinerseits reagieren, also seine ursprüngliche Lage dem Nachbarn zur Rechten weitergeben und vom Nachbarn zur Linken dessen Lage übernehmen. Die Reaktion der einzelnen Flipflops wird also vom Takt initiiert und läuft dann durch das Register durch, abhängig von der Reaktionsgeschwindigkeit der beteiligten Flipflops.

Anders beim synchronen Betrieb; der in Bild 2.9b aufgenommen ist. Hier bekommt jedes einzelne Flipflop genau zur selben Zeit seinen Taktimpuls und reagiert darauf, der Schiebeprozeß in einem Schieberegister erfolgt sozusagen zugleich, auf Kommando.

Asynchrone und synchrone Betriebsweisen kommen in der gesamten Mikro-Elektronik vor. Der asynchrone Betrieb erfordert weniger Aufwand, kostet aber evtl. Zeit; beim synchronen Betrieb ist der Aufwand meist größer, dafür jedoch können die Zeiten exakt kalkuliert werden.

2.1.5 Zähler

Auch Zähler lassen sich durchaus als Register ansprechen, und zwar als solche, die eine für Zählvorgänge günstige Organisation aufweisen. Also zeichnen wir in Bild 2.10a wieder ein Register an: Es besitzt 4 Bit Breite, hat einen Eingang für Zählimpulse (man kann auch Zähltakt dazu sagen, wenn die Zählimpulse in zeitlich regelmäßiger Folge eintreffen), einen Eingang zum Rücksetzen und Null-Stellen und Ausgänge für jedes einzelne Flipflop.

Dieser Zähler sei zunächst einmal auf Null gesetzt worden (reset). Dann wird verlangt, daß die Ausgänge A0 bis A3 die bekannte Konfiguration der Reihe der Dualzahlen annehmen (vgl. Abschnitt 1.4.1 bzw. Tabelle 1.1), die in Tabelle 2.1 eigens für dieses Beispiel nochmals zusammengefaßt sind. —

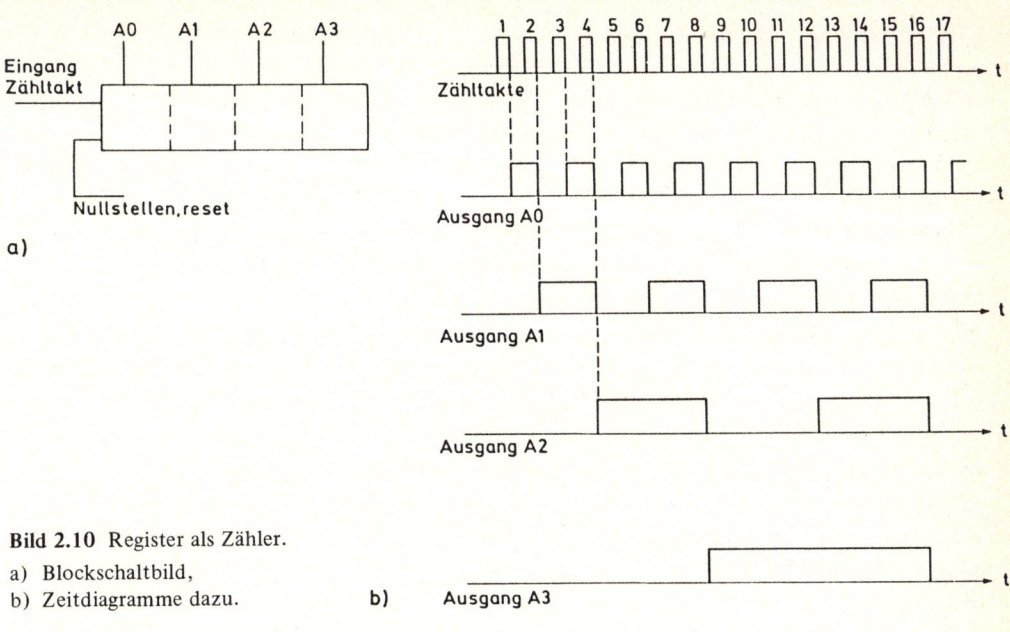

Bild 2.10 Register als Zähler.

a) Blockschaltbild,
b) Zeitdiagramme dazu.

Tabelle 2.1 Zum Zählvorgang eines 4-Bit-Dual-Zählers

Zählimpuls	Ausgänge			
Nr.	A3	A2	A1	A0
(reset)	0	0	0	0
1	0	0	0	1
2	0	0	1	0
3	0	0	1	1
4	0	1	0	0
5	0	1	0	1
6	0	1	1	0
7	0	1	1	1
8	1	0	0	0
9	1	0	0	1
10	1	0	1	0
11	1	0	1	1
12	1	1	0	0
13	1	1	0	1
14	1	1	1	0
15	1	1	1	1
16	0	0	0	0
17	0	0	0	1

Der Zähler beginnt beim Ausgangswort 0000, geht beim ersten Zähltakt-Impuls in die Lage 0001, schreitet beim zweiten Zähltakt-Impuls weiter auf 0010, die duale Zwei, und kehrt beim 16. Takt auf 0000 zurück. Denn die duale Sechzehn, das Binärwort 1 0000, wird von den nur 4 Bit unseres Zählers nicht erfaßt, die Eins auf der Stelle $2^4 = 16$ geht verloren. Man kann auch sagen, der „Übertrag" auf die fünfte Dualstelle geht verloren, wenn der Zähler nur vier Stellen hat.

Für den Zählvorgang selbst ist es ohne Bedeutung, ob er synchron oder asynchron erfolgt. Wie wir wissen, ist dies nur eine Aussage darüber, ob die Flipflops im Zähler alle gleichzeitig angesteuert werden oder ob sie nacheinander kippen.

Wir wollen nun den Zählvorgang noch etwas genauer verfolgen. Dazu ist in Bild 2.10b der zeitliche Zusammenhang zwischen den Zählimpulsen und der Lage der Zählerausgänge A0 bis A3 abgebildet. Damit das Diagramm verständlich wird, sind noch einige Voraussetzungen zu treffen.

Zunächst ist in Bild 2.10b unterstellt, daß die sog. Rückflanke der Taktimpulse, also deren Übergang von 1 → 0, das erste Flipflop ansteuert; weiterhin wird dasselbe Verhalten aller Flipflops des Zählers angenommen: Jeweils der Übergang 1 → 0 eines Ausgangs steuert das rechts benachbarte Flipflop an und kippt es in seine jeweils andere Lage. Damit ist das Prinzip der Organisation dieses Registers zu einem Dualzähler beschrieben, Bild 2.10b kann mit diesen Angaben schlüssig konstruiert werden.

Die Funktion des Zählers wird uns so noch einmal deutlich gemacht. Nach der Rückflanke des n-ten Taktimpulses befinden sich die Ausgänge A0 bis A3 der Flipflops des Zählers in den Lagen, welche der Dualzahl von n entsprechen. Beim 16. Impuls beginnt das Zählspiel von vorne. Unser 4-Bit-Dualzähler hat einen Zählumfang von $2^4 = 16$ Stellungen und zählt dual von 0000 bis 1111.

Dem Diagramm von Bild 2.10b ist eine weitere Eigenschaft von Flipflops zu entnehmen, auf die bislang noch nicht aufmerksam gemacht wurde. Das Flipflop mit dem Ausgang A0 halbiert die Taktfrequenz — jedes weitere Flipflop halbiert ebenfalls die Kippfrequenz seines Nachbarn zur Linken. Flipflops können somit auch als Frequenzteiler um einen Faktor 2 eingesetzt werden. Da eine Stellenverschiebung nach rechts im Dualsystem einer Division mit dem Faktor 2 entspricht, muß dies auch bei den Kippfrequenzen von Flipflops im Dualzähler erkennbar sein.

Dualzähler sind, wie wir gesehen haben, einfach aufzubauen. Mit 4 Bit zählen sie von 0000 bis 1111 (dual) bzw. von 0 bis 15 (dez). Wenn wir einen Dezimalzähler bauen wollen, der von 0 bis 9 (dez) zählt und für die BCD-Darstellung (vgl. Abschnitt 1.4.2) geeignet ist, müssen wir dafür sorgen, daß der Zählvorgang nach Erreichen der Zahl 9(dez)=1001(dual abgebrochen und der Zähler beim zehnten Zählimpuls wieder auf 0 gesetzt wird.

Um dies zu erreichen, müssen die Ausgänge des Zählers abgefragt werden, ob die Konfiguration 1010(dual $\triangleq$ 10(dez) erreicht ist; dann muß der Zähler auf 0 gestellt werden. Dies geschieht mit der Schaltung von Bild 2.11. Das UND-Gatter bekommt genau dann vier Einsen an seine vier Eingänge, wenn der Zählerstand 1010(dual) $\triangleq$ 10(dez) erreicht. Dazu muß das Signal der Ausgänge, die nach dem zehnten Zählimpuls auf 0 stehen, invertiert werden. Das leisten die Inverter, im Blockschaltbild mit einem Invertierungskreis und/oder der Kennzeichnung −1 dargestellt.

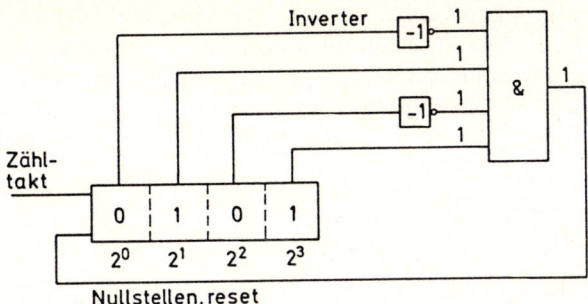

Bild 2.11
Blockschaltbild für einen
Zehner-Zähler.

Ist die UND-Bedingung erfüllt, dann führt der Ausgang der UND-Schaltung die 1, mit welcher der Zähler auf 0 gestellt werden kann. Das Nullstellen muß abgeschlossen sein, bevor der nächste Zählimpuls kommt.

Ein 4-Bit-Zähler kann also dual betrieben werden und zählt von 0000 bis 1111 (dual); man kann ihn jedoch auch dezimal von 0 bis 9 (dez) zählen lassen. Selbstverständlich kann ein solcher Zähler nicht nur vorwärts, sondern auch rückwärts zählen. Ein Rückwärtszähler entsteht dann, wenn die Flipflops der Schaltung nach Bild 2.10a nicht bei der $1 \rightarrow 0$-Flanke ihres Ansteuertakts, sondern bei dessen $0 \rightarrow 1$-Übergang kippen. Die Probe dieser Aussage kommt zustande, wenn ein entsprechendes Zeitdiagramm wie dasjenige von Bild 2.10b erstellt würde.

Bei unserem 4-Bit-Dual-Vorwärtszähler erscheint am Ausgang A3 beim 16. Zählimpuls ein $1 \rightarrow 0$-Übergang. Mit ihm könnte ein fünftes Flipflop angesteuert werden, falls der Zähler auf fünf Dualstellen erweitert würde. Grundsätzlich erzeugt das jeweils höchstwertige Flipflop in der n-ten Stelle einen Impuls, mit dem die Stelle (n+1) angesteuert werden könnte. Dies wären also typische Übertragsimpulse, englisch mit Carry bezeichnet. In ähnlicher Weise können Rückwärtszähler einen Null-Impuls (borrow) liefern, wenn sie den Stand 0000 erreichen.

Nach unseren Überlegungen können Zähler wahlweise auf- oder abwärts, dual oder dezimal zählen. Zum Universalzähler werden sie, wenn auch noch eine Vorwahl oder Voreinstellung möglich ist. Dann kann der Zähler durch einen Lade-Impuls (load) auf die Zahl gesetzt werden, welche als binäres Wort an den Setzeingängen ansteht. Der Zählvorgang beginnt nicht bei Null, sondern bei der vorgewählten Zahl.

Bild 2.12 zeigt die für solche Universalzähler-Bausteine typischen Anschlüsse. Es besteht die Wahl, dezimal (decimal) oder dual (binary) zu zählen, vorwärts (count up) oder rückwärts (count down). Die Vorwahlzahl wird an den Eingängen E0 bis E3 angelegt und mit dem Vorwahl- oder Lade-Impuls (load) übernommen. Die Zählerausgänge A0 bis A3 entsprechen dem Zählerstand, außerdem sind Übertragsimpuls (carry) und Nullimpuls (borrow) verfügbar. Über den Nullstelleingang (reset) wird der Zähler auf Null gesetzt. Das Marktangebot für solche Zählerbausteine ist sehr vielfältig, die Varianten der Anschlüsse ebenfalls. Bild 2.12 entspricht keiner marktgängigen Zählertype, sondern sollte nur die typischen Anschlüsse eines solchen Bausteins deutlich machen.

Vorwahlzähler werden vor allem dann eingesetzt, wenn eine (Impuls-)Frequenz heruntergeteilt werden soll. Nehmen wir einmal an, eine Taktfrequenz müsse mit dem Fak-

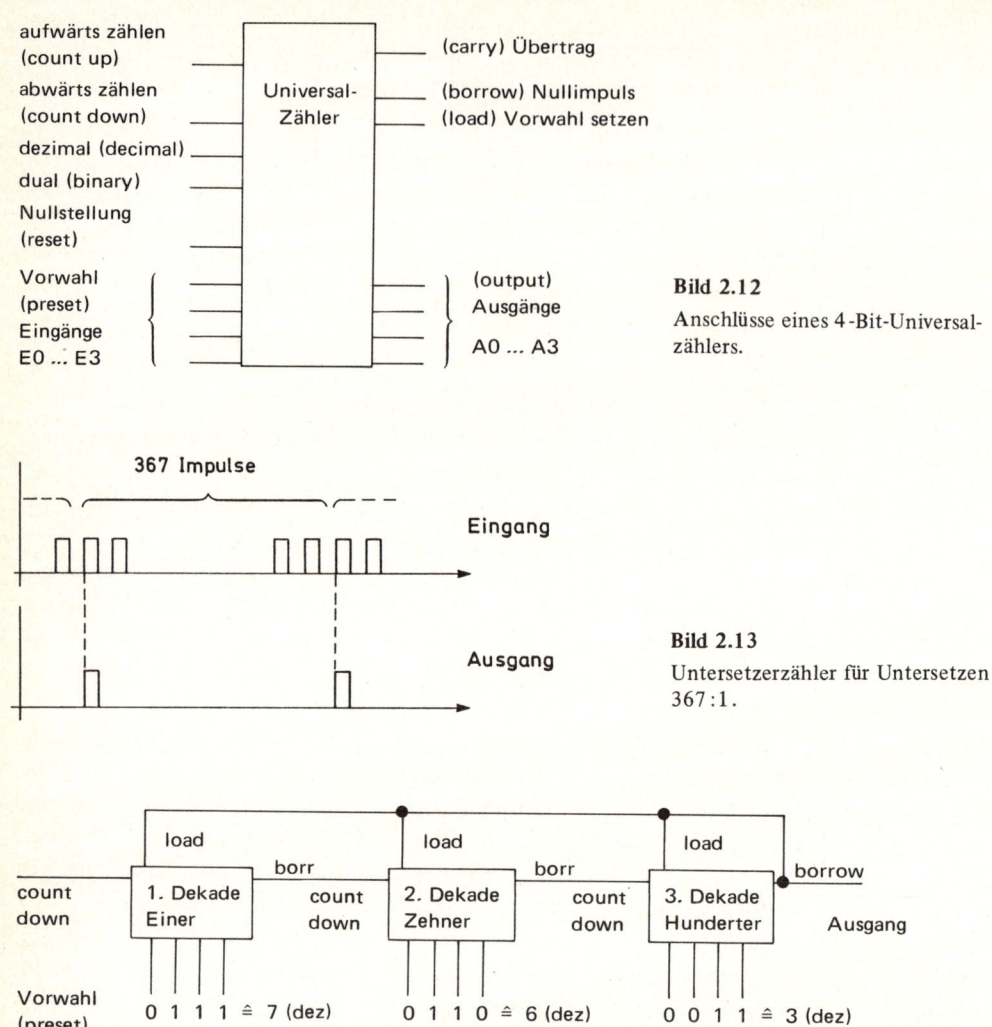

Bild 2.12
Anschlüsse eines 4-Bit-Universal-zählers.

Bild 2.13
Untersetzerzähler für Untersetzen 367:1.

Bild 2.14 Blockschaltbild eines Untersetzerzählers 367:1.

tor 367 geteilt werden. Der dazu eingesetzte Zähler soll also genau nach jeweils 367 Eingangsimpulsen einen Ausgangsimpuls abgeben. In Bild 2.13 ist diese Aufgabenstellung skizziert.

Bild 2.14 zeigt die Lösung dazu. Hier sind drei Dezimalzähler in Kaskade, also hintereinander, geschaltet. Der Einerzähler (1. Dekade) liegt an der Vorwahl 7(dez) $\stackrel{\wedge}{=}$ 0111(dual), der Zehnerzähler (2. Dekade) an 6(dez) $\stackrel{\wedge}{=}$ 0110(dual) und der Hunderterzähler (3. Dekade) schließlich an der Vorwahl 3(dez) $\stackrel{\wedge}{=}$ 0011(dual). Alle Zähler zählen rückwärts. Der Anschluß für den Borrow-Impuls des Hunderterzählers ist mit den Load-Eingängen aller Zähler verbunden, lädt also die drei Zähler auf die Vorwahlzahl 367, wenn ein Borrow-Impuls auftritt.

Starten wir unsere auf die Zahl 367 voreingestellten Zähler! Zunächst wird der Einerzähler nach sieben Taktimpulsen die Null erreichen, sein Borrow-Impuls setzt den Zehnerzähler von 6 auf 5 zurück. Ab da arbeitet der Einerzähler rein dezimal und setzt nach jeweils 10 Zählimpulsen den Zehnerzähler um eine Einheit zurück.

Nach 6 der 10er-Runden des Einerzählers hat der Zehnerzähler seine Vorwahl 6 ebenfalls „abgearbeitet", sein Borrow-Impuls setzt den Hunderterzähler um eine Einheit zurück, und ab da arbeitet der Hunderterzähler weiter im 10er-Rhythmus. Hat er nach drei Runden von Hundertern die Null erreicht, dann sind genau 367 Zählimpulse vergangen, und der dann erfolgende Borrow-Impuls des Hunderterzählers dient als Ausgang und setzt zugleich alle Zähler wieder auf die Vorwahl.

Auf diese Weise kann man Zähler mit jedem beliebigen Teilerfaktor aufbauen. Der Teilerfaktor wird von den Nullen und Einsen an den Vorwahleingängen bestimmt, und diese können von Hand mit Schaltern (manuelle Vorwahl), genausogut aber elektronisch eingestellt werden.

Noch eine kurze Bemerkung: Die Borrow-Impulse sind meist sehr kurz und deswegen nicht immer direkt verwendbar. Ist die Teilerzahl mit 2n eine gerade Zahl, dann kann man einen Teiler durch n aufbauen, dem ein Einzel-Flipflop nachgeschaltet ist. Dieses bringt dann noch die nötige Teilung durch 2 und liefert, wie wir aus Bild 2.10b wissen, ein symmetrisches Ausgangssignal.

2.2 Der Akkumulator

Sollen zwei binäre Ausdrücke logisch oder arithmetisch miteinander verknüpft werden, dann ist dazu eine Anordnung nach Bild 2.15 nötig. Die beiden zu verknüpfenden Binärworte, Operand 1 und Operand 2, sind in je einem Register untergebracht. Nach der in einem Rechenwerk erfolgten Verknüpfung ist das Ergebnis ebenfalls in einem Register abzulegen. Dabei ist es für diese Struktur unerheblich, ob die Zusammenhänge synchron oder asynchron, seriell oder parallel erreicht werden.

Bei Mikro-Prozessoren hat sich für das Verknüpfen von binären Ausdrücken als Operanden eine andere Struktur eingebürgert, die in Bild 2.16 dargestellt ist. Sie besitzt nur ein Operandenregister. In einem zweiten Register, Akkumulator oder kurz Akku genannt, befindet sich der andere Operand, dort wird nach Ende der Verknüpfungsoperation auch das Ergebnis abgelegt. Die logische oder arithmetische Verknüpfung selbst wird von der ALU (Arithmetical Logical Unit), der arithmetisch-logischen Einheit, geleistet.

Operandenregister und Akku sind mit dem Datenbus verbunden, einer Art Sammelschiene für Daten, auf die in Abschnitt 3.1 noch ausführlich eingegangen wird. Auf einem Bus

Bild 2.15
Struktur zur Verknüpfung zweier binärer Worte.

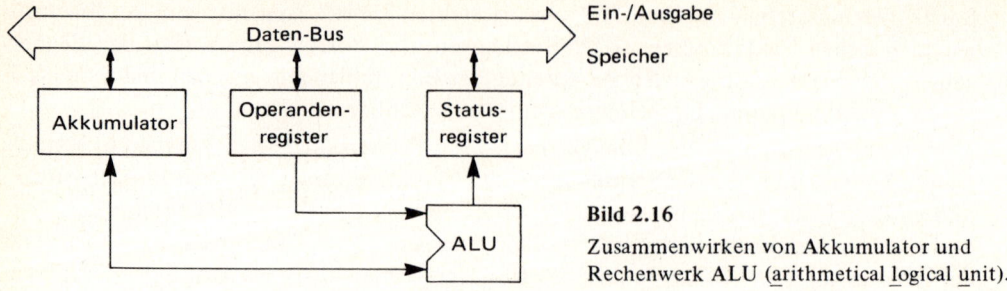

Bild 2.16
Zusammenwirken von Akkumulator und
Rechenwerk ALU (arithmetical logical unit).

werden die Datenworte normalerweise mit ihren einzelnen Bits parallel, als Worte jedoch
zeitlich hintereinander übertragen. Für 8-Bit-Worte werden also acht Leitungen benötigt.
Die Übertragung erfolgt Bit-parallel und Wort-seriell.

Das in Bild 2.16 mit eingezeichnete Statusregister wird im nächsten Abschnitt noch näher
beschrieben.

Der Akku ist also ein Register. Er ist zunächst dadurch ausgezeichnet, daß in ihm die
Ergebnisse arithmetischer oder logischer Verknüpfungen stehen. Daneben können die uns
bekannten Eigenschaften eines Registers aber auch noch benutzt werden, um einfache
Manipulationen an oder mit Operanden durchzuführen, ohne daß dazu die ALU herangezogen werden muß.

So kann die uns bekannte Zählereigenschaft von Registern benutzt werden: Per Befehl
läßt sich der Akku-Inhalt um Eins erhöhen (inkrementieren) oder verringern (dekrementieren). Auch ist es möglich, über einen Befehl die im Akku stehenden Nullen und Einsen
auszutauschen, also das Einerkomplement zu bilden.

Der Inhalt des Akkus kann — ebenfalls per Programmbefehl — nach links oder rechts verschoben werden, wobei wahlweise die herausfallende Eins (oder Null) verlorengeht oder
in einem Hilfsregister aufgefangen wird. Natürlich kann man den Akku auch löschen, also
zu Null setzen, manchmal ist es sogar möglich, die je vier niedrigstwertigen und höchstwertigen Bits des Akku-Inhalts auszutauschen. Das Verschieben des Akku-Inhalts hat mit
Multiplikation und Division zu tun und ist auch sonst oft nützlich.

Der Akku hat aber auch noch bezüglich des Datenverkehrs eine Sonderstellung. Üblicherweise laufen alle Daten, die irgendwo in einem Speicher stehen, über den Akku. Per Pro-
grammierbefehl kann man die Inhalte von Speicherzellen in den Akku und von dort zurück transportieren (mit einer Ausnahme: beim DMA-Betrieb — Direct Memory Access —
wird der Akku umgangen und ein direkter Zugriff zum Speicher erreicht).

Auch Daten, die in den Mikro-Prozessor eingegeben oder von ihm ausgegeben werden,
laufen über den Akku (und den Bus) an die Ein-/Ausgabe-Stellen.

So ist der Akku für uns ein ganz zentrales Register, an dem man (fast) alle seither über
Register ausgesagten Eigenschaften wiederfinden kann.

2.3 Status-Register

Schon in Bild 2.16, das die Stellung des Akkus aufzeigen sollte, war das Status- oder Zustandsregister mit eingetragen. Darüber muß nun noch Näheres gesagt werden.

Das Zustandsregister ist eng mit dem Akku und der arithmetisch-logischen Einheit ALU verbunden. In ihm werden Signale über wesentliche Zustände eines Prozessors aufbewahrt. Durch entsprechende Befehle läßt sich das Zustandsregister abfragen oder auch verändern.

Eine der wichtigsten Zustandsgrößen ist das Carry-Bit. Es wird gesetzt, wenn bei einer Operation mit dem Akku, z.B. beim Addieren oder beim Zählen, ein Übertrag aufgetreten ist. Das Zero-Bit (Null-Bit) im Statusregister wird gesetzt, wenn der Akku-Inhalt zu Null geworden ist. Dieses Bit hat insofern eine gewisse Verwandtschaft zum Borrow-Impuls, als dieser dann auftritt, wenn der betreffende Zähler den Stand 0 erreicht. Das Zero-Bit spielt bei Vergleichen binärer Worte und bei der Subtraktion eine Rolle.

Häufig wird ein Parity-Bit eingesetzt um anzuzeigen, ob ein binäres Wort im Akku eine gerade (even) oder ungerade (odd) Zahl von Einsen enthält. Wir werden die Rolle des Parity-Bit noch kennenlernen, welche dieses beim einfachen Prüfen auf Übertragungsfehler spielt.

Viele Prozessoren machen dem Benutzer Zustandsbits direkt zugänglich, die dann meist als Flags (Flaggen, also Sicht- und Mahn-Zeichen) bezeichnet werden. Man kann durch geeignete Software-Befehle irgendwo im Programm, abhängig von dessen Ablauf, solche Flags setzen, um sie später wieder abzufragen. Ohne hier die Namen näher zu erklären (das geschieht im Kapitel über Speicher), sei hier noch vermerkt, daß auch der Stapelzeiger (stack pointer) im Statusregister geführt sein kann.
Der Stack Pointer ist ein typisches Statusbit aus der Speicherverwaltung.

2.4 Speicher

2.4.1 Zur Speicher-Organisation

Selbstverständlich waren die in den vorausgegangenen Abschnitten beschriebenen Register auch Speicher für Information, für binäre Worte. Sie werden aber für kleine Informationsmengen benutzt, wenn der rasche und vielseitige Zugriff zum Inhalt im Vordergrund steht. Für größere Informationsmengen hingegen wird man Speicher anders aufbauen und organisieren.

Wie schon bei den Registern wird von einer Grund-Speicherzelle für 1 Bit ausgegangen. Ob dies nun ein Flipflop ist oder eine andere elektronische Konfiguration, das ist hier sekundär. Die Vorstellung von Flipflops ist zulässig und kann manchmal hilfreich sein.

Speicher für größere Inhalte werden nicht mehr reihenförmig wie die Register aufgebaut, sondern vorzugsweise matrixförmig (Bild 2.17). Eine Grund-Speicherzelle ist sozusagen in ihrer Lage innerhalb einer Reihe von Zeilen und Spalten definiert. Wird z.B. die Zeile 2 und die Spalte 4 angesprochen, dann aktiviert dies die schraffiert herausgehobene Grund-Speicherzelle, die dann entweder beschreibbar oder lesbar ist.

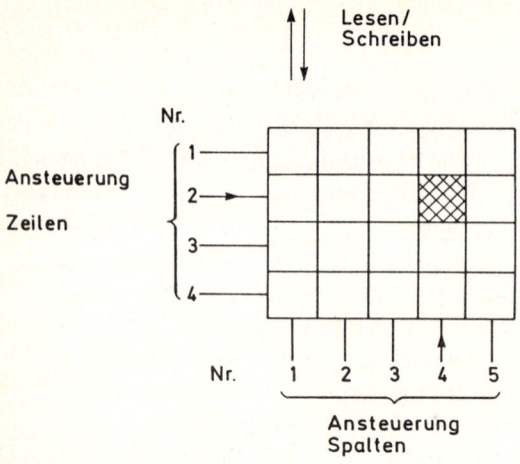

Bild 2.17
Matrixförmige Anordnung von
Speicherzellen.

Die Auswahl von Zeilen und Spalten geschieht ähnlich, wie wir seither ein Register gelesen haben, etwa mit einem Eins-Signal auf den entsprechenden Leitungen. Für die Zeilen ist also ein binäres Wort 0100, für die Spalten 00010 nötig, wenn wir die Ansteuerung von Bild 2.17 vornehmen wollen. Dabei sollten wir bedenken, daß jeweils nur *eine* Zeile oder Spalte angesteuert werden darf; mit anderen Worten, jedes unserer Ansteuer-Worte darf nur eine einzige Eins enthalten. Hier muß in einem „Eins-aus-n-Code" vorgegangen werden: Nur eines von n Bit darf mit einer Eins belegt sein.

Jede Speicherzelle von Bild 2.17 ist auffindbar bei der geeigneten Angabe von Zeile und Spalte, also bei einer Adresse. Mit einer Adressenangabe von m Bit Breite sind genau 2^m solcher Grund-Speicherzellen einzeln ansprech- und auffindbar. Der Speicher von Bild 2.17 ist also Bit-organisiert.

Man kann sich nun einen Speicher vorstellen, der zu 256×1 Bit organisiert ist. Er hat 8-Bit-Adressen, weil $2^8 = 256$ ist. Davon unabhängig ist nun die Anordnung der Matrix, die z.B. aus 16 Zeilen und 16 Spalten bestehen kann ($16 \cdot 16 = 256$). Dann würden mit den ersten 4 Bit der Adressen die $2^4 = 16$ Zeilen, mit den restlichen 4 Bit der Adressen die ebenfalls $2^4 = 16$ Spalten angesteuert. Genauso denkbar wäre eine Matrix mit $2^3 \times 2^5$ Zeilen bzw. Spalten. Auch hier könnte man mit 8-Bit-Adressen 256 Grund-Zellen ansprechen.

Für größere Speicher hat man sich daran gewöhnt, von Kilo-Bit, k-Bit, zu reden. Das geschieht in Anlehnung an DIN 1319, wo ja „Kilo" als gleichbedeutend mit 10^3 gesetzt wird. Hier in der binären Denkweise jedoch wird $2^{10} = 1024$ als Kilo-Faktor behandelt! Ein 64k-Bit-Speicher umfaßt also $2^6 \cdot 2^{10} = 2^{16}$ Bit, das sind 65 536 Bit, und 8-k-Bit sind $2^3 \cdot 2^{10}$ Bit = 8 192 Bit.

In sehr vielen Fällen kann man nicht einzelne Bits so abspeichern, daß sie durch ihre Adresse wieder aufgerufen werden können, sondern nur ganze binäre Worte jeweils gleicher Stellenzahl. Das führt dann zur Wort-Organisation von Speichern, für welche Bild 2.18 ein Beispiel gibt. Hier liegen mehrere Speicher-Ebenen — je für sich bit-organisiert — parallel und werden mit denselben Zeilen- und Spaltennummern angesteuert. Damit

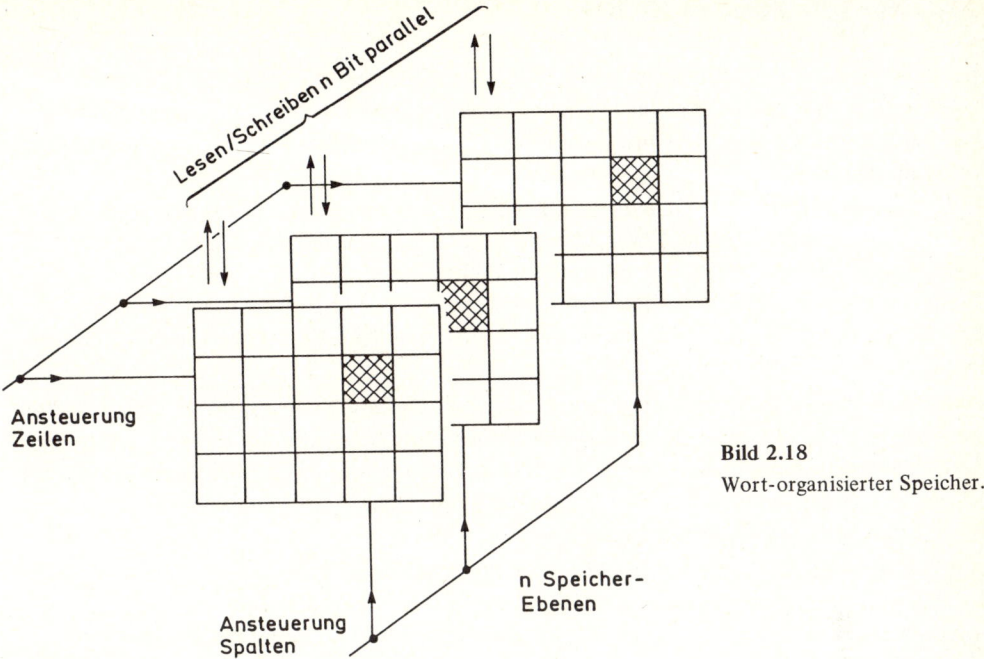

Lesen/Schreiben n Bit parallel

Ansteuerung
Zeilen

Bild 2.18
Wort-organisierter Speicher.

n Speicher-
Ebenen

Ansteuerung
Spalten

stehen dann aber bei n Speicherebenen auch n Bit parallel zum Lesen oder Schreiben an, also jeweils ein komplettes binäres Wort.

Die Organisation solcher Speicher wird dementsprechend angegeben. Ein Speicher mit $2k \times 4$ Bit etwa besitzt vier Speicherebenen mit je $2k = 2 \cdot 2^{10} = 2048$ Grundzellen, kann also 2048 Worte zu je 4 Bit aufnehmen. Zum Anwählen jeder der „Zellen" zu je 4 Bit sind Adressen des Umfangs $2^{11} = 2048$, also 11 Bit (und mithin elf Adreßleitungen) nötig. Das gesamte Speichervolumen beträgt $2048 \cdot 4 = 8192$ Bit = 8 kBit.

Sehr viele Mikro-Prozessoren arbeiten mit 8 Bit breiten Daten, also Worten von je 1 Byte. Ein zugehöriger Speicher für 1 kByte hat $1024 = 2^{10}$ einzelne „Zellen" für je 8 Bit, umfaßt also 1024×8 Bit = 8192 Bit = 8 kBit. Er benötigt zehn Adreßleitungen, weil diese Zellen (jede für eine Wortlänge von 8 Bit = 1 Byte) mit $1024 = 2^{10}$ einzelnen Adressen angewählt werden können.

Bei größeren Anlagen, vor allem bei Mikro-Prozessoren und Mikro-Rechnern, wird oftmals der „Adreßraum" angegeben. Das ist die Anzahl Speicherzellen, die der Rechner insgesamt adressieren kann. 128k bedeutet einen Adreßraum von $2^7 \cdot 1024 = 2^{17} = 131\,072$ Speicherzellen. Zu ihrer Ansteuerung sind 17 Bit breite Adressen, mithin 17 Adreßleitungen nötig. Meist sind es dann nicht Grund-Speicherzellen für je 1 Bit, sondern solche für 8-Bit-Worte. 128 kByte sind aber soviel wie 1024 kBit oder ein Mega-Bit (MBit).

Die Zeit, die ein Speicher braucht, um nach einer Anforderung den gewünschten Speicherinhalt zur Verfügung zu stellen, heißt Zugriffszeit (access time). Die gesamte Mindestzeit zwischen zwei aufeinanderfolgenden Lese- oder Schreibvorgängen wird beim Speicher mit Speicher-Zykluszeit (cycle time) angegeben.

2.4.2 Nur-Lese-Speicher (ROM)

Die erste Gruppe der hier zu besprechenden Speicher sind diejenigen für Festwerte. Ihr Inhalt wird ein für allemal bei der Fertigung festgelegt und läßt sich nicht mehr verändern, man kann also diese Speicher nur auslesen (aber nicht beschreiben). Sie heißen deswegen read-only-memory, ROM.

Üblicherweise werden als Grundspeicherzellen keine Flipflops verwendet, denn deren Haupteigenschaft des raschen Wechsels zwischen ihren beiden Zuständen würde ja gar nicht genutzt. Vielmehr arbeitet ein ROM weit eher mit der Struktur von Gattern, wie wir sie (allerdings mit normalen Schaltern) in Abschnitt 1.4.3 (z.B. Bild 1.7) besprochen hatten. Als elektronische Schalter wirken Dioden, deren Anordnung ist (auch schaltungstechnisch) matrix-artig.

ROMs sind überwiegend byte-organisiert, ihr Inhalt bleibt erhalten, auch wenn die Speisespannung ausfällt (auch ein Vorteil, wenn keine Flipflops verwendet werden!). Man sagt, ein ROM-Inhalt sei nicht flüchtig (non volatile). Die Herstellung von ROMs lohnt sich nur bei großen Stückzahlen, weil ihr Inhalt über die beim Fertigungsprozeß integrierter Schaltkreise üblichen Masken festgelegt wird.

Den prinzipiellen Aufbau eines ROMs — als Blockschaltbild — zeigt Bild 2.19. Ganz links kommen die Adreßleitungen an; hier liegt dann das binäre Adreßwort mit m Bit, das 2^m Speicherzellen zu adressieren erlaubt. Wie wir schon wissen, muß dieses Adreßwort in einen „Eins aus n-Code" so umkodiert werden, daß jeweils nur *eine* Zeile und Spalte der eigentlichen Speichermatrix angesteuert wird. Dies geschieht im Adreß-Dekodierer.

Ist nach der Adreß-Dekodierung die betreffende Speicherzelle angesprochen, dann muß deren Inhalt am Ausgang des Speichers zur Verfügung stehen.

Dazu ist es jedoch nötig, zwischen Speicher und Ausgang noch einen sog. Ausgangspuffer zu legen. Das ist ein Trennverstärker, der in der Lage ist, den eigentlichen Speicher von den Ausgangsleitungen (und evtl. vom Datenbus) abzutrennen.

Der Ausgangspuffer läßt sich noch mit dem Freigabe-Signal kombinieren: Erst wenn am Anschluß „Freigabe" ein entsprechendes Signal anliegt, wird der durch die anliegende Adresse bestimmte Speicherinhalt auf den Ausgang durchgeschaltet. Dieser Freigabe-Anschluß wird oft auch mit Chip enable (Baustein frei) oder Chip select (Baustein angewählt) bezeichnet.

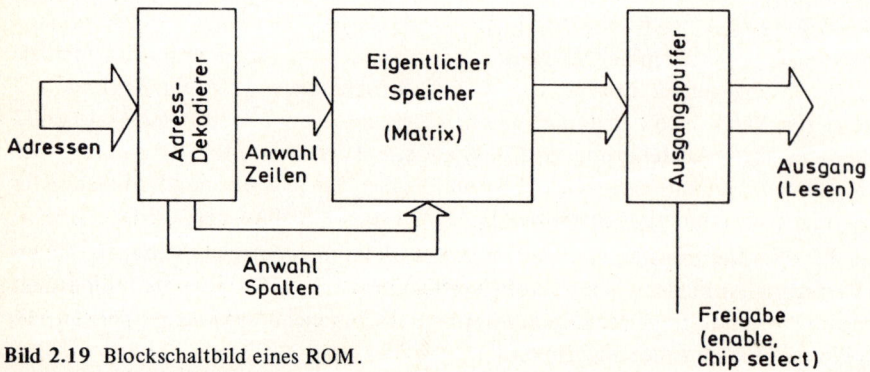

Bild 2.19 Blockschaltbild eines ROM.

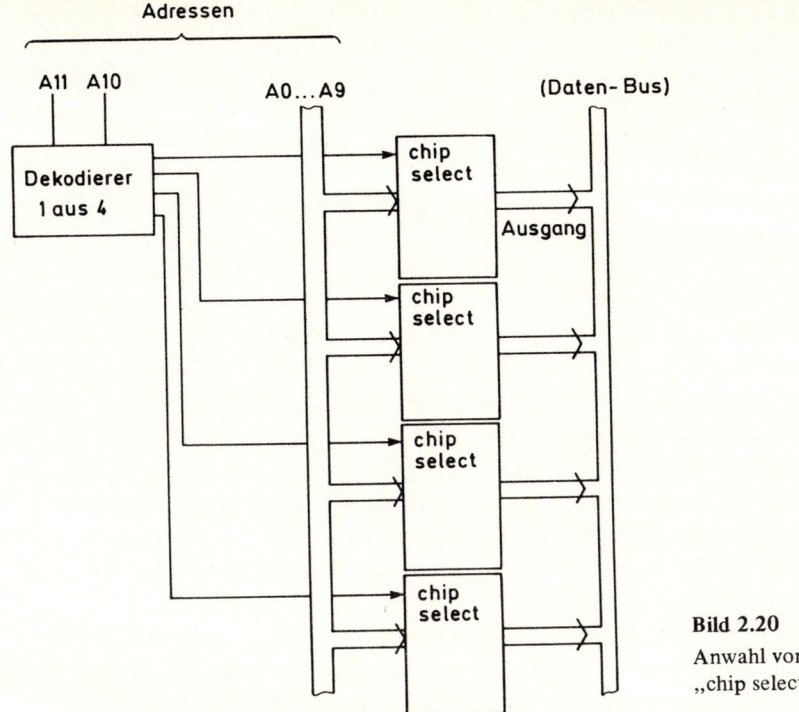

Bild 2.20
Anwahl von Speichern über
„chip select".

Die Wirkungsweise der Freigabe als Chip select wird in Bild 2.20 gezeigt. Vier ROMs von je 1 kByte Inhalt werden zu einem Blockspeicher mit 4 kByte Volumen zusammengeschlossen. Die Ausgänge gehen auf den Datenbus (Daten-„Sammelschiene", vgl. Abschnitt 3.1). Die ersten zehn Adressen A0 bis A9 liegen parallel an allen vier Einzelspeichern an.

Zur Adressierung von 4k Speichervolumen sind insgesamt zwölf Leitungen nötig, weil $2^2 \cdot 2^{10} = 4 \cdot 1024$. Die höchstwertigen 2 Bit der Adressen, A10 und A11, gehen an einen einfachen Dekoder, der aus den 2 Bit eine Auswahl „Eins aus vier" macht und somit über den Eingang Chip select jeweils genau einen der Einzelspeicher aktiviert.

Auf diese Weise entstehen einfache Schaltungen: Der Grundstock der Adressen ist fest verdrahtet, nur die jeweils noch nötigen Auswahlleitungen schalten über Chip select die betreffenden Bausteine, hier die 1k-ROMs.

2.4.3 Programmierbare Nur-Lese-Speicher (PROM, EPROM)

Wie schon erwähnt, lohnt sich die Herstellung von ROMs nur bei sehr großen Stückzahlen. Oft jedoch will man Festwertspeicher haben, die nur in geringer Stückzahl vorkommen und gelegentlich sogar in ihrem Inhalt veränderbar oder korrigierbar sind. Benötigt werden also Nur-Lese-Speicher, die vom Anwender ein- oder mehrmals programmiert werden können.

Sie heißen PROM (Programmable Read Only Memory). Bei ihnen werden dünne Verbindungen auf dem Chip mit einem Stromstoß durchgebrannt — ähnlich wie Schmelzsicherungen. Damit ist einmaliges Programmieren möglich — eine durchgeschmolzene Leiterbahn läßt sich nicht mehr reparieren.

Deswegen werden auch häufig wiederprogrammierbare Typen EPROM (Eraseable Programmable Read Only Memory) bzw. REPROM (Reprogrammable, Programmable Read Only Memory) eingesetzt. Beim EPROM wird mit einem kurzen Spannungsimpuls programmiert. Dabei werden jedoch nicht Leitungsverbindungen unterbrochen, sondern kleine, höchst isolierende Kapazitäten geladen. Diese Ladung hält sich längere Zeit. Bei Bestrahlen des Chips mit UV-Licht verschwindet die Programmierung in wenigen Minuten — das EPROM kann neu „geschossen" werden, wie es im Fachjargon heißt. Die Angaben über die Wiederverwendungszyklen schwanken.

Das EEPROM (Electrically Eraseable Programmable Read Only Memory) läßt sich mit elektrischen Signalen schießen und löschen, ähnliches Verhalten zeigt das EAROM (Electrically Alternable Read Only Memory).

Zusammenfassend ist festzustellen, daß es vom Anwender (mehrfach) programmierbare Nur-Lese-Speicher gibt. Ihr Inhalt ist nicht flüchtig (non volatile), bleibt also auch beim Abschalten der Betriebsspannung erhalten. Programmieren und Löschen bedingen verständlicherweise einen gewissen Aufwand.

Obwohl sie über den engeren Rahmen einfacher Speicher hinausgehen, sollen zwei Schaltkreistypen hier angefügt werden, die ebenfalls vom Anwender selbst programmierbar sind. Der Gewinn, solche Schaltkreise anzubieten, liegt wieder in den hohen Kosten von maskenprogrammierten integrierten Einheiten. Sie sind nur bei hohen Stückzahlen rentabel.

Zunächst seien die PAL-Elemente (Programmable Array Logic) genannt. Hier sind in einem integrierten Schaltkreis viele logische Verknüpfungsfunktionen UND bzw. ODER (samt einigen Flipflops) zusammengefaßt. Alle möglichen Verbindungen (wie beim ROM matrixbedingt) sind als Leiterbahn enthalten. Das Programmieren geschieht (wie beim PROM) durch Ausbrennen der nicht benötigten Verbindungen.

PAL-Bausteine sind eine Alternative bzw. Konkurrenz zum PROM bzw. EPROM und etwas vielseitiger als diese, vor allem wegen der verschiedenen Logik-Funktionen und der Flipflops. Letzteren ist zu verdanken, daß nicht nur statische Logikverknüpfungen (wie beim PROM oder EPROM), sondern auch Folgeschaltungen mit Zeitverhalten möglich sind, also mehrere kleinere Bausteine ersetzt werden können.

Gate Arrays gehen noch einen Schritt weiter. Hier enthalten die Chips eine große Anzahl von Dioden, Transistoren, Widerstände, die bis auf ihre Verdrahtung komplett fertiggestellt sind. Wie die Verbindung erfolgen soll, bestimmt der Anwender durch seine Aufgabenstellung, durch seine Spezifikation. Da die Komponenten auf dem Siliziumplättchen matrixförmig aufgebracht sind, liegen natürlich auch die Verdrahtungskanäle einigermaßen fest.

Mit relativ geringem Aufwand und deswegen schon für kleine Stückzahlen lohnend, können nun in einem weiteren Fertigungsschritt die gewünschten Verbindungen hergestellt werden. Auf diese Weise entsteht dann ein Kundenschaltkreis, also eine integrierte Schaltung, ein Chip nach Kundenwunsch.

2.4.4 Schreib/Lese-Speicher (RAM)

Außer den Festwertspeichern braucht man sozusagen „wendige" Speicher, etwa zum Speichern von Zwischenergebnissen, zum Überwachen von Adressen, zum Ablegen von Werten variabler Größen usw., aber natürlich auch als Arbeitsspeicher, in die ganze Anwenderprogramme geladen und dann bearbeitet werden können. Das ist vor allem beim Programmieren nötig: Man möchte bei Fehlern ja sofort korrigieren können, und dazu muß der Inhalt des betreffenden Speichers rasch und sicher zu ändern sein.

Die Schreib/Lese-Speicher nennt man RAM (Random Access Memory). Ein wichtiges Kennzeichen von ihnen: Sie verlieren ihren Inhalt, wenn die Betriebsspannung abgeschaltet wird; sie sind also „flüchtig" (volatile) bezüglich der gespeicherten Information. Deswegen werden sie in kritischen Fällen mit einer Pufferbatterie betrieben, so daß auch längere Betriebspausen überbrückbar werden. Meist gibt es einen Betrieb „Standby", eine Art Wartestellung: Der Speicher ist bei einer geringeren als der normalen Betriebsspannung zwar nicht ansprechbar, aber er hält seine Information.

Die RAMs sind bit- oder byte-organisiert, also so aufgebaut wie in Abschnitt 2.4.1 beschrieben. Die Grund-Speicherzellen (für 1 Bit) sind flipflop-ähnliche Gebilde. Das bedeutet, daß die Speicher-Flipflops beim Einschalten beliebig die Lage 0 oder 1 annehmen können – beim Einschalten kommt ein Zufallsinhalt in das RAM! Will man das RAM löschen, so müssen (per Befehl oder Programm) alle Zellen auf 0 gesetzt werden. Genausogut aber kann man bei Bedarf die Zellen mit gewünschtem Inhalt füllen, dann wird der vorgehende (Zufalls-) Inhalt einfach mit der neuen Information überschrieben.

In Bild 2.21 ist das Blockschaltbild für ein RAM gezeigt, genauso dargestellt wie das Blockbild eines ROM in Bild 2.19. Neu sind dabei nur zwei Dinge: Statt des Ausgangs beim ROM verfügt ein RAM über eine Eingabe/Ausgabe, die meist mit dem Datenbus verbunden ist. Wann die auf dem Datenbus anliegenden Daten als Eingabe gelten, also geschrieben werden sollen, bzw. wann der Inhalt einer RAM-Zelle auf den Datenbus ausgegeben wird (Lesen), das bestimmt ein weiterer Eingang: Schreiben/Lesen (write/read, W/R).

Alles andere ist bei ROM und RAM gleich: Die Matrixanordnung, die Anwahl von Zeilen und Spalten und damit die Notwendigkeit von Adreß-Dekodierern, und der Freigabe-Eingang Chip select.

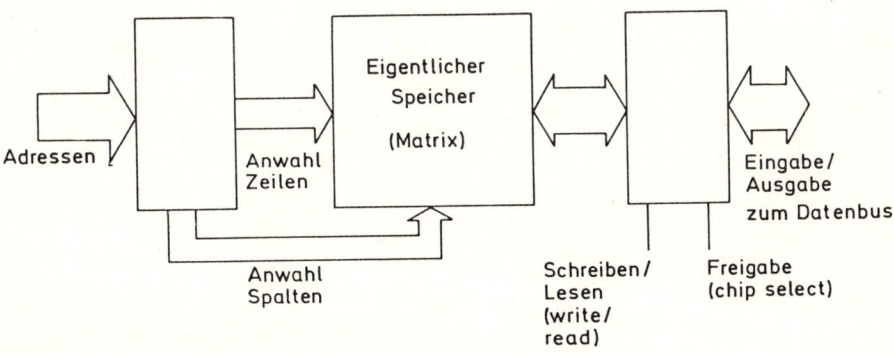

Bild 2.21 Blockschaltbild eines RAM.

Zu unterscheiden sind zwei Arten von RAMs. Die statischen RAMs bestehen — wie schon beschrieben — aus Flipflops. Der einmal in diese Flipflops geschriebene Inhalt bleibt bestehen und kann beliebig oft ausgelesen werden. Bei den dynamischen RAMs geschieht die Speicherung jedoch über das Aufladen von Kondensatoren. Dabei wird allerdings eine andere Technologie benützt als beim EPROM, und deswegen entladen sich beim dynamischen RAM die Speicherkondensatoren rasch. Deswegen muß die Information etwa im Millisekundentakt mit einem Refresh-Impuls regeneriert werden. Die dynamischen RAMs sind vor allem als Massenspeicher ausgelegt.

2.4.5 Speicher-Sonderformen

Beim RAM, dem frei beschreib- und lesbaren Speicher, muß die Adresse in voller Breite bekannt sein, will man etwas im Speicher ablegen oder aus ihm holen. Soll etwa der Akku eines Mikroprozessors mit einer Speicherzelle korrespondieren, dann muß die Adresse vollständig bekannt sein. Ein Software-Befehl muß also außer der Anordnung (z.B.: hole den Inhalt der Speicherzelle XY in den Akku) auch noch die Adresse umfassen und wird deswegen recht lang.

Man kann sich nun auch Speicher denken, bei denen die Organisation der Ablage von Werten und Daten so gemacht ist, daß das Auffinden eines Werts einfacher wird. Begreiflicherweise geht so etwas nur für sehr kleine Speichervolumina, nicht bei Massenspeichern. Zwei solcher Speicher-Sonderformen sind üblich.

Da ist zunächst der Silo-Speicher, dessen Organisationsform in Bild 2.22 skizziert ist. Das Prinzip eines Silos ist: Von oben wird abgespeichert, von unten wird entnommen. Der Silo-Speicher ist in Speicherzellen (jeweils für ein binäres Wort) eingeteilt; die Zellen-Nummern gehen von 1 bis n. In den leeren Speicher wird die erste Information von oben her in Zelle 1 gelegt, die zweite in Zelle 2 usw. Nach Ablage von n Binärworten ist der Speicher voll (dann könnte als Zeichen dafür ein Flag, für Overflow, Bereichsüberschreitung, gesetzt werden).

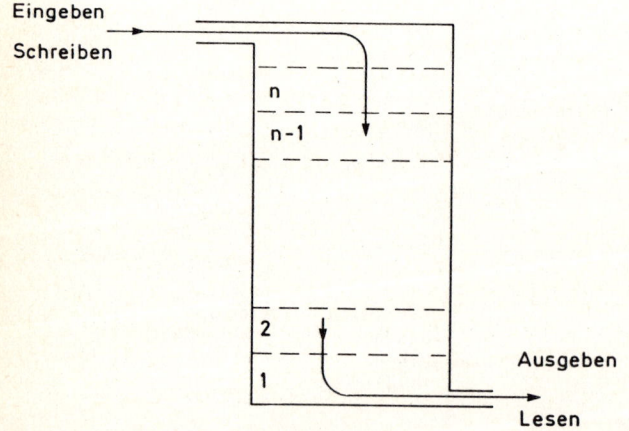

Bild 2.22
Silospeicher (FIFO).

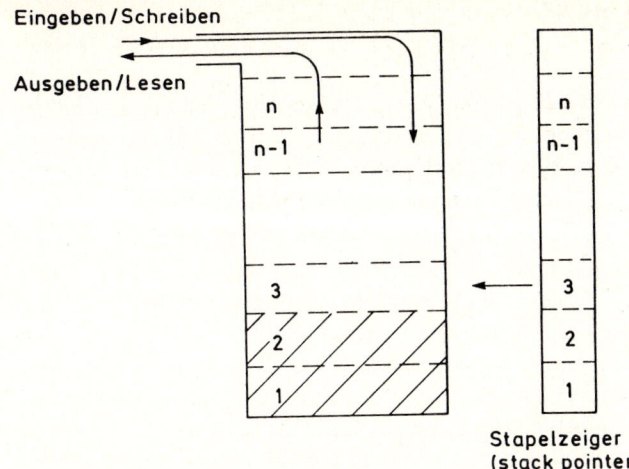

Eingeben/Schreiben

Ausgeben/Lesen

Stapelzeiger
(stack pointer)

Bild 2.23
Kellerspeicher (LIFO, stack)
mit stack pointer.

Gleichgültig, wie weit der Silo-Speicher gefüllt wird: Die zuerst abgespeicherte Information wird beim Lesen als erste abgeholt. In der Fachsprache wird dies als FIFO-Speicher
(First In, First Out) bezeichnet. Die Speicherverwaltung ist ziemlich einfach: Die abgelegten Binarwörter können in der Reihenfolge des Ablegens (und nur in dieser Reihenfolge!)
wieder ausgelesen werden.

Noch einfacher ist die Verwaltung eines Kellerspeichers oder Stapelspeichers (stack)
(Bild 2.23). Information kann nur von oben eingelesen bzw. entnommen werden. Zuerst
wird die unterste Zelle 1 gefüllt, danach die darüberliegende usw. Beim Lesen wird jeweils
die oberste der gefüllten Zellen erreicht. Das Prinzip des Stapelspeichers heißt: Was zuletzt eingeschrieben wurde, kann zuerst ausgelesen werden (Last In, First Out: LIFO).

Parallel zum Stapel ist meist ein Zähler angeordnet. Ist der Stapelspeicher leer, dann steht
der Zähler in der Ruhelage 1. Wird nun mit dem Befehl PUSH der Akku-Inhalt im Stack
abgelegt, dann schließt dies automatisch eine Erhöhung des Zählerstandes um eine Einheit
(Inkrementierung) ein: Der Zählerstand ist 2. Zugleich adressiert er die nächste freie zu
belegende Speicherzelle. Wird mit dem Befehl POP ein Wert aus dem Stack geholt und in
den Akku gebracht, dann wird automatisch der Zähler um Eins vermindert (dekrementiert).

Der Zählerstand zeigt exakt an, welche Speicherzelle als nächstes belegt werden kann. Es
gibt auch Stack-Organisationen, bei denen der Stackpointer auf die zuletzt belegte Zelle
weist. Man braucht also gar keine Adresse, da der Zähler, auch Stapelzeiger (Stack
pointer) genannt, jederzeit die aktuelle Adresse enthält. Wenn wir in Bild 2.23 annehmen,
daß die untersten beiden Zellen gefüllt seien, dann steht der Zähler auf 3 — der Stack
pointer „zeigt" auf die nächste freie Zelle.

Mit der eben gegebenen Beschreibung ist aber auch schon die Verwendung des Stacks
genannt: Er dient als rasch und einfach zugreifbarer Kleinspeicher, um Inhalte des Akkus
abzulegen oder abgelegte Daten ohne Adressierungsaufwand in den Akku zu bringen. In
vielen Fällen ist bei Mikroprozessoren der Stack-Bereich in einem externen RAM vorgesehen und muß bei dessen sonstiger Belegung berücksichtigt werden (vgl. auch Abschnitt 5.4.1).

2.5 Die Zentraleinheit (CPU)

Die Zentraleinheit oder CPU (Central Processing Unit) ist das Herz eines jeden Mikro-
prozessor-Systems oder Mini-Computers. Sie besteht aus der schon erwähnten Arithmetisch-Logischen Einheit ALU (Arithmetical Logical Unit), dem eigentlichen Rechenwerk
(das mit dem Akkumulator und dem Statusregister zusammenarbeitet) und einem Steuerwerk, das den Rechen- bzw. Operationsablauf überwacht.

Die Arithmetisch-Logische Einheit ALU ist im Prinzip ein Addierwerk für Dualzahlen.
Zusammen mit dem Akku können Dualworte auch in der Lage nach Stellen verschoben
werden. Auf diese Weise ergibt sich die Möglichkeit, daß die ALU zusammen mit dem
Akku die vier Grundrechenarten (in einem binären, meist im dualen System) abwickeln
kann: Addieren, Schieben nach rechts (Division durch 2), Schieben nach links (Multiplikation mit 2); die Subtraktion gelingt über die Komplementbildung, wobei der Akku die
Eigenschaft zum Bilden des Einerkomplements beisteuert; das Addierwerk der ALU führt
dann vollends zum Ergebnis. Wir brauchen hier in die Details einer ALU nicht weiter
einzudringen.

Die CPU ist also das Zusammenwirken von ALU, Akku und Steuerwerk. Die üblichen
Mikroprozessoren enthalten im wesentlichen nur diese Bausteine und noch eine Anzahl
notwendiger bzw. hilfreicher Zusatzelemente. Deswegen sagt man synonym zu „Mikroprozessor" auch einfach CPU, sofern es sich um ein ganzes System mit Speichern, Ein/
Ausgabe-Einheiten usw. handelt. „Das System arbeitet mit der CPU SAB 8085", das
bedeutet, daß das Herz des Systems der Mikroprozessor-Baustein vom Typ SAB 8085 ist.

2.5.1 Arbeitsablauf in einer CPU

Der Arbeitsablauf einer CPU wird von einem Takt (clock) gesteuert. Dieser Takt ent-
stammt meist einem auf dem Mikroprozessor-Chip integrierten Quarzgenerator, die Taktfrequenzen liegen bei einigen MHz (Megahertz, 1 MHz = 1000 kHz). Mehrere solcher
Taktzeiten (auch als Zustände, states, bezeichnet), ergeben einen Maschinen-Zyklus
(machine cycle).

Die Befehle, die eine CPU nacheinander ausführen soll, stehen als Arbeitsprogramm in
einem Speicher. Das wird bei fertigen Systemen ein ROM sein, bei in Entwicklung befindlichen (oder Einzel-) Systemen ein EPROM oder aber auch ein RAM. Normalerweise beginnt das Programm mit der Zelle 0000 dieses Programmspeichers. Die CPU selbst enthält
einen Programmzähler, der zu Beginn des Programmablaufs auf Null gesetzt wird. Dies
geschieht mit einem Befehl RESET, der per Programm, meist aber per hardware (also
schaltungstechnisch, z.B. mit einer RESET-Taste) gegeben wird.

Die CPU sendet nun in einer ersten Phase des Maschinenzyklus den Inhalt des Befehlszählers (also Null nach dem RESET) als Adresse an den Speicher. Dort muß der erste Befehl für die CPU stehen, oder anders ausgedrückt: Die CPU interpretiert das dort abgespeicherte Binärwort auf alle Fälle als Befehl. Dieser wird in einer zweiten Phase des Maschinenzyklus in die CPU geholt und in einem Befehlsregister abgelegt. Diese beiden ersten
Phasen des Maschinenzyklus werden als Instruction Fetch bezeichnet; davon ist der
erste Teil die Adressierphase, der zweite Teil ist die Befehlsabholphase.

In einer dritten Phase, der Ausführungsphase (instruction execute) wird der Befehl von der CPU ausgeführt. Dazu wird der zunächst im Befehlsregister abgelegte Befehl (ein binäres Wort selbstverständlich) an einen Befehlsdekodierer gegeben, der seinerseits den Befehlscode entschlüsselt und in die zu seiner Abwicklung nötigen Signale umwandelt.

Ein Maschinenzyklus (machine cycle) besteht also aus den drei Phasen:

— Befehl adressieren, also Stand des Befehlszählers als Adresse an den Programmspeicher geben;

— Befehl holen, also das zugehörige binäre Wort vom Programmspeicher in das Befehlsregister bringen;

— Befehl ausführen, also das Befehlswort dekodieren und die nötigen Signale für den zugehörigen Ablauf (z.B. eine Addition) erzeugen.

Ein solcher Maschinenzyklus benötigt mehrere Takte, meist zwischen fünf und zehn Taktzeiten. Da die Taktfrequenz bei einigen MHz liegt, beträgt die Taktzeit allenfalls 1 μs, und ein Maschinenzyklus liegt dann bei einigen μs. Damit haben wir einen gewissen Anhaltspunkt über die Arbeitsgeschwindigkeit der Mikroprozessoren.

Nach Ablauf eines Maschinenzyklus wird der Befehlszähler um Eins hochgezählt (inkrementiert), so daß die Adresse für den nächsten Befehl entsteht, der dann in Phase 1 des nächstfolgenden Maschinenzyklus adressiert werden kann.

Nur: Das wird er meist gar nicht! Wir haben nämlich außer acht gelassen, daß mit einem Befehl meist zwei Operanden verknüpft werden sollen. Selbst wenn der eine davon schon im Akku steht, muß man den anderen erst noch in das Operandenregister der ALU holen. Das geschieht auf dieselbe Weise wie eben mit dem Befehl: In Phase 1 wird die Adresse ausgegeben, unter welcher der Operand abgelegt ist, in Phase 2 wird er geholt, in Phase 3 kann die endgültige Verknüpfung erfolgen.

Das Verfahren setzt natürlich voraus, daß die CPU weiß, daß das in diesem nachfolgenden Maschinenzyklus geholte binäre Wort *kein* Befehl ist, sondern ein Datum (Einzahl von Daten!). Die Unterscheidung wird dadurch erreicht, daß die Struktur des Befehlsworts Kriterien darüber enthält, ob der Befehl mit einem oder mit mehreren Maschinenzyklen abgewickelt werden soll. Somit ist es auch erreichbar, daß die CPU genau weiß, wie lange eine Befehlsausführung dauert, und den Befehlszähler dementsprechend erhöht. So ist schließlich gewährleistet, daß wirklich ein Befehl nach dem anderen abgearbeitet wird — so, wie im Programm im Speicher niedergelegt.

Wir müssen also — wie die CPU das auch tut! — unterscheiden zwischen Maschinenzyklus und Befehlszyklus (instruction cycle). Der Maschinenzyklus enthält die genannten drei Phasen:

1. Speicher adressieren,
2. Befehl holen,
3. Befehl ausführen.

Werden zur Ausführung noch andere Schritte nötig (z.B. Herholen eines Operanden), dann fügen sich weitere Maschinenzyklen an. Die Summe der zum endgültigen Durchführen eines Befehls benötigten Zeit ist der Befehlszyklus; seine Dauer ist vom Befehl selbst abhängig, es gibt Befehle mit ein bis drei (manchmal bis fünf) Worten (und damit Maschinenzyklen) Länge.

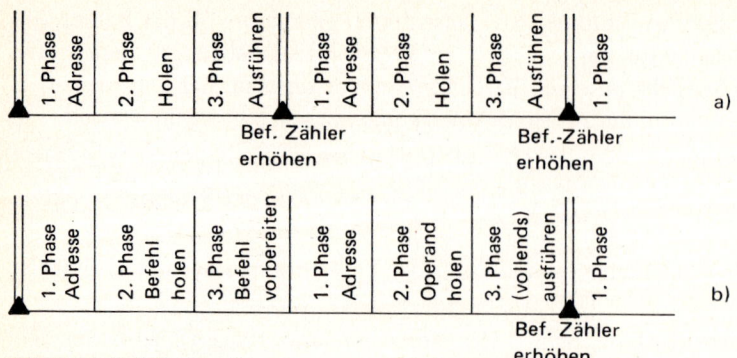

Bild 2.24 Befehlsablauf.

a) Zwei Befehle der Dauer je eines Maschinenzyklus,
b) ein Befehl, Befehlsdauer zwei Maschinenzyklen.

In Bild 2.24 sind die einzelnen Ablaufphasen zusammengefaßt gezeigt.

An dieser Stelle muß schon eine weitere Information zum Befehlszähler gegeben werden. Wir wissen, daß man einen Zähler mit einer bestimmten Zahl (also einem Wort) laden kann. Die Mikroprozessoren kennen nun eigene Befehle, mit denen der Inhalt des Programmzählers beeinflußt, also auf eine gewünschte Zahl gesetzt werden kann. Geschieht dies, dann wird aber das Programm an der Stelle fortgesetzt, die dem neuen Zählerstand entspricht: Es hat ein Sprung im Programm stattgefunden. Solche Programmsprünge sind überaus hilfreich, z.B. um sog. Unterprogramme, also immer wiederkehrende Routinen (z.B. die immer wiederkehrende Abfrage eines Werts oder eine immer wiederkehrende Subtraktion), gestalten zu können. Dann wird ein solches Unterprogramm — ganz gleichgültig, wie oft man es benötigt — eben *einmal* programmiert und per Programmsprung immer wieder abgefahren.

2.5.2 Blockschaltbild einer CPU

Mit der Arbeitsweise der CPU im vorhergehenden Abschnitt haben wir so viele Bausteine kennengelernt, daß es nicht mehr schwierig ist, deren grundsätzliches Zusammenspiel in einem Blockschaltbild darzustellen. Das ist in Bild 2.25 geschehen.

Ganz links erkennen wir den Akkumulator, das schon beschriebene universelle Register, welches einerseits mit dem Datenbus verbunden ist und andererseits mit der ALU, der arithmetisch-logischen Einheit, dem eigentlichen Rechenwerk, zusammenarbeitet. Das Statusregister ist ebenfalls eingetragen, an dieser Stelle ist es für uns von geringer Bedeutung. Ebenfalls skizziert ist der Taktgenerator, der den Zeitablauf in den einzelnen Baugruppen bestimmt.

Rechts in Bild 2.25 finden sich die im vorhergehenden Abschnitt besprochenen Bausteine. Da ist einmal der Befehlszähler, dessen Zählerstand als Adresse auf den Programmspeicher wirkt. Im Bild ist das so gezeichnet, daß diese Verbindung über eine Sammelschiene für Adreßleitungen, also über einen Adreß-Bus, geschieht.

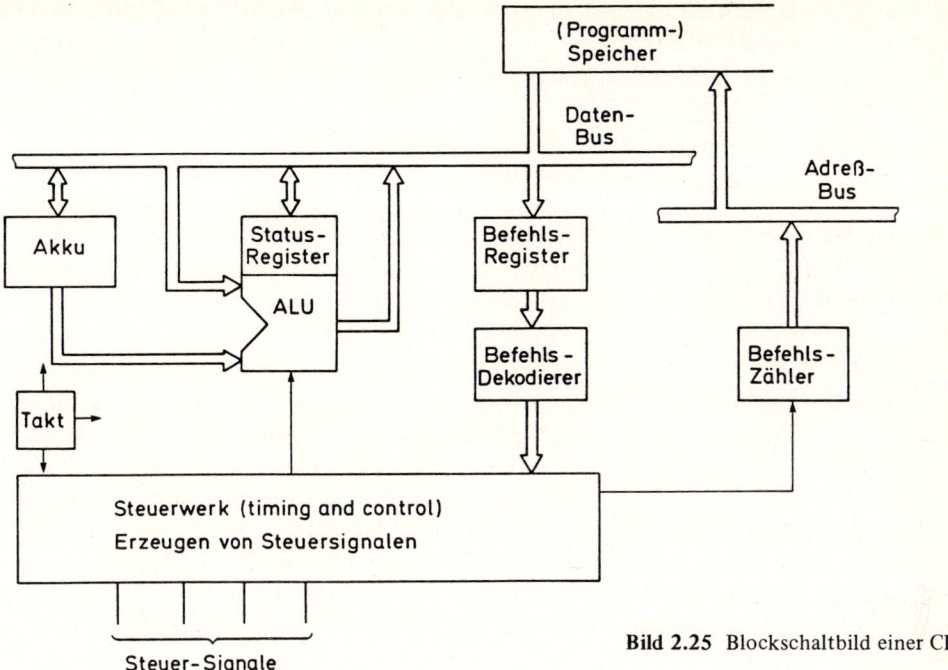

Bild 2.25 Blockschaltbild einer CPU.

Ist der Programmspeicher angesprochen, dann gehen die dort abgelegten Befehle (über den Datenbus) in das Befehlsregister und von dort in den Befehlsdekodierer. Dieser beeinflußt nun einen neuen Baustein, das Steuerwerk, eine Anordnung, die Ablauf (timing) und Steuerung (control) in der gesamten CPU übernimmt und sehr komplex ist. Im Steuerwerk werden alle notwendigen Signale erzeugt, die man zur Befehlsausführung benötigt, und zwar solche, die nur intern verwendet werden, wie auch Signale, die an Anschlüsse eines Mikroprozessor-Bausteins geführt sind.

Mit unserer derzeitigen Kenntnis können wir uns durchaus schon ein paar solcher Signale vorstellen, z.B. das Read/Write-Signal und das Chip-Select-Signal für den (bzw. die) Speicher. Auch das Reset-Signal zum Rücksetzen des Befehlszählers und zum Start des Prozessors kann hier erzeugt werden. Wir werden einige dieser Signale im übernächsten Abschnitt noch kennenlernen.

Dieses Steuerwerk ist ein recht komplexes Gebilde, eine umfangreiche Schaltung mit verschiedenen logischen Verknüpfungen. Man kann sich vorstellen, daß bei irgendeinem Mikroprozessortyp dieses Steuerwerk sozusagen fest verdrahtet und damit von außen unveränderlich ist (wie etwa ein ROM).

Es gibt aber auch die Möglichkeit, diese Steuerverknüpfungen nicht fest zu installieren, sondern sie veränderlich anzulegen. Wie das vor sich gehen kann, können wir uns mit unseren Kenntnissen bereits vorstellen: Der Befehlsdekoder verschlüsselt das abgeholte Befehlswort in eine Adresse, die angibt, wo in einem Speicher der dem betreffenden Befehl zugeordnete Ablauf abgelegt ist. Man spricht hier von Mikroprogrammierung, und bei solchen mikroprogrammierbaren Prozessoren hat der Anwender die Möglichkeit, sich selbst geeignete Befehle zu erstellen und über den Trick mit diesem Mikro-Unterprogramm ausführen zu lassen. Normalerweise sind die marktgängigen Mikroprozessoren nicht mikroprogrammierbar, sondern enthalten einen „fest verdrahteten" Befehlsdekodierer.

2.5.3 Befehlsaufbau und Adressierung

Nachdem die Arbeitsweise der CPU und deren Blockbild besprochen sind, befassen wir uns mit dem Aufbau der Befehle. Wir hatten schon festgestellt, daß der Befehl in der Anordnung der Nullen und Einsen Kennzeichen enthält, ob er direkt ausgeführt werden kann, oder ob in einem (bzw. mehreren) weiteren Maschinenzyklus nicht noch weitere Dinge, wie z.B. das Holen eines Operanden, zu erfolgen haben.

Operanden können nun ihrerseits wieder ganz verschieden sein. Ein Operand kann eine Zahl sein, aber auch die Adresse eines Registers (z.B. im Stapelspeicher, im Stack, der ja mit dem Akku eng zusammenarbeitet), oder die Adresse eines Speicherplatzes. Je nachdem wird dann ein Befehl kürzer oder länger sein. Gehen wir einmal von dem üblichen Fall aus, daß die im Prozessor verarbeiteten Worte 8 Bit (also 1 Byte) breit seien. Dann wird der einfachste Fall derjenige eines Einzelwort-Befehls sein. Der Befehl besteht nach Bild 2.26a aus einem einzigen Wort, aus 8 Bit. Als Beispiel nehmen wir an, es werde der Inhalt einer Zelle im Stapelspeicher (stack) zum Akku addiert, und der Stapelspeicher

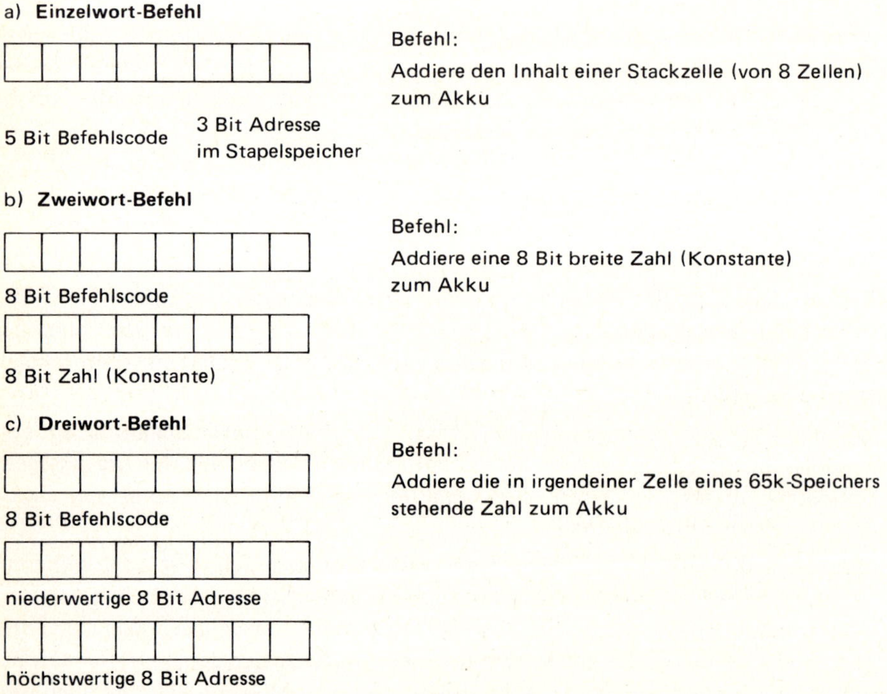

a) Einzelwort-Befehl

Befehl:
Addiere den Inhalt einer Stackzelle (von 8 Zellen) zum Akku

5 Bit Befehlscode   3 Bit Adresse im Stapelspeicher

b) Zweiwort-Befehl

Befehl:
Addiere eine 8 Bit breite Zahl (Konstante) zum Akku

8 Bit Befehlscode

8 Bit Zahl (Konstante)

c) Dreiwort-Befehl

Befehl:
Addiere die in irgendeiner Zelle eines 65k-Speichers stehende Zahl zum Akku

8 Bit Befehlscode

niederwertige 8 Bit Adresse

höchstwertige 8 Bit Adresse

Bild 2.26 Aufbau von Befehlen.

umfasse acht Speicherzellen (zu je 8 Bit). Dann genügt zur Adressierung des Stapelspeichers eine Adresse von 3 Bit ($2^3 = 8$). Beim entsprechenden Befehl werden die ersten 5 Bit der eigentliche Befehlscode sein, die restlichen 3 Bit die Adresse im Stack.

Ein Befehl „Addiere den Inhalt einer Stack-Zelle zum Akku" kommt mit 8 Bit, mit einem Wort aus.

Anders liegt die Sache, wenn zum Akku-Inhalt eine Konstante, also eine 8 Bit breite Zahl addiert werden soll. Sie liegt somit im Bereich zwischen 0 und 255 (dezimal) bzw. zwischen 00 und FF (hexadezimal). Da sie 8 Bit umfaßt, können wir sie nicht mehr als Teil des ohnehin nur 8 Bit breiten eigentlichen Befehlsworts auffassen. Es ergibt sich hier nach Bild 2.26b ein Zweiwort-Befehl: Das erste Wort ist der Befehlscode, das zweite Wort die zum Akku zu addierende Zahl.

Wir können das Spiel fortsetzen. Soll nämlich zum Akku eine Zahl addiert werden, die irgendwo im Speicher steht, dann brauchen wir möglicherweise ein drittes Wort im Befehl, denn 8 Bit ergeben ja nur einen Speicherraum von 256 Zellen. Die meisten Mikroprozessoren können jedoch mit 16 Bit bis 65 kByte Speicherraum adressieren. Für 16 Bit Adressen brauchen wir aber zwei Worte zu je 8 Bit — und unser Befehl „Addiere zum Akku eine Zahl, die irgendwo in einem 65 kByte-Speicher steht", wird nach Bild 2.26c $3 \cdot 8$ Bit, also drei Worte lang.

Am Aufbau der Befehle, die eine CPU nacheinander abzuwickeln hat, damit Daten nach einem vorgefaßten Programm bearbeitet werden, sind also immer auch Adressen beteiligt. Das legt nahe, hier etwas über die Adressierungsarten zu vermerken.

Zunächst kann man die Adressierungsarten in Abhängigkeit des angesprochenen Bauteils eines Prozessors auflisten:

— Register-Adressierung (register adressing): ein Register wird angesprochen
  (vgl. Bild 2.26a).

— Speicher-Adressierung (memory addressing): es wird wie in Bild 2.26c ein Speicherplatz angesprochen.

— Ein/Ausgabe-Adressierung (input/output addressing): es wird eine Ein/Ausgabe-Einheit angesprochen, vgl. Kapitel 4.

Es besteht natürlich auch die Möglichkeit, die Adressierung nach der Methode zu unterscheiden. Das führt dann auf folgende Fälle:

Die unmittelbare Adressierung (immediate addressing) verläuft so, wie wir es in Bild 2.26b gesehen haben: Der Befehl enthält direkt den Operanden, z.B. eine Zahl. Bei der direkten Adressierung enthält der Befehl direkt die Adresse des nötigen Operanden, was wieder Bild 2.26c entspricht. Bei der indirekten Adressierung hingegen wird zunächst eine Adresse angegeben, unter der dann die eigentliche Adresse abgelegt ist. Bei der relativen Adressierung schließlich wird nur gesagt, um wieviel Schritte man von einer Basisadresse weitergehen muß, um den Operanden zu finden.

Weitere, ab und zu benutzte Adressierungsarten sollen hier nicht erwähnt werden. Auf die Adressierung selbst werden wir in Kapitel 5 zurückkommen.

2.5.4 Wesentliche Anschlüsse einer CPU

Bisher wurde vieles über eine CPU, über ihre Arbeitsweise, ihr Blockschaltbild und über den Aufbau von Befehlen gesagt, ohne Bezug auf irgendein marktgängiges System zu nehmen. Für den Maschinenbauer, der grundlegende Zusammenhänge kennenlernen soll genügt dieser Einblick in das Innenleben eines Prozessors. Es soll nun an einem konkreteren Beispiel aufgezeigt werden, welche Anschlüsse eine CPU hat, was diese Anschlüsse bedeuten, und wie die CPU über diese Anschlüsse mit ihrer Außenwelt, mit der sog. Peripherie, verbunden ist.

Dabei wird uns Bild 2.27 helfen. Es zeigt, symbolisiert und typisiert, die Anschlüsse des Mikroprozessors vom Typ SAB 8085. Der „8085" ist einer der Standard-Prozessoren und soll für die ganze Gattung als typisch gelten. Zu den einzelnen Anschlüssen ist folgendes zu sagen.

X1, X2 (links oben) sind die Anschlüsse für den Quarzkristall, mit dem der Takt für den Prozessor erzeugt wird. Manchmal werden diese Anschlüsse auch mit XTAL bezeichnet. Das 8085-System arbeitet üblicherweise mit 6 MHz Taktfrequenz.

VDD (rechts oben) ist der Anschluß für den +Pol, VSS (links unten) der Minuspol für die Versorgungsspannung von 5 V.

SID (Serial Input Data) und SOD (Serial Output Data) stellen eine serielle Schnittstelle des Rechners dar. Über solche seriellen Schnittstellen und ihren Ablauf vgl. Abschnitt 3.2.

$\overline{\text{RESET IN}}$ (Mitte rechts) ist der Eingang für das RESET-Signal, über das wir schon informiert sind: Es stellt z.B. den Befehlszähler auf Null, so daß ein Programm mit dem in Speicherzelle 0 (des Programmspeichers) abgelegten Befehl beginnt. Der Querstirch über dem RESET IN bedeutet, daß dieser Eingang dann wirksam wird, wenn an ihm eine logische Null, also die Spannung 0 V, ansteht (s.a. den Querstrich zur Negierung, Verneinung logischer Aussagen und Signale).

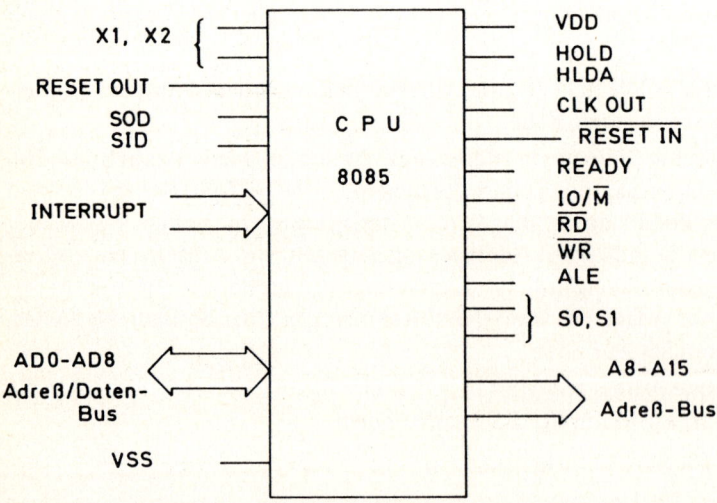

Bild 2.27 Anschlüsse des Prozessors 8085.

RESET OUT (Mitte links) gibt an, wann der Prozessor zurückgesetzt, also im Reset-Zustand ist. Da hier der Querstrich fehlt, heißt das, daß RESET OUT mit einer Eins, also mit + 5 V, nach außen gemeldet wird.

HOLD (rechts oben) ist ein Eingang (betätigt für Signal Eins, weil kein Querstrich!), mit dem man den Prozessor anhalten kann. Der Haltezustand wird dann mit dem Signal HLDA (Hold Acknowledge) nach außen angezeigt.

CLK OUT (Clock Out) macht den Takt des Prozessors von außen zugänglich, S0/S1 gibt verschlüsselt den Zustand des Prozessors an.

$\overline{RD}$, $\overline{WR}$ (Read, Write) sind die uns schon bekannten Signale für Lesen bzw. Schreiben eines Speicherplatzes. Beim 8085 können mit diesen Befehlen aber auch Eingangs- und Ausgangsschaltungen (sog. PORTs) angesprochen werden, mit denen Daten direkt in den Prozessor hinein- oder aus ihm herauskommen können.

Der Ausgang $IO/\overline{M}$ gibt dann an, ob Ein/Ausgang (In-Out) oder Speicher (Memory) angesprochen werden soll: memory offenbar, wenn der Ausgang das Signal Null führt.

Über READY (Mitte rechts) wird dem Prozessor mitgeteilt, wann Speicher oder Ein/Ausgang die Daten sicher bereitgestellt (oder gelesen) haben. Damit kann erreicht werden, daß der Prozessor mit verschieden rasch reagierenden Speicher- bzw. Ein/Ausgabe-Einheiten zusammenarbeiten kann.

Bis jetzt waren die Anschlüsse unseres Prozessors teilweise bekannt oder zumindest einfach und einleuchtend zu beschreiben. Bei den restlichen Anschlüssen müssen wir etwas weiter ausholen.

Da gibt es einige Anschlüsse, die unter der Bezeichnung INTERRUPT (Mitte links) zusammengefaßt sind. INTERRUPT bedeutet Unterbrechung. Denken wir an den Anfang des Buches zurück, als wir versucht hatten, das Arbeiten eines Roboters zu beschreiben. Dabei wurde erwähnt, daß der Roboter sofort gestoppt oder korrigiert werden muß, sobald Gefahr droht, daß irgendein Fehler unterläuft oder eine Bedingung für sein weiteres Arbeiten fehlt. INTERRUPT ist also der externe Alarm für den Prozessor (s. Abschnitt 5.3).

Hier soll schon auf folgendes hingewiesen werden: Wenn zu einem beliebigen Zeitpunkt ein Alarmsignal beim Prozessor ankommt, den er nur über seine CPU, über die ALU, über den Akku und über andere Elemente abarbeiten kann, dann entsteht ein Problem. Der Prozessor ist mit einer Aufgabe beschäftigt, die er laut Programm bearbeitet. Würde er sofort auf das Alarmsignal reagieren, sobald dieses auftritt, dann gingen die gerade bearbeiteten Daten verloren. Deswegen müssen sie *vor* Bearbeitung des Alarms gerettet, d.h. an bereitgestellten Speicherplätzen abgelegt werden.

Diese Problematik beim Auslösen von Alarm über die Interruptleitungen muß bedacht werden.

Abschließend sollen die Anschlüsse für den Datenbus und den Adreßbus besprochen werden. Gibt es dabei Schwierigkeiten? Im Prinzip nein — in der Praxis ja! Ein Prozessorgehäuse hat nur eine endliche Zahl von Anschlüssen, das Gehäuse des 8085 besitzt 40 davon. Das ist zwar viel, aber es reicht nicht für 8 Daten- und 16 Adreß-Leitungen aus. Hier muß ein Trick weiterhelfen.

Der Trick heißt ALE (Address Latch Enable), vgl. den Anschluß in Bild 2.27 rechts unten. An den Anschlüssen AD0 bis AD7 für den Bus erscheinen während des ersten Takts eines Maschinenzyklus die acht niederwertigen Adressen, danach werden diese acht An-

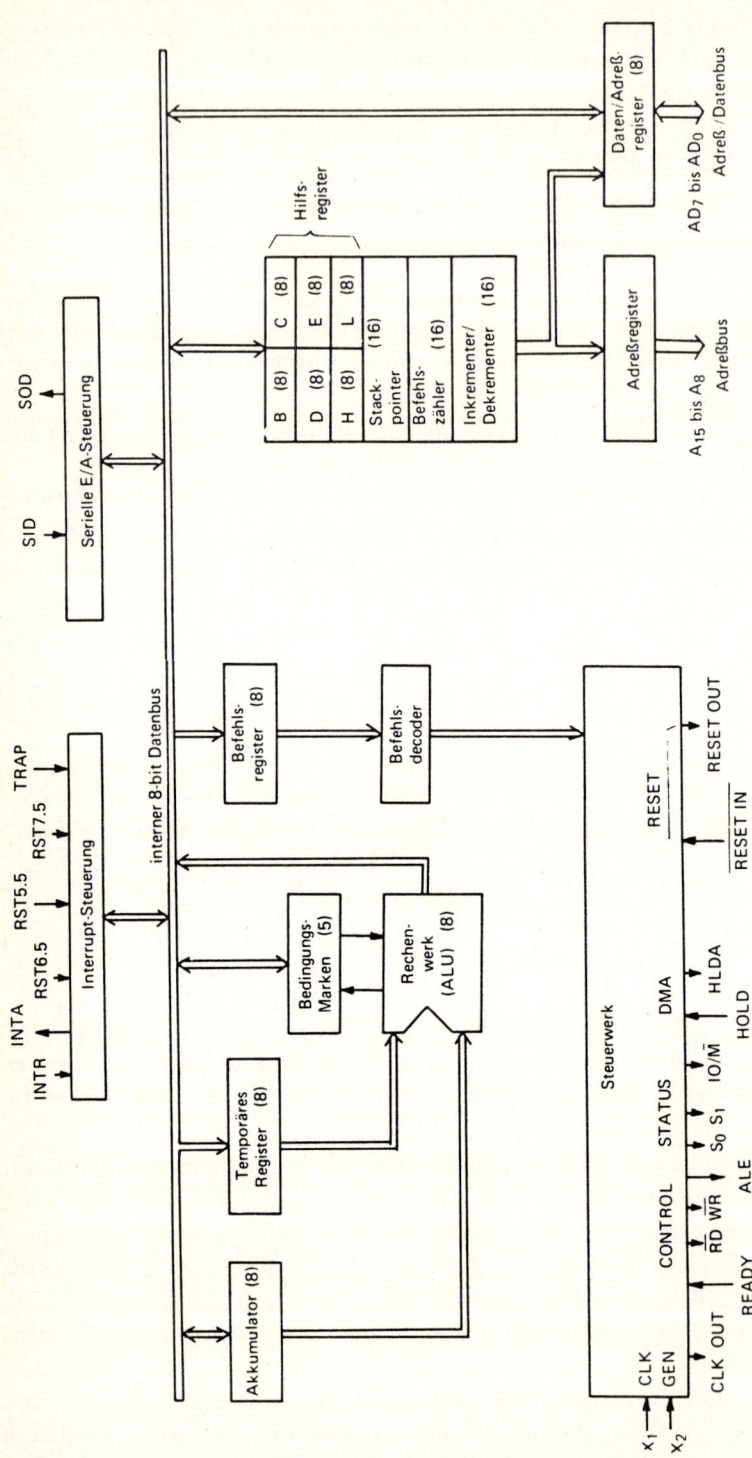

Bild 2.28 Blockschaltbild des Prozessors 8085 aus dem betreffenden Datenbuch. (H. Birck/R. Swik, Mikroprozessoren und Mikrorechner, München 1980)

schlüsse umgeschaltet und führen die 8 Bit breiten Daten (deswegen auch die Bezeichnung AD0 bis AD7: Adresse bzw. Daten). Mit dem ALE-Signal kann dann ein externes Register mit 8 Bit Breite gesteuert werden, in welchem diese ersten 8 Bit der insgesamt 16 Bit breiten Adressen zwischengespeichert und somit für den Rest des Maschinenzyklus verfügbar sind.

Die höherwertigen Adressen stehen an den Anschlüssen A8 bis A15 zur Verfügung.

In vielen Fällen wird verfahren, wie eben beschrieben: An den gleichen Anschlüssen, auf denselben Leitungen werden im zeitlichen Nacheinander verschiedene Signale geführt; das spart Anschlüsse bzw. Leitungen. Die Fachsprache nennt dies ein (zeit-) multiplexes Verfahren. Ein Multiplexer (kurz MUX) ist also ein Umschalter, der nacheinander verschiedene Signale durchschaltet. Mit Demultiplexen bezeichnet man dann das Wieder-Aufschlüsseln der Signale in die ihnen eigenen Wege. Das Adreß Latch, der Zwischenspeicher für die niederwertigen 8 Bit der 16 Bit breiten Adresse, übernimmt also die Funktion eines Demultiplexers.

2.5.5 Blockschaltbild des Prozessors 8085

Nun können wir das Blockschaltbild des Mikroprozessors vom Typ SAB 8085 durchgehen. Bild 2.28 ist eine Darstellung aus dem Datenbuch für den Fachmann.

Oberhalb des internen Datenbusses finden wir links die Interrupt-Steuerung mit den verschiedenen Interruptleitungen, rechts die serielle Schnittstelle für Ein/Ausgänge.

Unterhalb des internen Datenbusses findet sich links die eigentliche CPU. Es gibt kaum Unterschiede zu Bild 2.25: Das Statusregister heißt hier Register für Bedingungsmarken (also Flags), und die ALU ist nicht direkt, sondern über ein (temporäres) Register an den Datenbus angeschlossen. Das Steuerwerk liefert die Signale, die wir inzwischen kennengelernt haben.

Neu für uns ist der Block rechts in Bild 2.28 und unterhalb der Linien für den internen Datenbus. Hier finden wir zunächst ein paar Hilfsregister, paarweise angeordnet (B, C; D, E; H, L). Sie dienen zum Zwischenspeichern von Ergebnissen, die rasch wieder aufgerufen werden können/oder müssen. Wir finden daneben den uns bekannten Stapelzeiger (stack pointer), den Befehlszähler und eine Einrichtung zum Inkrementieren bzw. Dekrementieren.

Die Anschlüsse des Daten- und Adreßbusses sind über eigene Register nach außen geführt, u.a. um das Multiplexen zwischen niederwertigen Adreßbits und den Datenbits zu ermöglichen.

3 Datenverkehr

3.1 Der Bus

3.1.1 Die Bus-Struktur

Schon beim Besprechen der Zentraleinheit (CPU) hatten wir festgestellt, daß Daten und Adressen als binäre Signale auf einer Art Daten-Sammelschiene übertragen werden, dem „Bus". Dies wollen wir uns in Bild 3.1 etwas näher ansehen.

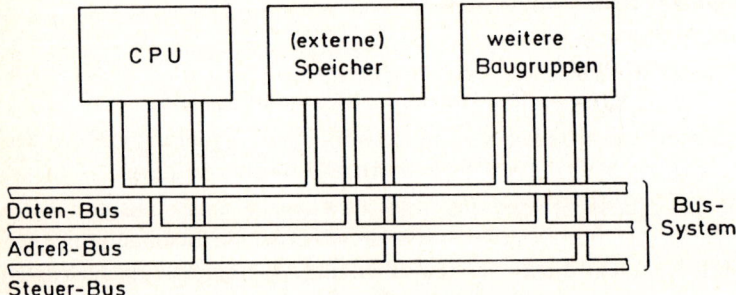

Bild 3.1 Die Bus-Struktur – Sammelschienen für Information.

Ein Bus muß Daten, Adressen und Steuersignale übertragen. Ein Bus-System besteht also aus dem Daten-, Adreß- und Steuer-Bus. Wie wir wissen, wird zur parallelen Übertragung binärer Worte je Bit eine Leitung benötigt. Ein Datenbus für 8 Bit umfaßt also acht parallele Leitungen, die üblicherweise mit D0 bis D7 (D für Daten) bezeichnet werden. Ein Adreßbus für einen Speicherraum von 65 k (2^{16} = 65 536) besitzt die 16 Adreßleitungen A0 bis A15.

Zwar enthält eine CPU im Prinzip alle für einen Prozessor notwendigen Baugruppen, doch wird Datenaustausch zumindest noch mit einem externen Speicher nötig sein. Üblicherweise verkehrt eine CPU jedoch noch mit weiteren externen Baugruppen: Die sog. Peripherie umfaßt z.B. noch Tastaturen zur Daten-Eingabe oder Drucker und Anzeigen zur Daten-Ausgabe. Alle diese Einheiten sind untereinander und mit der CPU über den Bus verbunden.

Die Bus-Struktur ist insofern sehr einfach, als alle Baugruppen, Geräte und Einheiten einfach parallel an die Busleitungen angeschlossen werden. Wenn wir aber „elektrisch" denken, dann tauchen sofort Schwierigkeiten auf: Über den Bus sind die verschiedensten elektronischen Einrichtungen miteinander verbunden, und zwar Eingänge *und* Ausgänge.

Hier gibt es Probleme, vor allem, wenn man noch an die Zeitabhängigkeiten denkt. Wir wissen ja schon, daß durch Multiplexverfahren auf gewissen Busleitungen mal Daten, mal Adressen übertragen werden können.

In der Tat; so problemlos, wie es Bild 3.1 zunächst erscheinen läßt, funktioniert ein Bus-System nicht. Da Eingänge elektronischer Einheiten meistens sehr hochohmig sind, darf man sie in den meisten Fällen parallelschalten. Wenn dann über den Datenbus die Daten parallel an verschiedenen Baugruppen anliegen, kann über den Adreßbus (und über Chip-Select-Signale) immer noch genau bestimmt werden, *welche* der Baugruppen auf die Daten reagieren soll; über den Steuerbus ist exakt festlegbar, zu welchem Zeitpunkt das zu geschehen hat. Mit den Eingängen gibt es wenig Schwierigkeiten.

Das Zusammenschalten von Ausgängen ist kritischer. Denn wenn an einem Bus eine ganze Anzahl von Elementen angeschlossen ist und/oder wenn diese Busleitungen eine gewisse Länge haben, dann gehört schon etwas Leistung dazu, eine solche Anordnung anzusteuern und zu betreiben. Somit wird man in manchen Fällen zwischen den Ausgängen der rein digitalen Baugruppen und dem Bus noch Verstärker einschalten müssen, welche die erforderliche Leistung zu liefern in der Lage sind.

Solche Verstärker aber sind in ihren Ausgängen niederohmig. Würde dann ein derartiger Ausgang in nicht benutztem Zustand an den Busleitungen hängen, dann würde er für den Bus eine erhebliche Belastung darstellen oder aber gar die Spannungen auf dem Bus beeinflussen. Deswegen müssen solche Ausgänge sozusagen „abschaltbar" sein.

Beides — Verstärker und ihre Abschaltbarkeit — wollen wir uns nun näher ansehen.

3.1.2 Treiber, Pufferverstärker

Puffer[1]) und Treiber (z.B. Leitungstreiber, Anzeigetreiber usw.) sind Verstärker für digitale Signale. Sie liefern in ihrem Ausgang den nötigen Strom, um längere Leitungen und/ oder die Parallelschaltung vieler Eingänge oder sonstige Anordnung sicher ansteuern und betreiben zu können.

In Bild 3.2a sind zwei Schaltsymbole und die Wahrheitstafel für einen nicht invertierenden Treiber skizziert: Das Ausgangssignal A ist identisch mit dem Eingangssignal E — nur

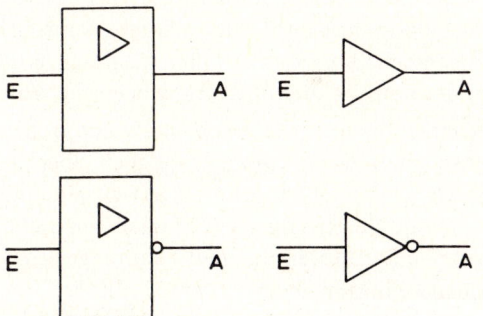

Bild 3.2

Puffer und Treiber.

a) Nicht invertierend,

b) invertierend.

---

[1]) Das Wort „Puffer" wird für Treiber(-Verstärker) wie auch für Zwischenspeicher verwendet. Verwechslungen sind insofern nicht möglich, als dem Kontext entnehmbar ist, um welche Art Puffer es sich handelt.

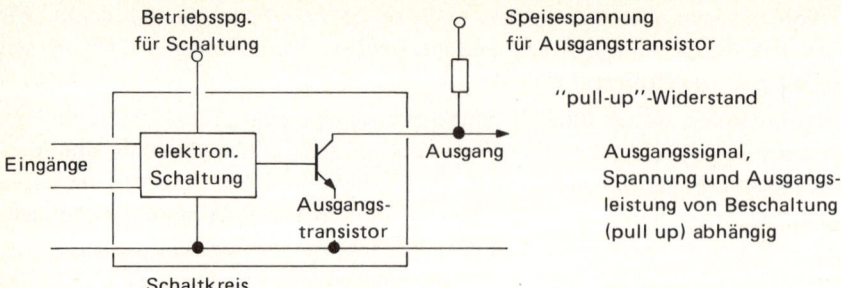

Bild 3.3 Das Prinzip des open-collector.

daß eben der Ausgang A entsprechende, gewünschte Ströme hergeben kann und somit einen niedrigen Innenwiderstand besitzen muß.

Bild 3.2b zeigt ergänzend zwei Schaltsymbole und die Wahrheitstafel für einen invertierenden Treiber. Bei ihm vertauschen sich Eingangs- und Ausgangssignal, er stellt also die uns schon bekannte Negation dar (vgl. Abschnitt 1.4.3).

In vielen Fällen wird mit der Schaltung des offenen Kollektors (open collector) gearbeitet, was Bild 3.3 zeigt. Ein Bauelement, z.B. ein integrierter Schaltkreis, wird von einer Spannung gespeist. Als Ausgang besitzt diese Schaltung einen Transistor, der aber nicht komplett angeschlossen ist: Es fehlt der Arbeitswiderstand. Diesen muß man eigens noch extern einfügen (er heißt dann oft „Pull-up"-Widerstand), damit die Schaltung überhaupt funktionsfähig wird.

Die Open-collector-Schaltung hat den Vorteil, daß die Speisespannung des Schaltkreises z.B. 5 V betragen kann, der Ausgangstransistor aber mit anderer, z.B. höherer Spannung betrieben wird. Damit ist es u.a. möglich, Schaltkreise mit verschieden hohen Signal- und/oder Speisespannungen zusammenzuschalten.

3.1.3 Tri-State-Betrieb

Die Ausgänge von Puffern und Treibern darf man nicht zusammenschalten! Das können wir uns einfach vor Augen führen mit der Vorstellung, daß zwei oder mehrere Ausgänge mit Pull-up-Widerstand (nach Bild 3.3) zusammengeschaltet würden: Jeder Ausgang würde den anderen und damit natürlich das Signal auf der betreffenden Busleitung beeinflussen.

Wenn jedoch Ausgänge abgeschaltet werden können, dann inaktiv sind und einen hohen Widerstand aufweisen, kann man sie zusammenschalten. Denn nun ist es möglich, über die Adreßleitungen jeweils nur genau *einen* Ausgang anzusprechen und zu aktivieren; und dieser Ausgang bestimmt das Signal, bestimmt, ob die Busleitung auf Null oder Eins steht. Alle anderen Ausgänge sind inaktiv und hochohmig und stören nicht; alle Eingänge erhalten dieses Signal. Der per Adresse angesprochene Eingang reagiert darauf, die anderen nicht.

Mit diesem Betrieb von drei Zuständen (tri-state oder auch three-state), mit Null, Eins und „hochohmigem Z-Zustand", ist ein Bus arbeitsfähig.

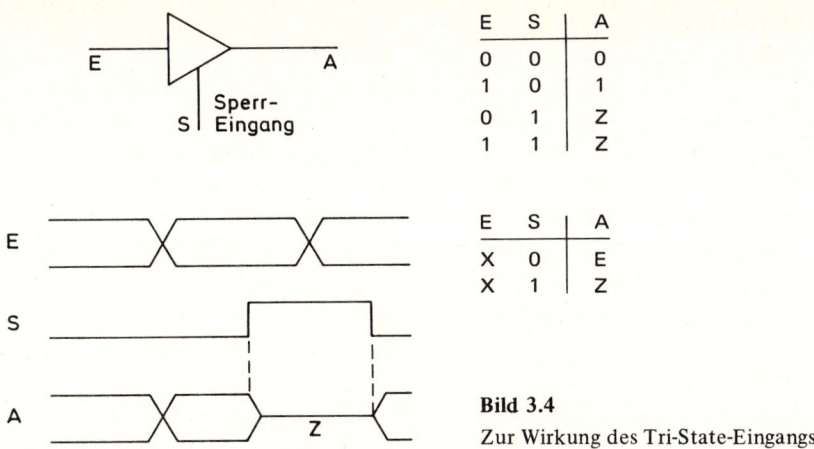

E	S	A
0	0	0
1	0	1
0	1	Z
1	1	Z

E	S	A
X	0	E
X	1	Z

Bild 3.4
Zur Wirkung des Tri-State-Eingangs.

Bild 3.4 zeigt einen Treiber, der außer Eingang E und Ausgang A auch noch einen Sperreingang S aufweist. Die Wahrheitstafel daneben besagt: Wenn S = 0 ist, arbeitet der Treiber wie gewöhnlich. Ist jedoch das Sperrsignal S = 1, dann reagiert der Treiber nicht mehr auf seinen Eingang, sondern führt im Ausgang nur noch das „Signal Z", ist also hochohmig und damit inaktiv —ganz egal, ob der Eingang Null oder Eins führt.

In der zweiten Warheitstabelle ist dieser Zusammenhang nochmals, aber gestrafft, gefaßt. Ist S = 0, darf E = X beliebig sein, der Ausgang führt das Signal E. Ist hingegen S = 1, dann ist für beliebigen Eingang E = X der Ausgang immer inaktiv mit A = Z.

Es ist klar, daß diese „beliebige" Größe X nur die zugelassenen binären Werte 0 und 1 annehmen kann. In der Fachsprache wird dieses X oft als „Don't care" angesprochen: Man braucht sich nicht zu kümmern, ob die Größe 0 oder 1 angenommen hat.

Im Zeitdiagramm von Bild 3.4 ist dieser Don't-care-Zustand ebenfalls angesprochen. Der Eingang E kann 0 oder 1 sein, er kann auch zwischen diesen Größen wechseln, besagt die erste Zeile. Außerdem ist angedeutet, daß der Wechsel zwischen 0 und 1 ggf. gewisse Zeit benötigt. Ist S = 0, dann folgt der Ausgang A dem Eingang E. Für S = 1 hingegen geht der Ausgang weder in den Zustand 0 noch in den Zustand 1, er liegt im Zustand Z sozusagen „irgendwo dazwischen". Das wird im Zeitdiagramm als Mittellinie zwischen 0 und 1 angedeutet.

Mit dieser Erkenntnis des Tri-state-Betriebs müssen wir nun unsere bisherige Kenntnis erweitern: Es gibt Register, bei denen der Ausgang gesperrt und in den Z-Zustand gebracht werden kann, alle Speicher und die entsprechenden CPU-Ausgänge müssen darüber verfügen können, kurzum — unsere Elemente brauchen einen weiteren Eingang, den Tri-state-Eingang.

Sofern sie ihn nicht schon haben! So eignet sich etwa der Eingang Chip select (beim RAM kombiniert mit dem Schreib/Lese-Eingang write/read) bei Speichern durchaus dazu, daß nur beim Lesen eines Datums der Ausgang aktiv ist und ansonsten im Z-Zustand bleibt. Wir haben hier also nur noch gewisse Feinheiten herausgestellt, die eben nötig sind, damit Busbetrieb möglich wird.

3.1.4 Bus-Vereinbarungen

Handelt es sich um einen internen Bus innerhalb eines Bausteines — etwa innerhalb eines Mikroprozessors oder einer CPU — dann sind die Bedingungen zum Betrieb eines solchen Busses für den Anwender wenig interessant. Sobald jedoch an einen Bus mehrere, evtl. sogar verschiedene Geräte angeschlossen werden sollen, sind entsprechende Vereinbarungen nötig. Das beginnt schon, wenn ein interner Bus nach außen geführt und somit zugänglich ist, wie wir dies als Beispiel bei der CPU 8085 (Abschnitt 2.5.5, Bild 2.28) gesehen haben.

Es gibt eine ganze Reihe von Bus-Vereinbarungen mit den verschiedensten Namen wie etwa „S 100-Bus", EURO-BUS, MULTIBUS und andere. Zwar sind für sie Bus-Vereinbarungen vorhanden, doch sind sie alle noch weit entfernt davon, eine gewisse (oder gar internationale) Norm darzustellen.

Aus diesem Grunde befassen wir uns zunächst einmal mit dem prinzipiellen Funktionieren von seriellen und parallelen Schnittstellen, um dann auf die geläufigste Bus-Vereinbarung, den international genormten IEC-Bus, näher einzugehen.

3.2 Serielle Schnittstelle

Wie schon in Abschnitt 2.1.2 erläutert, kennt man eine serielle und eine parallele Darstellung der binären Information. Bei der seriellen Darstellung folgen die einzelnen Bits eines binären Worts nacheinander auf derselben Leitung, während diese Bits bei paralleler Darstellung zur gleichen Zeit auf verschiedenen (parallelen) Leitungen anstehen.

Damit ist die serielle Informations-Übertragung in ihrem Prinzip klar: Die einzelnen Bits folgen zeitlich nacheinander auf derselben Übertragungsleitung. Und aus Abschnitt 2.1.4 wissen wir, daß diese Übertragung asynchron oder synchron geschehen kann. Da im Bereich der Mikroprozessoren die asynchrone Übertragung üblich ist, soll sie auch hier der Schwerpunkt der Darstellung sein.

Informationen senden und empfangen kann man nur, wenn zwischen Sender und Empfänger die Übertragungsgeschwindigkeit vereinbart ist und eingehalten wird. Bei asynchroner Übertragung wird kein Takt mitübertragen, es ist eine Übertragungsgeschwindigkeit festgelegt, die getrennt in Sender und Empfänger so gut wie möglich eingehalten werden muß. Man spricht von Bitrate und meint damit die pro Sekunde übertragenen Bits. Als Maß dafür wurde aus der Fernschreibtechnik das „Baud" (von Baudot, französ. Telegraphenpionier, 1874) übernommen: 1 Bd = 1 Bit/s.

Diese Bitrate — oder genauer: Schrittgeschwindigkeit — ist genormt von 50 Bd bis 19 200 Bd. Sie wird bei Sender und Empfänger gleich eingestellt. Die jeweiligen Taktfrequenzen müssen wenigstens so genau sein, daß die Übertragung eines Worts sicher verläuft. Zwischen den übertragenen Worten werden dann Synchronisierzeichen verwendet, die den Gleichlauf der Frequenzen sichern.

Die serielle Übertragung benutzt für die logische Eins, für das Eins-Signal, die Spannung Null, für das Null-Signal die Spannung des Systems (z.B. 5 V). Ohne Übertragung steht damit die Leitung unter Spannung; eine Unterbrechung würde bemerkt.

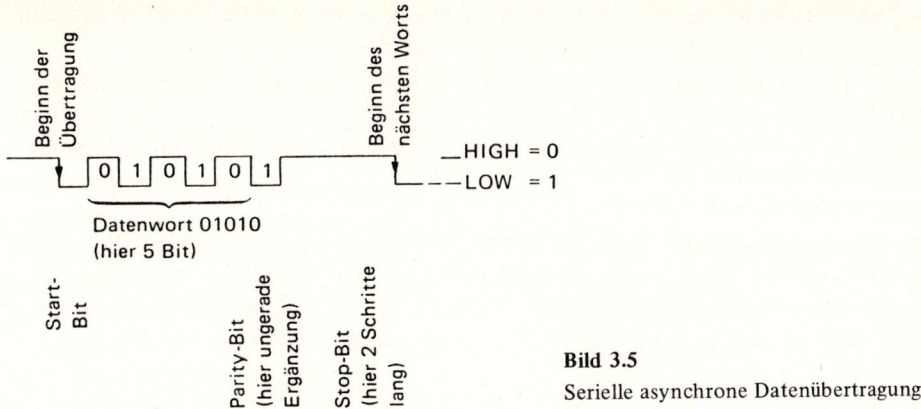

Bild 3.5
Serielle asynchrone Datenübertragung.

Es ist in der Elektronik üblich, den Zustand „Spannung vorhanden" mit HIGH, „keine Spannung" mit LOW zu bezeichnen, Serielle Übertragung arbeitet also mit der Zuordnung HIGH $\hat{=}$ 1, LOW $\hat{=}$ 0.

Das serielle Signal ist nach Bild 3.5 aufgebaut. Ohne Übertragung eines Signals liegt die Leitung auf Spannung, auf HIGH, was aber die 0 bedeutet. Ein Startbit, welches mit einem Übergang HIGH-LOW beginnt, eröffnet die Übertragung; die fallende Flanke signalisiert dem Empfänger, daß jetzt ein binäres Wort übertragen wird. Dessen Länge (in Bild 3.5 sind es 5 Bit) muß festgelegt sein, damit sie einfach durch Abzählen kontrollierbar ist. Nach dem letzten Bit des zu übertragenden Worts kommt meist noch ein Prüf- oder Parity-Bit, mit dem geprüft werden kann, ob ein Übertragungsfehler begangen wurde oder nicht.

Mit dem Prüfbit wird die Zahl der Einsen im übertragenen Wort auf eine gerade (even) oder eine ungerade (odd) Anzahl ergänzt. Durch Bilden der Quersumme des binären Ausdrucks kann dann leicht festgestellt werden, ob ein Übertragungsfehler vorlag oder ob richtig übertragen wurde. Diese Paritäts-Prüfung hat natürlich dann keinen Wert mehr, wenn bei 2 Bit des übertragenen Worts Fehler aufgetreten sind; aber so etwas ist unwahrscheinlich.

Nach dem Prüfbit folgt das Stopbit, das ein bis zwei Schritte lang sein kann. Mit dem Stopbit liegt die Leitung wieder auf HIGH, der nächste Übergang von HIGH nach LOW wird als Vorderflanke des nächsten Startbits interpretiert. Mit den Startbits ist es möglich, den internen Takt des Empfängers mit demjenigen des Senders zu synchronisieren.

Für ein solches serielles, asynchrones Übertragungsverfahren müssen, wie das Beispiel zeigt, eine ganze Reihe von Vereinbarungen getroffen sein:

— die Übertragungsfrequenz (Bit- bzw. Baud-Rate)
— Anzahl der Daten-Bits, also die Wortlänge
— Prüfbit auf gerade/ungerade oder kein Prüfbit
— Anzahl der Stop-Bits.

Die weitgehend standardisierte asynchrone Serien-Schnittstelle ist unter den Bezeichnungen V-24-Schnittstelle bzw. RS-232-Schnittstelle bekannt. Beide sind identisch.[1]) Zu bei-

---

[1]) In der Praxis wird jedoch oft beklagt, daß die „Identität" doch nicht immer besteht und deswegen mit diesen Schnittstellen häufig Probleme auftreten.

den Schnittstellen-Definitionen gehören aber noch eine ganze Reihe weitere Steuerleitungen und Steuersignale, auf die wir in Abschnitt 3.4 eingehen werden.

Die Linienstrom-Schnittstelle (current loop) benutzt zur Datenübertragung ebenfalls das asynchrone serielle Verfahren. Nur sind hier HIGH und LOW nicht durch Spannungen, sondern durch Ströme gebildet (0 bzw. 20 mA). Diese wurden zum Betrieb der früheren Fernschreibmaschinen benötigt, und aus dieser Technik stammt die Current loop.

Die synchrone serielle Übertragung ist seltener. Bei ihr wird der Takt auf einer parallelen Leitung übertragen, und somit können die Synchronisierzeichen entfallen. Damit ergibt sich eine höhere Übertragungsgeschwindigkeit bei gleicher Baud-Zahl. Denn beim asynchronen Verfahren werden zum Übertragen von 7 Bit (z.B. ASCII-Code) immerhin noch 1 Startbit, 1 Parity-Bit und mindestens 1 Stopbit, also 10 Bit, benötigt − das kostet Zeit.

3.3 Parallele Schnittstelle

Bei der parallelen Schnittstelle werden die n Bit eines binären Worts auf n Leitungen während eines einzigen Takts übertragen. Diese Art der Übertragung ist rasch, aber aufwendig (vgl. Abschnitt 2.1.2). Da jeweils nicht nur ein einziges Wort übertragen wird, sondern mehrere hintereinander, kann jetzt schon festgestellt werden, daß die hier beschriebene Übertragung bit-parallel und zugleich wort-seriell arbeitet.

Zunächst muß bei der parallelen Übertragung festgehalten werden, wann ein neues Wort kommt, wann die Übertragung beginnt und wann sie zu Ende ist. Mit anderen Worten: Es müssen außer den Datenworten auch noch Verständigungssignale zwischen Sender und Empfänger vereinbart sein; dazu werden normalerweise weitere (Steuer-)Leitungen benutzt. Die einfachste Anordnung mit einem Sender und einem Empfänger zeigt Bild 3.6.

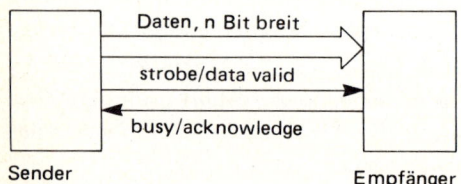

Sender   Empfänger

Bild 3.6
Prinzip der parallelen Datenübertragung.

Beim Sender (z.B. einem Mikroprozessor) gibt es die Signale Strobe bzw. Data valid (Daten gültig), beim Empfänger sind es die Rückmeldungen (Quittierungssignale) Busy (Empfänger tätig) bzw. Acknowledge (oder data accepted, Daten angenommen). In Bild 3.7 sind jeweils beide Signale aufgenommen, obwohl für einfachen Betrieb jeweils nur eines benötigt wird.

Das Strobe-Signal ist eine Art Synchronisationssignal. Mit dem Strobe-Signal wird im Empfänger das Busy-Signal erzeugt, das an den Sender zurückgemeldet wird. Dieser sendet nun solange kein Strobe mehr aus, bis das Busy-Signal verschwunden ist, bis also der

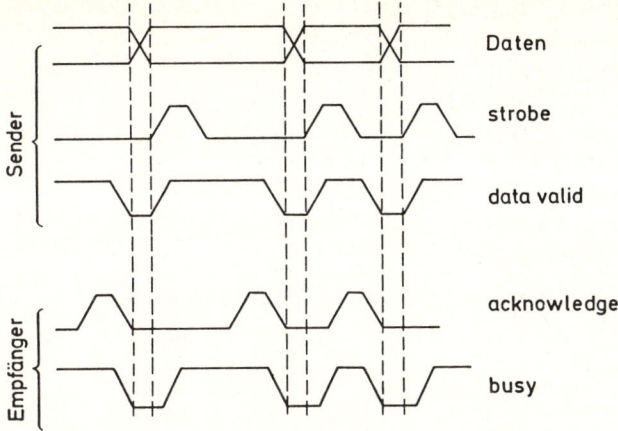

Bild 3.7
Ablauf einer einfachen parallelen
Übertragung.

Empfänger meldet, daß jetzt die Übertragung gelungen ist. Ähnlich wirken die Signale Data valid und Data accepted bzw. acknowledge. Der Sender gibt mit seinem Signal die Information, daß gültige Daten anstehen, die zu übernehmen sind; der Empfänger seinerseits gibt dem Sender die Annahme des parallel übernommenen Datenworts bekannt; der Sender wartet auf diese Rückmeldung, und erst danach kann erneut ein Wort übertragen werden. Dieses Quittierverfahren ist unter dem Namen Hand-shake bekannt: Sender und Empfänger arbeiten „Hand in Hand".

3.4 Der IEC-Bus

Der IEC-Bus ist eine international genormte Schnittstelle. Ursprünglich von einer Firma für die Automatisierung von Meßgeräten entwickelt, entstand dann 1975 (überarbeitet 1978) unter der Bezeichnung IEEE 488 die Norm, die auch als HP-IB (Hewlett Packard International Bus) oder GP IB (General Purpose Internat. Bus) bekannt ist. Bei dieser Norm wird das schon erwähnte Handshake-Verfahren benutzt, so daß eine ganze Reihe von Geräten miteinander korrespondieren kann.

3.4.1 IEC-Bus-Organisation

Der IEC-Bus verwendet für die Darstellung von 0 und 1 die Spannungen 5 V und 0 V, wie sie in der sog. TTL-Technik (TTL: Transistor-Transistor-Logic) üblich ist. Außerdem gilt die schon für die serielle Übertragung benutzte Vereinbarung, daß 5 V (HIGH) $\widehat{=}$ 0 und 0 V (LOW) $\widehat{=}$ 1 sein soll. Man spricht bei dieser Zuordnung auch von „negativer Logik", weil das negativere Potential der binären Eins zugeordnet wird. Oft wird auch mit dem Ausdruck „active LOW" auf dieselben Zusammenhänge hingewiesen: Die Spannung LOW (hier 0 V) entspricht der „aktiven" Eins.

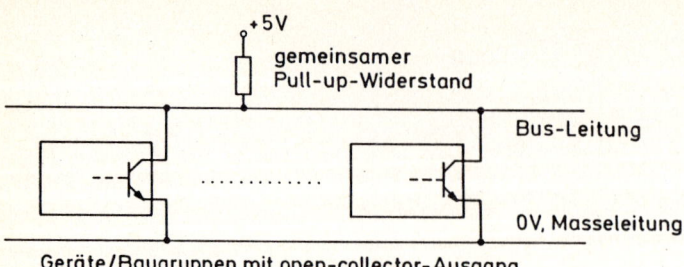

Bild 3.8 Wirkung eines gemeinsamen pull-up-Widerstands bei der open-collector-Schaltung.

Um den IEC-Bus beschreiben zu können, müssen wir hier nochmals ein wenig Elektro-technik betreiben. Alle Einheiten, welche mit Ausgängen an eine Bus-Leitung angeschlossen sind, arbeiten mit Open collector, und zwar wird nach Bild 3.8 für sämtliche Ausgänge nur ein einziger Pull-up-Widerstand verwendet. Dies jedoch hat erhebliche Konsequenzen:

Die Bus-Leitung wird auf LOW gezogen, wenn auch nur ein einziger der Ausgangstransistoren Strom zieht, also das Signal LOW ausgeben will. In der Sprache der logischen Verknüpfungen ausgedrückt bedeutet dies: Wenn der eine ODER der andere (ODER auch mehrere) Ausgänge LOW führen, dann liegt die Bus-Leitung auf LOW.

LOW-Signal auf der Bus-Leitung entspricht somit einer ODER-Verknüpfung der einzelnen Ausgänge. Da diese ODER-Verknüpfung nicht durch eine eigene ODER-Schaltung, sondern allein durch den gemeinsamen Pull-up-Widerstand erreicht wird, spricht man auch von einem „verdrahteten ODER" (wired OR).

Was wir gerade festgestellt haben, läßt einen weiteren Schluß zu. Offenbar führt die Bus-Leitung dann und nur dann das Signal HIGH, wenn *keiner* der Transistoren Strom zieht. Dies ist der Fall, wenn alle Ausgänge den HIGH-Zustand melden.

HIGH-Signal auf der Bus-Leitung bedeutet, daß der eine UND der andere UND der nächste Ausgang – daß eben alle Ausgänge – jeweils HIGH-Signal führen. In der Sprache der Logik: HIGH-Signal ist mit einer (verdrahteten) UND-Funktion verbunden (wired AND).

Diese Vorbemerkungen sind nötig für das spätere Verständnis des Übertragungsverfahrens.

Der IEC-Bus selbst besteht nach Bild 3.9 aus einem 8 Bit breiten Daten-Bus (welcher auch Adressen und Befehle führen kann), einem 5 Bit breiten Steuer-Bus, auch als Management-Bus bezeichnet, und einem 3 Bit breiten Handshake-Bus. Die Daten werden byte-weise zu je 8 Bit parallel übertragen, Byte für Byte nacheinander, mithin bit-parallel/byte-seriell.

Die an den Bus angeschlossenen Geräte lassen sich in mehrere Gruppen einteilen. Da ist zunächst das Steuergerät, überwiegend als Controller bezeichnet. In jedem Bus-System gibt es nur einen Controller, meist in Form eines Rechners oder Mikroprozessors. Mit dem Controller wird der Bus gesteuert, werden Adressen, Befehle und ggf. Daten ausgesandt und wird das Übertragungsverfahren abgewickelt.

Sodann gibt es „Hörer" (listener). Das sind Geräte, welche nur Adressen, Daten und Befehle empfangen, nicht aber aussenden können. Ein typisches Beispiel hierfür wäre ein Datendrucker.

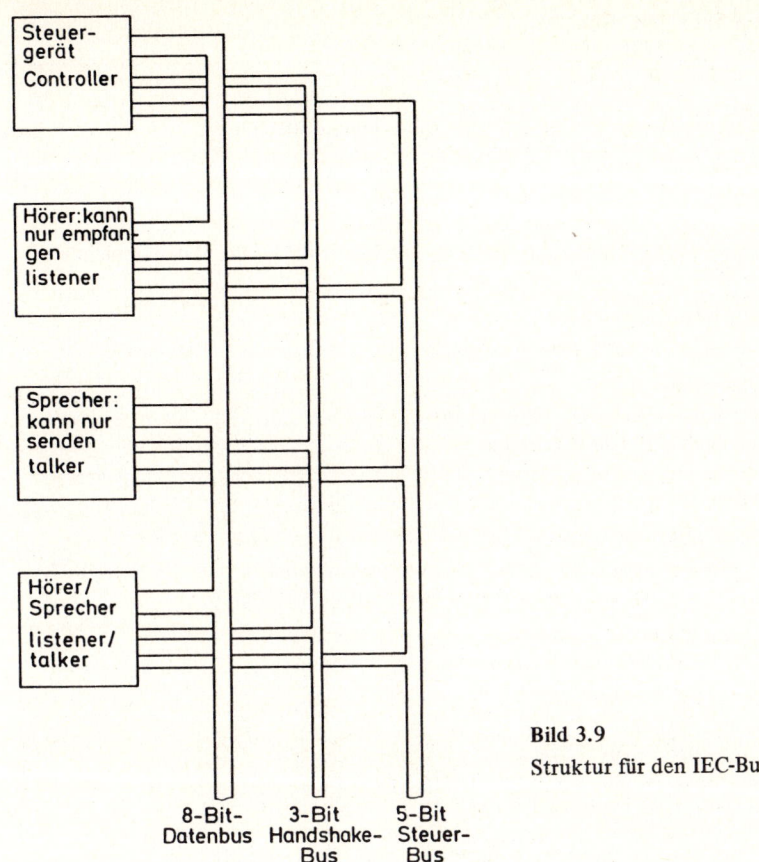

Bild 3.9
Struktur für den IEC-Bus.

8-Bit-   3-Bit   5-Bit
Datenbus   Handshake-   Steuer-
             Bus   Bus

Die „Sprecher" (talker) hingegen können Sendefunktion ausüben und Daten aussenden. Verständlicherweise darf zu jedem Zeitpunkt nur *ein* Talker tätig sein, damit auf dem Datenbus keine Verwirrung entsteht.

Schließlich gibt es noch Geräte, die wahlweise Hörer- oder Sprecher-Funktion ausüben können. Welche Funktion ausgeübt wird, bestimmt der Controller. Mit einer Adresse kann er jedes Gerät ansprechen, und 1 Bit der Adresse entscheidet darüber, ob das Gerät als Talker oder als Listener arbeiten soll. Es sind außer dem Controller noch 14 Geräte an den IEC-Bus anschließ- und adressierbar. Die maximale Leitungslänge für den Bus wird mit 20 m angegeben.

Die Signale auf den verschiedenen Leitungen und ihre Bedeutung sind in Tabelle 3.1 zusammengestellt.

Der Ablauf einer Übertragung, z.B. vom Controller zu einem Hörer, verläuft prinzipiell folgendermaßen: Der Controller adressiert das betreffende Gerät als Hörer. Dazu werden auf DIO 0...DIO 7 bei ATN = LOW Adressen gesendet. Danach setzt der Controller ATN = HIGH und gibt das folgende Byte auf DIO 0...DIO 7 als Datum an den adressierten Hörer. Der genaue zeitliche Ablauf dieses Datenverkehrs wird über die drei Handshake-Leitungen abgewickelt, was im nächsten Abschnitt beschrieben wird.

Tabelle 3.1 Die Signale beim IEC-Bus

1. Daten-Bus	
DIO 0…DIO 7	Übertragungsleitungen für Daten, Adressen und Befehle

2. Handshake-Bus	
NRFD	Not Ready For Data
	Mit NRFD = LOW zeigt ein Hörer an, daß er z.Z. keine Daten annehmen kann
NDAC	Not Data Accepted
	Mit NDAC = LOW zeigt ein Hörer an, daß er keine Daten übernommen hat
DAV	Data Valid
	Mit DAV = LOW zeigt ein Sprecher an, daß die an DIO 0…DIO 7 angelegten Signale gültige Daten sind

3. Steuer- (Management-) Bus	
ATN	Attention
	Controller setzt ATN = LOW, wenn Adressen oder Befehle über DIO 0…DIO 7 gehen. Werden Daten übertragen, dann muß ATN = HIGH sein
IFC	Interface Clear
	Mit IFC = LOW setzt der Controller die Fernsteuerung (Das Bus-System) in Grundstellung
REN	Remote Enable
	Mit REN = LOW werden die angeschlossenen Geräte vom Controller auf Bus-Steuerung geschaltet; die Handbedienung wird dabei gesperrt
SRQ	Service Request
	Jedes (entsprechend ausgestattete) Gerät kann mit SRQ = LOW vom Controller Bedienung anfordern
EOI	End Or Identify
	Signal mit zwei Funktionen in Abhängigkeit von ATN:

EOI	ATN	Bedeutung auf den Leitungen DIO 0…DIO 7
0	0	Datenbyte
1	0	End: letztes Datenbyte einer Übertragung
0	1	Adresse oder Befehl
1	1	Identify: Aufforderung zur Identifizierung nach Bedienungsruf (SRQ)

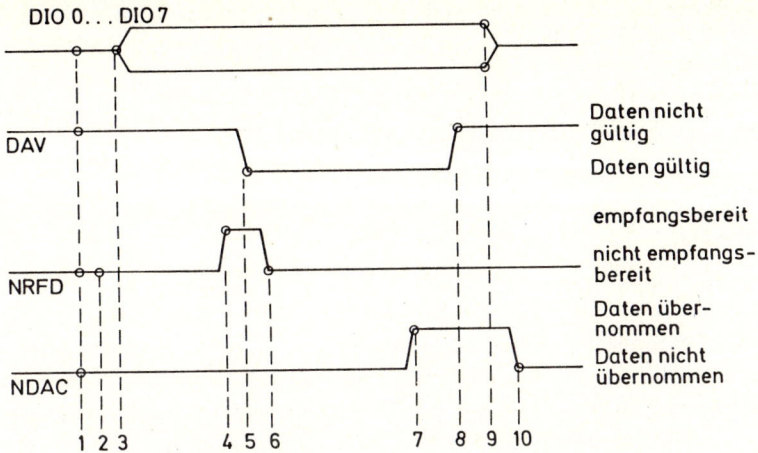

Bild 3.10 Handshake-Verfahren beim IEC-Bus (Erläuterungen im Text).

3.4.2 Ablauf des Handshake-Verfahrens

Wir wollen einmal annehmen, ein Sprecher wolle Information an mehrere Hörer ausgeben. Dann läßt sich das Handshake-Verfahren mit Bild 3.10 in seinen einzelnen Schritten erläutern. Dazu sind in diesem Bild die drei Leitungen des Handshake-Busses dargestellt und die wichtigsten Zeitpunkte mit Nummern hervorgehoben. Anhand dieser Nummern arbeiten wir uns jetzt durch Bild 3.10:

1. Anfangszustand des Busses. Die Datenleitungen DIO 0...DIO 7 befinden sich im (hochohmigen) Z-Zustand.

2. Der Sprecher prüft die Leitungen NRFD (Not Ready For Data) und NDAC (Note Data Accepted) auf Fehler. Das wäre der Fall, wenn diese Leitungen auf HIGH liegen.

3. Nach erfolgter Fehlerprüfung gibt der Sprecher das Datenbyte auf den Datenbus (Darstellung als DON't care — man kann ja nicht angeben, wo nun gerade Nullen und Einsen auf den Busleitungen sein würden).

4. Alle Hörer melden mit NRFD ≙ HIGH, daß sie zur Datenannahme bereit sind. Wegen der Open-collector-Verknüpfung müssen *alle* Hörer HIGH-Signal an die NRFD-Leitung geben, und zwar wegen des verdrahteten UND für den HIGH-Zustand. Wenn auch nur *ein* Hörer noch LOW-Signal führt, wird die NRFD-Leitung auf LOW gehalten!

    Das bedeutet: An dieser Stelle wird gewartet, bis *alle* Hörer die Bereitschaft zur Datenübernahme melden.

5. Nachdem der Sprecher NRFD ≙ HIGH feststellt, setzt er DAV (Data Valid) auf LOW und meldet damit die Daten als gültig.

6. Sobald auch nur *ein* Hörer das Signal DAV ≙ LOW feststellt und sodann auf die NRFD-Leitung LOW-Signal gibt, wird diese auch auf LOW gezogen. Denn LOW-Signal ist wegen der verdrahteten ODER-Funktion (über den Open-collector-Widerstand) gegeben, wenn auch nur einer der Ausgänge Signal LOW führt.

7. Hat ein Hörer die Daten übernommen, dann setzt er seinen NDAC-Ausgang auf HIGH. Wegen des verdrahteten UND für HIGH geht die Leitung NDAC jedoch erst dann auf HIGH-Signal, wenn *alle* Hörer die Daten übernommen haben.

    Auch hier wieder wartet die Übertragung, bis alle Hörer fertig sind.

8. Der Sprecher stellt nun NDAC ≙ HIGH fest und setzt DAV ≙ HIGH.

9. Danach wird das Datenbyte von den DIO-Leitungen abgeschaltet.

10. Der erste Hörer, der DAV ≙ HIGH feststellt, setzt NDAC = LOW (das geht wegen der verdrahteten ODER-Verknüpfung).

    Damit wird der nächste Übertragungs- und Handshakezyklus vorbereitet.

Zusammenfassend können wir feststellen, daß eine Schnittstellen-Definition ein komplexe Sache ist, denn mit der Beschreibung des Handshake-Vorgangs ist ja nicht die ganze IEC-Bus-Norm beschrieben. Sodann zeigt aber das Verfahren, daß man mit ihm verschieden schnelle Geräte zusammenschalten kann, und darin liegt einer der Hauptvorteile des gesamten IEC-Busses. Es wird an den kritischen Stellen jeweils solange gewartet, bis das langsamste Gerät noch „mitgekommen" ist.

Zwar haben wir mit Bild 3.10 nur den Fall durchexerziert, bei dem ein Sprecher sich an mehrere Hörer wendet. Die anderen Fälle werden vom Controller über den Steuerbus vorbereitet, die Übernahme der Daten (bzw. Adressen oder Befehle) geschieht dann auf dieselbe Art. Da jedes Gerät eine Adresse besitzt (sie ist am Gerät mit kleinen Schaltern einstellbar), kann der Controller die Geräte einzeln ansprechen.

Bei einem Meßgerät kann der Controller den Meßbereich einstellen und danach den Befehl geben, die Messung durchzuführen. Er kann weiterhin veranlassen, daß das Meßgerät den ermittelten Wert an mehrere Hörer (z.B. Anzeige und Drucker) oder auch nur an einen (z.B. Drucker) ausgibt.

Die Vielfalt der Möglichkeiten ist überaus groß, und es wäre gewiß zu aufwendig, würden wir hier auch nur die wichtigsten Kombinationen durchspielen. Das Wichtigste wissen wir: wie die Übertragung von Adressen, Befehlen und Daten im Handshake-Verfahren erfolgt.

4 Ein- und Ausgabe

4.1 Aufbereitung analoger Daten

4.1.1 Analoge Signale

Sollen physikalische Größen aller Art, z.B. Größen aus einem zu überwachenden verfahrenstechnischen oder fertigungstechnischen Prozeß, elektrisch erfaßt werden, dann müssen sie als elektrische Größen verfügbar sein. Man bezeichnet eine elektrische Größe als „analoges Signal", wenn sie in einem funktionalen, möglichst linearen Zusammenhang mit einer anderen physikalischen Größe steht. Üblich und einfach weiter zu verarbeiten sind die analogen Größen Spannung, Strom und Frequenz. Sie werden deswegen meist als analoge Signale verwendet.

Ein einfaches Beispiel (Bild 4.1) kann dies erläutern. Als Potentiometer werden veränderliche Widerstände bezeichnet, bei denen der Widerstandsabgriff mit einem Schleifer geschieht. Beim Drehpotentiometer ist die Schleiferstellung x proportional zu einem Winkel φ, beim Linearpotentiometer zu einem Weg s. $x = \varphi$ bzw. $x = s$ ist die physikalische Eingangsgröße des Potentiometers, die Ausgangsspannung $U_x = x \cdot U_o$ hängt damit linear zusammen, sie ist ein analoges Signal zu x, also zu einem mechanischen Winkel oder Weg. Diese analoge Spannung U_x bildet statisch oder in jedem Augenblick die physikalische Größe Winkel bzw. Weg ab.

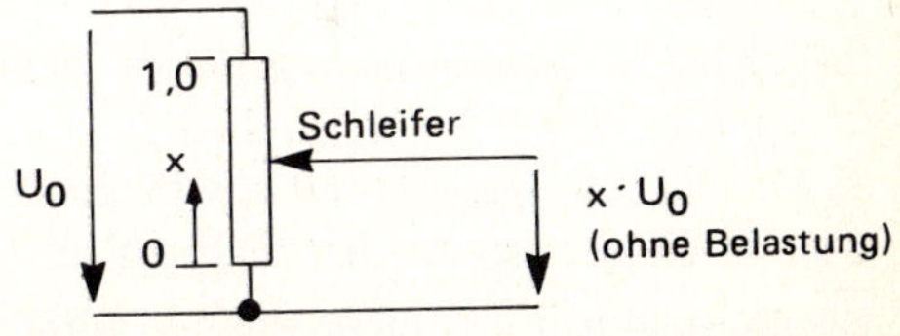

Bild 4.1
Analoge Ausgangsspannung an einem Potentiometer.

Das Potentiometer ist also ein physikalisch-elektrischer Umsetzer zwischen Winkel/Weg und analoger elektrischer Spannung: Wir haben einen Winkel- bzw. Weg-Aufnehmer (Sensor) vor uns. Die meisten Sensoren für physikalische Größen liefern analoge Signale. Wir werden also vom Begriff des analogen Signals direkt in die Meßtechnik und deren Struktur geführt.

4.1.2 Die Meßkette

Die Meßkette als Struktur zur Aufbereitung von analogen Signalen in der Meßtechnik ist uns schon in Abschnitt 1.5 begegnet. Wir wollen sie hier noch einmal aufgreifen und uns näher betrachten. Bild 4.2 soll uns dabei behilflich sein.

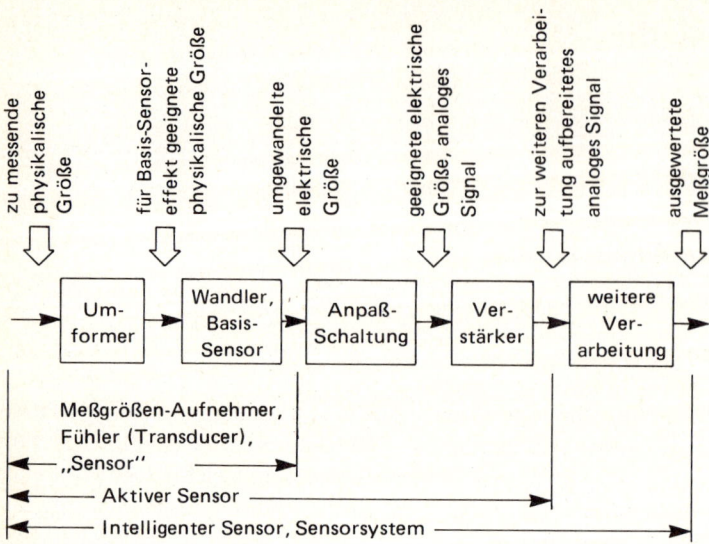

Bild 4.2 Struktur der Meßkette.

Zu messen ist stets eine physikalische Größe, erwünscht ist ein elektrisches Ausgangssignal. Die eigentliche Umsetzung zwischen physikalischer und elektrischer Größe erfolgt mit einem Basis- oder Elementar-Sensor. Bei diesem wird ein entsprechender physikalischer Effekt zwischen der Eingangsgröße und der elektrischen Ausgangsgröße benutzt. Nun trifft es keineswegs immer zu, daß die zu messende Größe in direktem Eingriff mit dem Basis-Sensor steht; oftmals ist die Umformung der zu messenden Größe in eine solche nötig, für die ein geeigneter Basis-Sensor verfügbar ist. Die Zusammenfassung der Umformungen: Zu messende Größe → für einen Basis-Sensor geeignete Größe, wird dann meist als „Sensor" im weiteren Sinne, als Meßgrößenaufnehmer, bezeichnet.

Dieser Meßgrößenaufnehmer liefert nicht in allen Fällen ein geeignetes elektrisches Signal (Spannung, Strom oder Frequenz). Somit ist häufig noch eine weitere Umformung der elektrischen Ausgangsgröße des Elementarsensors in ein geeignetes analoges Signal nötig. Dies wird von einer Anpaßschaltung geleistet.

Ein Beispiel soll uns diese Vielfalt nötiger Umformungen näher bringen: ein Drucksensor. Die mechanische Größe Druck wirkt zunächst einmal auf eine Membran. Diese ist geeignet, das Druckmedium gegenüber der elektrischen Auswertung abzuhalten. Zudem setzt die Membran die Eingangsgröße Druck in einen Weg um. Der druckproportionale Federweg der Membran ist nun z.B. einfach mit einem Linearpotentiometer in die elektrische Größe „Widerstand" umsetzbar. Das Potentiometer wirkt somit als Basis-Sensor. Ein Widerstand ist jedoch keine direkt zur Auswertung geeignete elektrische Größe. Erst über das Ohmgesetz läßt sich eine elektrische Spannung (oder ein Strom) gewinnen. Die Schaltung nach Bild 4.1 ist also eine Anpaßschaltung, welche die elektrische Größe Widerstand in das analoge Signal x · U_o überführt.

Da die Signale meist klein sind, folgt auf die Anpaßschaltung normalerweise ein Verstärker. Die Meßkette vom Umformer bis einschließlich Verstärker wird oft als Aktiver Sensor bezeichnet. Ein Intelligenter Sensor oder gar ein Sensor-System entsteht dann, wenn auch noch die Umsetzung des analogen Signals in binäre Worte und die Aufbereitung/Verarbeitung der Meßgröße durch Prozessor bzw. Rechner mit einbezogen wird.

Das Gebiet der Sensorik ist sehr in Bewegung geraten. Neben die Standardaufnehmer für mechanische Größen treten heute immer mehr die Halbleitersensoren. Sie werden als integrierte Einheiten hergestellt und können deswegen leicht weitere Bausteine der Meßkette enthalten. Zusammen mit Verstärkern (und Einrichtungen zum Stabilisieren bzw. Kompensieren unerwünschter Einflüsse) ergeben sich dann aktive Sensoren oder auch ganze Sensorsysteme.

Bei den Halbleitersensoren werden oft Effekte benutzt, welche in der sonstigen Elektronik störend wirken und als „Dreck-Effekte" gefürchtet sind. Typisches Beispiel ist die Temperaturspannung am PN-Übergang in dotiertem Halbleitermaterial. Alle Analogschaltungen mit Transistoren und Dioden müssen sorgfältig ausgelegt werden, um diesen Einfluß so weit wie möglich auszuschalten. Da die Temperaturspannung streng proportional zur absoluten Temperatur verläuft, lassen sich mit ihr jedoch sehr lineare Temperatur-Halbleitersensoren aufbauen — hier ist der sonst störende Effekt brauchbar.

Im Anhang A7 sind die herkömmlichen Sensoren kurz beschrieben und in einer Tabelle zusammengefaßt.

4.1.3 Digital-Analog-Umsetzer

Soll ein analoges Signal (ggf. nach Verstärkung) einem Mikroprozessor angeboten werden, dann ist es zunächst einmal in ein digitales Signal umzuwandeln. Dazu brauchen wir einen Analog-Digital-Umsetzer. Vom Verständnis her ist es jedoch günstiger, mit dem „entgegengesetzten" Baustein, dem Digital-Analog-Umsetzer, kurz DAU (oder englisch Digital-to-Analog-Converter DAC) zu beginnen.

Bild 4.3 zeigt eine Blockdarstellung für den DAU. Am Eingang steht ein binäres Datenwort (meist parallel), am Ausgang ist eine analoge Spannung U_a verfügbar. Sie hängt mit dem Binärwort und einer Referenzspannung U_{ref} zusammen nach $U_a = U_{ref} \times$ [Wert des Binärworts]. Diese Referenzspannung ist also eine Art Skalenfaktor, und gewöhnlich wird der Code für das Binärwort so gewählt, daß dessen Wert im Bereich $\leqslant 1$ bleibt.

Unser Blockbild zeigt getrennte Masse-Anschlüsse für die Analog- bzw. für die Digitalseite, was aber nicht bei allen DAU-Bausteinen durchgeführt ist. Außerdem kann ein DAU noch Steueranschlüsse aufweisen; er muß solche haben, wenn er mit einem Mikroprozessor zusammenarbeiten soll. Die benötigten Steuersignale sind uns nicht unbekannt.

Im einfachsten Falle wird es sich um ein Busy-Signal handeln (vgl. Abschnitt 3.3, Bild 3.7). Soll der DAU direkt mit einem Prozessor verkehren und sein Eingangswort über den Bus

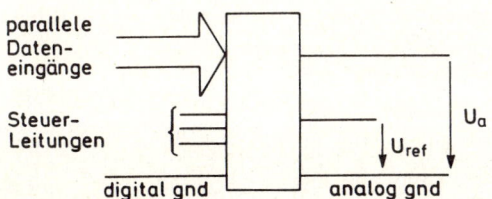

Bild 4.3

Blockbild für einen Digital-Analog-Umsetzer DAU.

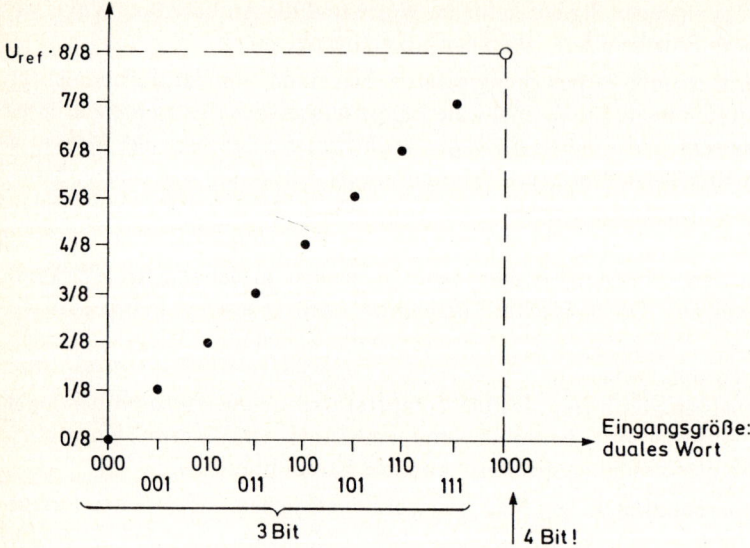

Bild 4.4 Kennlinie eines Digital-Analog-Umsetzers für 3 Bit Dualcode.

bekommen können, dann werden mehrere Steuerleitungen nötig. So ist etwa die Anwahl des DAU über ein Chip-Select-Signal möglich, oder es kann der DAU über Read/Write ähnlich wie ein Speicher angesprochen werden. Es gibt eine ganze Reihe von prozessorkompatiblen Digital-Analog-Umsetzern; die Steuerung dieser Bausteine ist unterschiedlich organisiert.

In manchen Fällen ist der DAU so ausgelegt, daß die oben angegebene Formel U_{ref} × [bin. Wort] zum Multiplizieren verwendet wird. Es läßt sich dann digital der Betrag einer Analogspannung (auch der Amplitude einer Wechselspannung, wenn die Frequenz nicht sehr hoch liegt) einstellen. Das entspricht einem digital, z.B. auch vom Prozessor, einstellbaren Potentiometer und wird in der Fachliteratur als „multiplizierender DAU" geführt.

Die Kennlinie eines DAU ist in Bild 4.4 dargestellt, und zwar für den Fall eines 3-Bit-Eingangs mit rein dualem Code. Diese Kenn-„Linie" besteht nur aus $2^3 = 8$ diskreten Punkten, denn für jedes der acht möglichen Eingangsworte gibt es genau *eine* analoge Ausgangsspannung – Zwischenwerte am Ausgang kommen nicht vor. Außerdem ist zu sehen, daß die maximale Ausgangsspannung nicht die Höhe der Referenzspannung erreichen kann, weil sonst ein um 1 Bit breiteres Eingangswort nötig wäre. Da mit dem Nullwort 000 die Analogspannung 0 erfaßt ist, bleiben nur noch sieben Eingangsworte übrig, die eben bis $(7/8) \cdot U_{ref}$ ausreichen.

Bei all diesen Umsetzern bleibt die Maximalspannung um *eine* Einheit der letzten Binärstelle, um ein LSB (Least Significant Bit) unter der Referenzspannung.

Um den in der Umsetzung zwischen Digital und Analog wichtigen Begriff des Bewertungsnetzwerkes zu veranschaulichen, wollen wir uns noch ein Prinzipschaltbild für unseren 3 Bit (rein dual) breiten Umsetzer in Bild 4.5 ansehen. Wie leicht zu sehen, treibt die Referenzspannung U_{ref} Ströme durch die Widerstände, die mit $I_1 = U_{ref}/2R$, $I_2 = U_{ref}/4R$

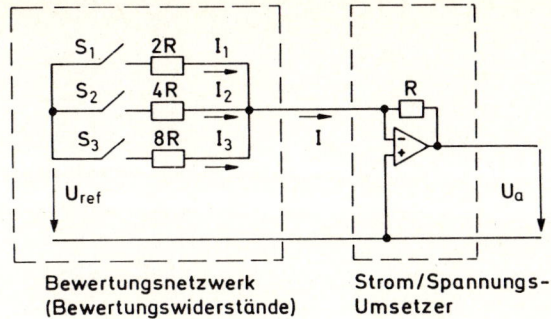

Bild 4.5
Einfaches Bewertungsnetzwerk
eines 3-Bit-Dual-DAU.

Bewertungsnetzwerk
(Bewertungswiderstände)

Strom/Spannungs-
Umsetzer

usw. gegeben sind. Die Schalter S_1 bis S_3 bestimmen, welche Ströme fließen können. Diese Schalter sind das Abbild des binären Eingangswortes, wenn man bedenkt, daß sie mit $S \mathrel{\widehat{=}} 1$ nur geschlossen oder mit $S \mathrel{\widehat{=}} 0$ nur geöffnet sein können.

Für die Stromsumme gilt einfach

$$\sum I = \frac{U_{ref}}{R}\left[S_1 \cdot \frac{1}{2} + S_2 \cdot \frac{1}{4} + S_3 \cdot \frac{1}{8}\right].$$

Der nachfolgende Strom/Spannungsumsetzer mit einem Operationsverstärker (vgl. Anhang A5) bildet aus der Stromsumme dann die Ausgangsspannung: $U_a = \Sigma I \cdot R$.

Eine Anordnung von Widerständen wie diejenige von Bild 4.5 heißt Bewertungsnetzwerk (Bewertungswiderstände), weil mit ihnen binäre Stellen mit einem analogen Strom verknüpft sind, die dem Stellenwert des binären Codes entsprechen. Es versteht sich damit von selbst, daß der Binärcode bewertbar sein muß, daß also den einzelnen Binärstellen immer dieselben Anteile (z.B. Zweierpotenzen) zugeordnet sind.

Die DAU sind entweder rein dual codiert, oder sie benutzen BCD-Zuordnungen, bei denen immer je 4 Bit eine Dezimalstelle umfassen. Bei drei Dezimalstellen sind dann Widerstände von der Größe 2R bis 16R für die höchstwertige Dekade, solche von 200R bis 1600R für die niedrigstwertige Dekade nötig. Das ergibt Schwierigkeiten, weil man Widerstände nicht beliebig genau herstellen kann. Ist der Widerstand 2R auf 1% genau, dann entspricht die Abweichung des Stromes durch ihn bereits dem Strom, der durch den Widerstand 200R fließt.

Um dies zu umgehen, werden bei DAU meist andere Formen von Bewertungsnetzwerken verwendet, so etwa für die rein duale Codierung ein Netzwerk, das nur noch die Widerstandswerte R und 2R enthält (R-2R-Netzwerk), gleichgültig, wie viele Dekaden Auflösung der DAU haben soll.

4.1.4 Analog-Digital-Umsetzer

Analog-Digital-Umsetzer ADU (Analog-to-Digital Converter ADC) haben im Prinzip dasselbe Blockbild wie ein Digital-Analog-Umsetzer DAU, nur sind Eingang und Ausgang vertauscht, wie dies Bild 4.6 zeigt. Über die Möglichkeit der Steuerung vom Prozessor oder der Zusammenarbeit mit anderen Geräten sowie über analoge und digitale Masse-

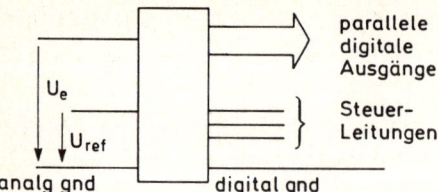

Bild 4.6

Blockbild für einen Analog-Digital-Umsetzer ADU.

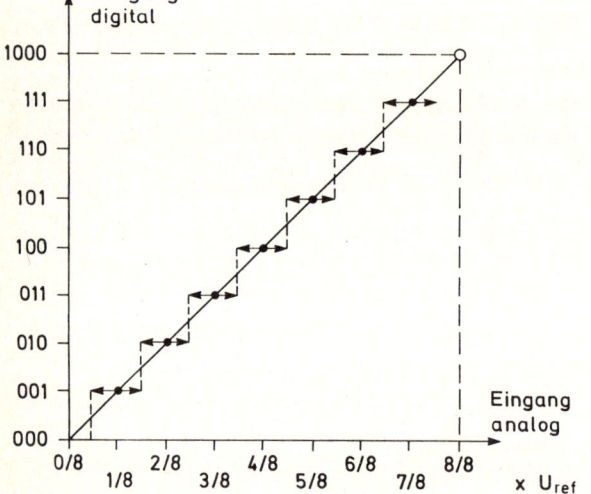

Bild 4.7

Kennlinie eines Analog-Digital-Umsetzers für 3 Bit Dualcode.

Anschlüsse gilt dasselbe, was schon beim DAU vermerkt worden ist. Ergänzend läßt sich sagen, daß der Code für das Ausgangswort völlig frei wählbar ist und nicht bewertbar sein muß.

Interessanter wird der ADU, wenn wir mit Bild 4.7 seine Kennlinie betrachten. Sie zeigt treppenförmigen Verlauf und weist uns auf ein typisches Problem aller ADU hin: Die digitalen Ausgangsworte gehören zu einem ganzen Bereich der Eingangsspannung U_e. Sinnvollerweise wird man den Wechsel von Ausgangswort zu Ausgangswort so legen, daß er in der Mitte der analogen Stufen erfolgt, wie es auch in Bild 4.7 eingetragen ist. Trotzdem kann der Umschlag von Ausgangswort zu Ausgangswort verschoben werden, ohne daß der ADU „falsch" arbeitet: Die Breite dieser Verschiebemöglichkeit ist in Bild 4.7 durch kleine Pfeile angedeutet.

Aus diesem Grunde müssen wir auch in der Umsetzergleichung vorsichtig sein und folgendes schreiben: $U_{ref} \times$ [Wert des Binärworts] $= U_e \pm \frac{1}{2} \cdot$ LSB. Dabei ist diesmal LSB (Least Significant Bit) analog gemeint und gibt die Hälfte der Stufung an, in welche der Umsetzbereich U_{ref} durch die Anzahl der Bits im Ausgangswort geteilt wird.

Diese eigentümliche, prinzipielle Unsicherheit eines ADU wird als Quantisierungsfehler bezeichnet. Er beträgt immer $\frac{1}{2} \cdot$ LSB und ist kein Fehler im üblichen meßtechnischen Sinne. Wenn nun schon der Begriff Fehler aufgeworfen ist, sollten wir ein weiteres Kennzeichen von ADU und (DAU) nennen. Die Treppen in Bild 4.7 müssen immer aufwärts

führen. Die Stufenbreite kann unterschiedlich sein, das ist der Einfluß des Quantisierungs-
fehlers. Aber es darf keine Stufe nach unten gehen, die Stufen müssen monoton steigen.
Die Monotonie (monotonicity) muß gewahrt sein.

Normalerweise lassen sich ADU (und DAU) an zwei Punkten der Kennlinie abgleichen.
Der eine Abgleich erfolgt beim Nullpunkt für das Ausgangswort 000 beim ADU bzw.
für die Ausgangsspannung 0 beim DAU. Man spricht vom Nullpunktabgleich oder Offset-
Abgleich. Ist dieser nicht gelungen, dann entsteht ein Nullpunktfehler (offset error). In
gleicher Weise wird am Ende des Bereichs der Höchstwert abgeglichen, will man einen
Skalenfaktor-Fehler (engl. als gain error bezeichnet) vermeiden.

Es gibt verschiedene Verfahren, mit denen analoge in digitale Signale überführt werden
können. Wir wollen versuchen, die hauptsächlichsten Prinzipien herauszuschälen. Ein
erstes Verfahren benutzt einen DAU (Digital-Analog-Umsetzer) in einer Rückführungsschleife, wie dies in Bild 4.8 dargestellt ist. Wir wollen zunächst einmal das Blockbild von
Bild 4.8a durchgehen. Ein Zähler bekommt Taktimpulse, die über ein Tor (eine UND-
Schaltung) abgeschaltet werden können. Das aktuelle Zählergebnis liegt als binäres Wort
am Zählerausgang vor und wird von einem DAU in ein analoges Signal umgesetzt. Ein

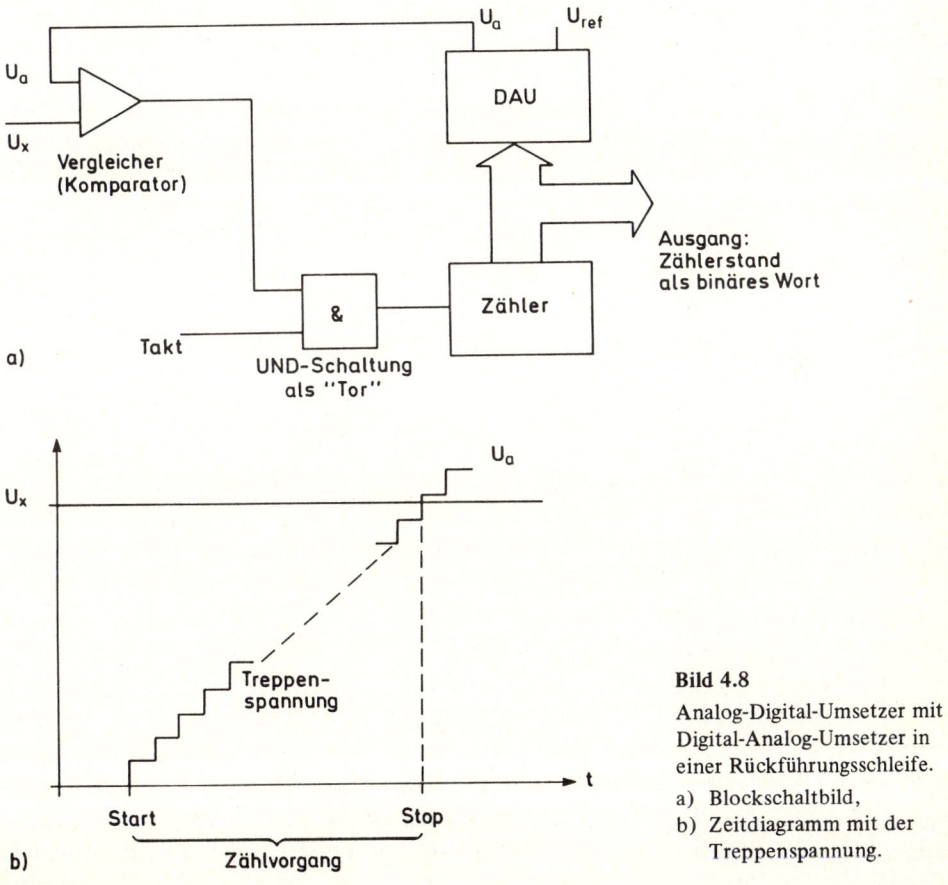

Bild 4.8

Analog-Digital-Umsetzer mit
Digital-Analog-Umsetzer in
einer Rückführungsschleife.

a) Blockschaltbild,
b) Zeitdiagramm mit der
   Treppenspannung.

Vergleicher überwacht, ob die Ausgangsspannung U_a des DAU noch kleiner ist als die um-
zusetzende analoge Spannung U_x. Sobald $U_a = U_x$ geworden ist, liefert der Vergleicher,
auch Komparator genannt, ein Signal, mit dem der Zählvorgang gestoppt wird. Dann entspricht der Zählerstand und somit das Ausgangswort des Zählers genau der Spannung U_x.

Das wird noch deutlicher im Zeitdiagramm von Bild 4.8b. Der Zähler wird vom Zählerstand 000 aus gestartet. Mit jedem Taktimpuls steigt die Ausgangsspannung U_a um eine
Treppenstufe, um 1 LSB (analog), hoch, bis der Zählvorgang bei $U_a = U_x$ gestoppt wird.
Wegen der treppenförmigen Spannung U_a heißt diese Art ADU auch oft Treppenspan-
nungs-Umsetzer.

Dessen Eigenschaften lassen sich leicht ableiten: Der Umsetzer hängt von der Zähl-
geschwindigkeit ab. Je rascher gezählt wird, um so rascher verläuft der Umsetzvorgang,
um so kleiner ist die Umsetzzeit (conversion time). Letztere hängt aber auch noch davon
ab, wie weit der Zähler zählen muß – also von der Spannung U_x. Solche Umsetzer sind
also nicht sehr rasch. Zudem spricht der Komparator genau bei $U_a \geqslant U_x$ an: Wenn auf U_x
eine Störspannung (z.B. ein „Brumm" aus dem Netz) liegt, dann wird eben der augenblick-
liche Wert von U_x umgesetzt, samt der Störspannung (Momentanwert-Umsetzer).

Gegen die vom Zählvorgang abhängige Umsetzzeit kann man etwas tun, wenn das Wägeverfahren (die sog. sukzessive Approximation, successive approximation) als Umsetz-
Strategie verwendet wird. Dabei läuft die Spannung U_a des DAU nicht als Treppe hoch,
sondern es wird mit dem größten Schritt des binären (meist hierbei dualen) Code, mit
dem höchstwertigen Bit MSB (Most Significant Bit) begonnen, wie es in Bild 4.9 skizziert
ist. Für $U_a < U_x$ bleibt dieses Bit eingeschaltet, für $U_a > U_x$ hingegen wird es wieder weg-
genommen. Dann folgt das nächste Bit (Next Significant Bit NSB). Bei diesem Verfahren
sind also bei n Bit Umsetzerbreite nicht höchstens 2^n Takte, sondern allenfalls n Takte
zur Umsetzung nötig.

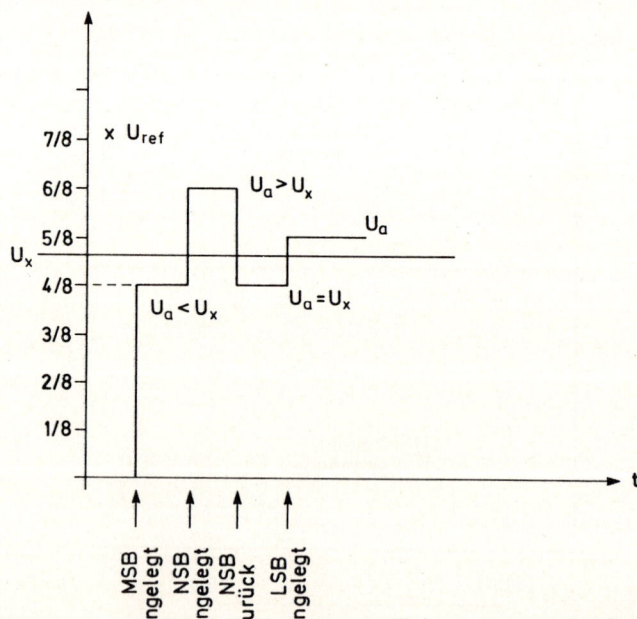

Bild 4.9

Zeitablauf für das Wägeverfahren
(Sukzessive Approximation).

Beim Nachführverfahren (tracking) wird der erste Umsetzvorgang nach dem Treppenverfahren abgewickelt. Ändert sich nunmehr die Spannung U_x, dann wird für $U_x > U_a$ weiter vorwärts gezählt, für $U_x < U_a$ hingegen wird rückwärts gezählt. Zähler sind ja umschaltbar, wie wir wissen. Diese „Verfolgungsstrategie" ist ebenfalls rascher als das reine Treppenspannungsverfahren. Bei allen Varianten wird aber der Momentanwert von U_x erfaßt.

Anders beim integrierenden Dual-Slope-Verfahren, dem Zweiflanken-Umsetzer. Bei ihm wird während einer genau festgelegten Zeit t_i die Spannung U_x integriert, also ein Kondensator aufgeladen. Danach wird derselbe Kondensator mit einer Referenzspannung entladen und festgestellt, wie groß die Zeit t_u für diese Integration mit anderem Vorzeichen ist. Von diesen beiden Integrations- oder Ladevorgängen stammt der Ausdruck Zweiflanken- oder Dual-Slope-Umsetzer.

Bei ihm wird der Mittelwert der Spannung U_x während der Zeit t_i umgesetzt in eine Zeit $t_u \sim U_x$. Diese Zeit t_u wird dann mit einer genauen und bekannten Frequenz f_N ausgezählt, wie es in Bild 4.10 dargestellt ist. Wenn während einer Zeit t_u Impulse der Frequenz f_N über ein Tor auf einen Zähler laufen, dann ist der Zählerstand $Z = t_u \cdot f_N$. Dies ist ein allgemein gebräuchliches Verfahren zum digitalen Messen von Zeiten; für unseren ADU folgt mit $Z = t_u \cdot f_N \sim U_x$, daß die Spannung U_x auch hier in einen Zählerstand und somit in ein binäres Wort umgewandelt wurde.

Wird die Integrationszeit t_i so gewählt, daß sie einer (oder mehrerer) Perioden von Störspannungen, z.B. von Netz-„Brumm", entspricht, dann wird diese Störspannung eliminiert. Denn das Integral über eine Periode eines Sinusvorgangs ist Null. Der Dual-Slope-Umsetzer ist zwar auch nicht sehr rasch (das hängt von der Zählfrequenz f_N ab), dafür kann man ihn störsicher auslegen. Er ist ein Mittelwert- und kein Momentanwert-Umsetzer.

Für sehr rasche Umsetzer eignet sich das in Bild 4.11 gezeigte Verfahren mit n Komparatoren. Die Referenzspannung U_{ref} wird mit n Widerständen R geteilt in lauter gleiche Anteile U_{ref}/n. Übersteigt U_x die Spannung $k \cdot U_{ref}/n$, dann spricht der zugehörige Komparator an und signalisiert dadurch die Höhe der Spannung U_x in der Stufung U_{ref}/n. Eine nachfolgende Logik muß noch dafür sorgen, daß der gewünschte binäre Ausgangscode entsteht.

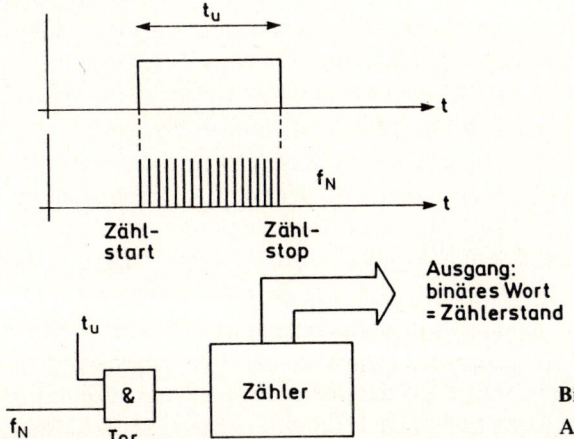

Bild 4.10
Auszählen einer Zeit mit Zählimpulsen.

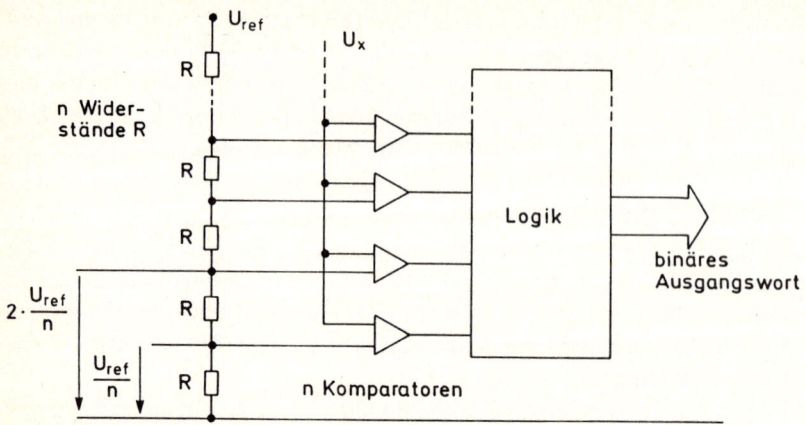

Bild 4.11 Rascher Analog-Digital-Umsetzer mit Komparatoren.

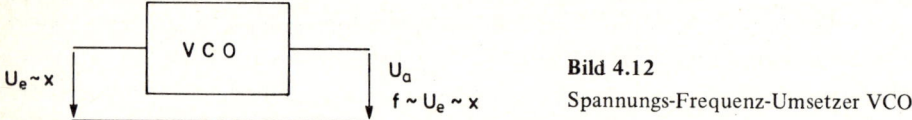

Bild 4.12

Spannungs-Frequenz-Umsetzer VCO.

4.1.5 Frequenz-Umsetzer und Frequenz-Analogie

Schon bei der Besprechung der Meßkette (Abschnitt 4.1.2) hatten wir erwähnt, daß nicht nur Spannung und Strom, sondern auch Frequenz eine gut verarbeitbare elektrische Größe ist. Frequenzen lassen sich sehr gut über Leitungen oder per Funk übertragen, die Übertragung ist sehr störsicher, wie jeder vom frequenzmodulierten UKW-Rundfunk her weiß.

Es gibt verschiedene Schaltungen, mit denen eine Eingangsspannung U_e in eine Ausgangs-spannung U_a umgesetzt wird, deren Frequenz f der Eingangsspannung entspricht. Solche Bausteine heißen Spannungs-Frequenz-Umsetzer, spannungsgesteuerte Oszillatoren oder auch VCO (Voltage Controlled Oscillator) und können wie in Bild 4.12 dargestellt werden.

Das Ausgangssignal ist eine Impulsfolge (wie ein Taktsignal), selten eine sinusförmige Spannung. Mit einem Zähler ist die Frequenz nach dem in Bild 4.10 gezeigten Verfahren jederzeit sehr einfach in ein Binärwort umzuformen. Mit einem Frequenz-Spannungs-Umsetzer kann aber auch wieder eine analoge Spannung gewonnen werden. Die Frequenz als analoges Signal steht sozusagen „zwischen analog und digital": Leicht digitalisierbar und doch eine analoge Größe.

Für die Zuordnung zwischen Eingangsspannung U_e bzw. einer durch sie analog dargestellten Meßgröße x und der Ausgangsfrequenz haben sich zwei Möglichkeiten eingebürgert. So kann nach Bild 4.13a einer positiven Spannung U_e (oder einer sonstigen Größe x) eine Fre-quenz proportional zugeordnet werden. Dann sind negative Eingangsgrößen ausgeschlossen.

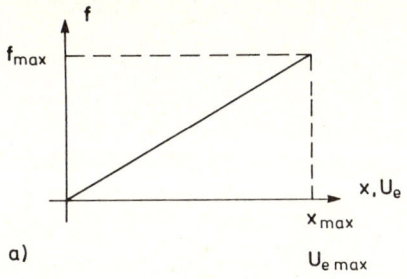

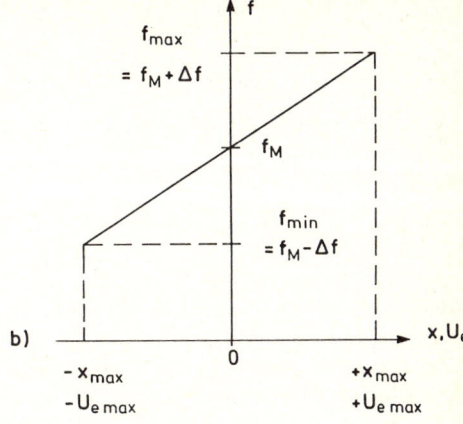

Bild 4.13 Möglichkeiten der frequenz-analogen Darstellung.

Sollen negative Eingangsgrößen umgesetzt werden, ordnet man deren Wert 0 eine sog. Mittenfrequenz f_M zu. Der Bereich $\pm U_{e\,max}$ bzw. $\pm x_{max}$ wird dann auf einen Frequenzbereich $f_M \pm \Delta f$ abgebildet. Für meßtechnische Anwendungen sind die Mittenfrequenzen und der zugehörige Frequenzhub Δf standardisiert (IRIG-Norm, Inter̲range I̲nstrumentation G̲roup).

4.2 Einrichtungen zur Dateneingabe

4.2.1 Schalter und Initiatoren

An vielen Stellen dieses Buches war die Rede davon, daß Daten — also binäre Zeichen — in Elemente der Mikroelektronik eingegeben werden: Nullen und Einsen in Register oder Gatter (UND-Verknüpfungen u.ä.), Vorwahlstellungen für Zähler, Eingaben für Mikroprozessoren. Daß Gatter, Register und Zähler Eingänge besitzen, ist uns bekannt. Mikroprozessoren haben ebenfalls Eingänge, und zwar in Form von Steuerleitungen zur Eingabe von 1 Bit breiten (Einzel-)Signalen, oder in Form von Ports zur Eingabe paralleler Binärworte. Verfügt ein Mikroprozessor nicht über solche Ports, kann er über den Bus mit Portbausteinen zusammenarbeiten (s. Abschnitt 4.4).

Die einfachst denkbare und vermutlich ideale Eingabe binärer Zeichen ist der mechanische Kontakt, der Schalter bzw. die Drucktaste. Leider hat der mechanische Kontakt verschiedene Schwierigkeiten, wenn er mit der Elektronik (und nicht mit der Elektrik) zusammenarbeiten soll.

Zunächst ist der einfachste Schalterkontakt ein Schließer mit den Stellungen Aus/Ein. Bei Elektronik muß aber normalerweise für das Binärzeichen 0 die Spannung 0 V, meist das Masse-Potential, niederohmig angelegt werden, für die binäre 1 jedoch ist eine Spannung (z.B. 5 V) anzuschalten. Mithin ist ein Umschalter nötig. Da Elektronik sehr rasch ist, wird sie ggf. auf die undefinierte Situation ansprechen, wenn der Umschaltkontakt sich gerade zwischen beiden Schaltstellungen befindet. Zwar dauert dieser Übergang nur Millisekunden, aber das ist viel Zeit für die Elektronik.

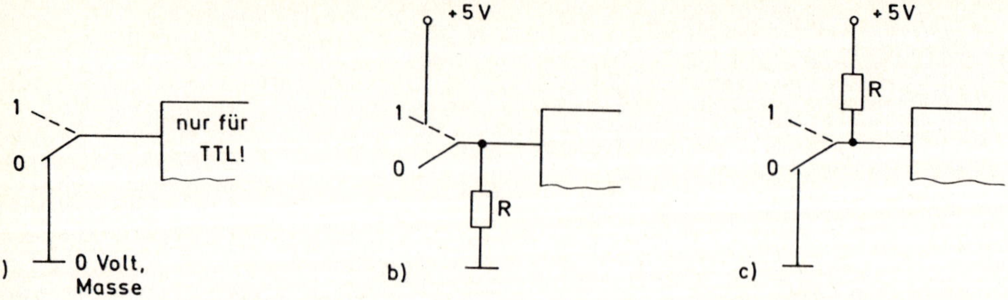

Bild 4.14 Einpolige Schalter zur binären Eingabe.
a) Schaltung für die TTL-Schaltkreisfamilie, offener Kontakt wird sicher als 1 erkannt.
b) Pull-down-Widerstand, nur die 1 wird geschaltet (geschlossener Kontakt für binäre 1).
c) Pull-up-Widerstand, nur die 0 wird geschaltet (geschlossener Kontakt für binäre 0).

Wir müssen uns mit einfachen Schließern begnügen, und dazu gibt es die in Bild 4.14 skizzierten Möglichkeiten. Für elektronische Elemente der TTL-Reihe (Transistor-Transistor-Logik) wird ein offener Eingang immer und sicher als binäre 1 erkannt. Also genügt es, nach Bild 4.14a für die binäre 0 den betreffenden Anschluß mit einem Schließerkontakt auf 0 V (Masse) zu legen.

Andere Technologien, z.B. die MOS-Schaltkreise, Metal Oxide Semiconductor Circuits, verlangen mehr Aufwand. Hier kann nach Bild 4.14b ein Pull-down-Widerstand den Eingang hinreichend fest an 0-Spannung binden, während für die binäre 1 die +Spannung direkt geschaltet wird. Bild 4.14c zeigt die andere Möglichkeit, den uns schon bekannten Pull-up-Widerstand. Der Eingang wird vom Schalter direkt an 0 gelegt, im Zustand des geöffneten Kontakts zieht der Pull-up-Widerstand den Eingang auf die positive Spannung für die binäre 1. Bei beiden Schaltungen haben wir zu beachten: Bei geschlossenem Schalterkontakt liegt beide Male der Widerstand an der Versorgungsspannung, zieht Strom und verbraucht somit Leistung. Bei batteriebetriebener Elektronik kann ein solcher Stromverbrauch höher sein als derjenige der Elektronik selbst! Und schließlich müssen wir feststellen, daß es wegen Bild 4.14b und Bild 4.14c offenbar zwei Schaltertypen gibt, solche mit geschlossenem Kontakt für die binäre 1 bzw. für die binäre 0.

Mechanische Kontakte haben noch eine weitere unangenehme Eigenschaft: Sie prellen. Die eigentliche Kontaktzunge wird ja meistens über eine Schnappfeder-Anordnung betätigt, um einen sog. „Momentkontakt" zu erreichen. Gerade deswegen jedoch kann die Zunge prellen, zwar nur für Millisekunden, damit aber lange genug für die Mikroelektronik, um zu reagieren.

Kontaktprellungen lassen sich per Hardware oder per Software, also per Programm, überlisten. Es gibt in der Elektronik Kippschaltungen (das sog. Monoflop), welche auf eine erstmalige Ansteuerung (z.B. Kontaktgabe) reagieren und einen Impuls definierter Dauer abgeben. Während dieser Impulsabgabe ist der Eingang blockiert. Etwas länger eingestellt als die zu befürchtende Prellzeit, unterdrücken solche Schaltungen das Prellen. Dieselbe Wirkung wird erreicht, wenn ein Mikroprozessor zwar auf die erstmalige Kontaktgabe anspricht, dann aber in einer sog. Zeitschleife abwartet bis das Prellen vorüber ist

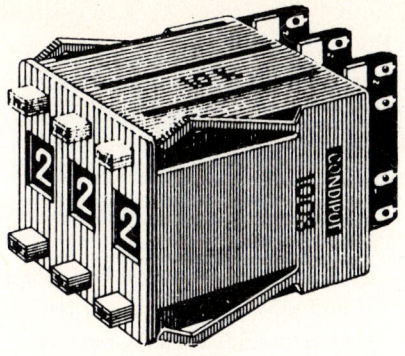

Bild 4.15

Dreistelliger „Daumenradschalter", komfortable
Ausführung mit Fortschalttasten.
(CONTELEC Datenblatt 1982)

(ca. 10...12 ms) und erst danach die eingetretene Schalterstellung als gültig betrachtet.
(Schade eben, daß mechanische Schalter kein „Data Valid"-Signal abgeben.)

Es liegt auf der Hand, bei dieser Situation nach Schaltern zu suchen, die möglichst prell-
frei sind, somit aber nicht mehr mechanisch funktionieren. Hier gibt es viele Möglichkeiten und Verfahren, die als Initiatoren bekannt und überwiegend in der Steuerungstechnik
eingesetzt sind. In vielen Fällen wird die Prellfreiheit auch bei ihnen mit der vorhin erwähnten Kippstufe, dem Monoflop, erreicht.

Alle diese Initiatoren reagieren auf Annäherung, sei es die Annäherung von Gegenstücken
aller Art oder die Annäherung des betätigenden Fingers. An Prinzipien seien nur einige
wenige genannt, wie z.B. foto-elektrische Initiatoren, induktive oder kapazitive (Kapazi-
tätsänderung bei Annäherung bzw. Berühren mit dem Finger) oder Anordnungen, in
welchen der Hall-Effekt ausgenutzt wird.

Eine Gruppe von mechanischen Schaltern sei noch herausgehoben: Die Daumenradschalter (thumb wheel switch) bzw. Codierschalter. Sie haben zehn Stellungen, bezeichnet mit
den zehn dezimalen Zahlzeichen. Die Betätigung erfolgt mit groben Griffrädchen oder
nach Bild 4.15 mit Vorschubtasten. Die Schalter haben vier Kontaktbahnen und geben an
vier Ausgängen eine Kontaktkombination ab, welche binär codiert (BCD, Binary Coded
Decimal) der eingestellten Lage entspricht. Zu Reihen zusammengefaßt, entstehen Ein-
gabemöglichkeiten für mehrstellige dezimale Zahlen. Da diese Schalter relativ selten verändert werden, spielt das Problem des Momentkontakts und des Prellens keine Rolle.

Abschließend noch ein Wort zu Schaltern, welche direkt auf Leiterplatten gelötet werden
können. Hier handelt es sich um Reihenanordnungen von einfachen Kontakten, die mit
dem Rastermaß der elektronischen Bausteine übereinstimmen und als DIL-Schalter
(Dual-In-Linie, Zweier-Reihe von Anschlüssen) sogar in die Stecksockel für die kleineren
integrierten Schaltkreise passen.

4.2.2 Tastaturen

Werden nur wenige Tasten als Kleintastatur angeschlossen, dann kann man wie bei Schaltern verfahren. Die größeren Tastaturen an Mikrorechnern und Prozessoren hingegen
haben den Umfang von Schreibmaschinentastaturen und gehen bis zur Eingabe von 128

Zeichen, z.B. im Rahmen des ASCII-Codes (vgl. Abschnitt 1.4.2, Tabelle 1.2). In solchen Fällen wird wie bei den Speichern zur Ansteuerung in Form einer Matrix vorgegangen.

Die Schalter sind einfache Schließer (geschlossener Kontakt bei gedrückter Taste), welche Verbindung herstellen zwischen den in Bild 4.16 senkrecht untereinander angeordneten Eingangsleitungen A, B, C (scan lines) und den nebeneinander gezeichneten Ausgangsleitungen a, b, c (sense lines). Die Eingangsleitungen bilden die Zeilen einer Matrix, die Ausgangsleitungen sind mit Pull-up-Widerständen auf HIGH gezogen und bilden die Matrixspalten.

Wenn wir uns vorstellen, daß die Eingangsleitungen A, B, C nacheinander auf LOW gelegt werden, dann bleiben alle Ausgangsleitungen (wegen der Pull-up-Widerstände) auf HIGH, wenn keine Taste gedrückt ist, also alle Schalterkontakte offen sind. Ist aber eine Taste gedrückt worden und z.B. der Kontakt 11 geschlossen, dann wird beim Abtasten der Eingangsleitung B ein LOW-Zustand auf der Ausgangsleitung b festgestellt. Auf diese Weise kann durch laufendes Abtasten der Eingangsleitungen und damit gekoppeltes Abfragen der Ausgangs-Melde-Leitungen jede gedrückte Taste lokalisiert werden.

Prellen läßt sich dadurch unwirksam machen, daß die erste Kontaktgabe registriert wird (z.B. mit einem Flipflop-Speicher, einem internen Flag) und nach der zu erwartenden Prellzeit nachgefragt ob, diese Taste immer noch gedrückt ist. Erst dann wird die festgestellte Kontaktgabe als „Taste gedrückt" anerkannt und z.B. das zugehörige ASCII-Zeichen aus einem Speicher geholt.

Das geschilderte Verfahren ist zwar elegant, hat aber einen entscheidenden Nachteil: Der Rechner oder Prozessor ist laufend damit beschäftigt, die Tastatur abzufragen. Für andere Aufgaben wäre er damit weitgehend blockiert.

Deswegen wird die Überwachung und Abfrage umfangreicher Eingabetastaturen entsprechenden Spezialbausteinen übertragen. Sie erledigen diese Routinearbeit. Sobald ein eingegebenes Zeichen als gültig gedrückte Taste feststeht, bekommt der Rechner eine Alarmmeldung (ein Interrupt-Signal, vgl. die Bemerkungen in Abschnitt 2.5.4 bzw. die Interruptbehandlung per Programm in Abschnitt 5.3), unterbricht seine derzeitige Arbeit und nimmt die Tasteneingabe an. Selbst wenn die Tastatur mit 200 Anschlägen pro Minute betrieben würde, dann bleiben dem Prozessor 0,3 s zwischen jeder Tasteneingabe. Da er einen Befehl in wenigen Mikrosekunden ausführt, kann er in 300 ms viel anderes erledigen.

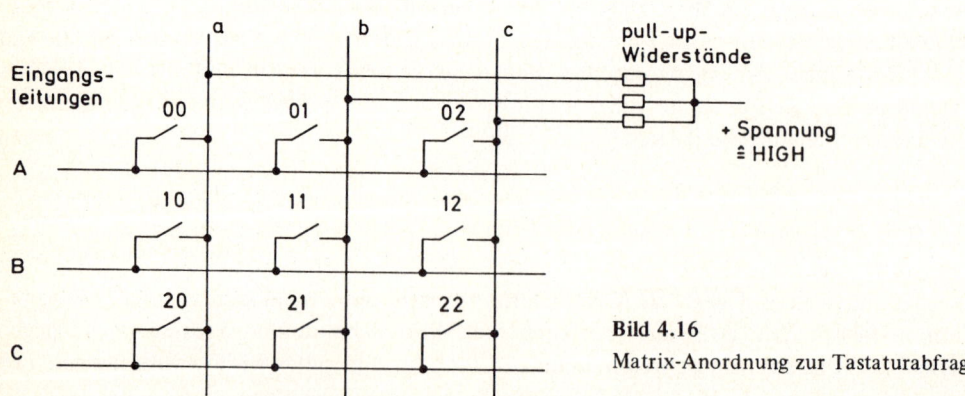

Bild 4.16
Matrix-Anordnung zur Tastaturabfrage.

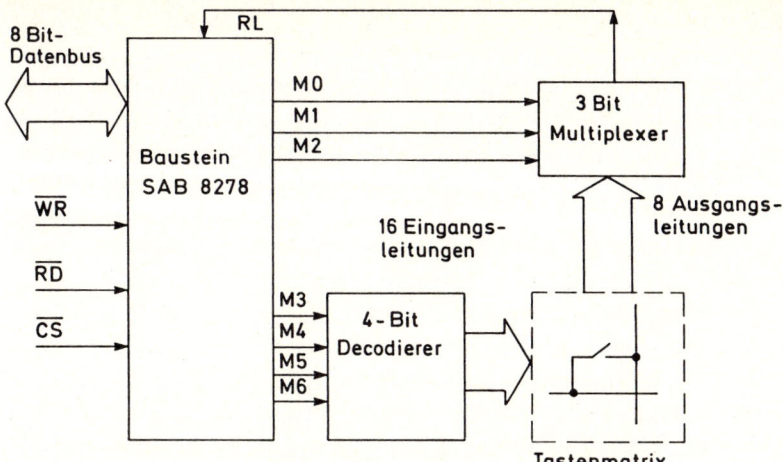

Bild 4.17 Blockbild für einen Peripheriebaustein zur Tastaturabfrage.

Der Prozessor wird auf diese Art und Weise nur zu ca. 1 % mit der Hereinnahme von Tasteneingaben beschäftigt.

In Bild 4.17 ist im Blockbild dargestellt, wie ein Tastaturabfragebaustein wirkt. Angelehnt ist die Darstellung an den zur CPU 8085 kompatiblen Tastatur- und Anzeigebaustein SAB 8278. Die Anzeigesteuerung, die dieser Baustein ebenfalls erledigt, ist weggelassen, ebenso der gesamte Umfang der Steuerleitungen.

Mit dem Prozessor verkehrt der Baustein über den 8 Bit-Bus. Die Signale $\overline{\text{WR}}$ und $\overline{\text{RD}}$ (write, read − jeweils aktiv bei LOW-Signal) bestimmen, ob der Baustein einliest oder ausgibt, selbstverständlich ist auch ein Chip Select ($\overline{\text{CS}}$) zur Anwahl dieses Bausteins vorgesehen. Für die Matrixabfrage sind sieben Leitungen M0...M6 vorgesehen. Mit den drei niederwertigen Bits M0...M2 wird ein 3-Bit-Multiplexer angesteuert, dessen acht Ausgänge die Sense-Leitungen (Ausgangsleitungen) der Tastenmatrix überwachen.

Die Eingangsleitungen der Tastaturmatrix liegen an M3...M6 über einen 4-Bit-Decodierer. Der Baustein kann also 16 Scan-Leitungen (Eingänge) für die Tastatur nacheinander mit LOW-Signal abfragen. Insgesamt können 8 x 16 + 128 Eingabetasten bedient werden.

Wird bei der Matrixabfrage ein LOW-Signal erreicht, was „Taste gedrückt" signalisiert, dann geht dies über die Leitung RL in den Abfragebaustein. Dieser weiß aus der Bit-Konfiguration der Ausgänge M0...M6, welche Taste gedrückt ist, wartet die Prellzeit ab und legt dann die Tastencode in einem Speicher ab, um ihn später dem Rechner übermitteln zu können.

Peripheriebausteine wie der eben (teilweise) geschilderte Abfrage/Anzeige-Baustein sind sehr komplex, entlasten dafür aber den Prozessor ganz erheblich. Der hier erwähnte Baustein z.B. ist außerdem in der Lage, kapazitiv arbeitende Tastenmatrizen anzusteuern und auszuwerten, liefert Fehleranzeige bei mehrfacher Tastenbetätigung u.a.m. Tastaturansteuerungen sind bereits recht aufwendige und komplexe Anordnungen. Das Prinzip der Matrix-Abfrage und das Delegieren an einen gesonderten Peripheriebaustein stellen dafür die Grundprinzipien dar.

4.2.3 Floppy-Disk

Die Diskette oder „Floppy Disk" ist eigentlich ein *Speicher* auf magnetischer Basis. Da sie jedoch sehr häufig benutzt wird, um Programme abzuspeichern, wird sie hier unter dem Kapitel Eingabe besprochen. Denn von der Diskette wird in vielen Fällen ein dort gespeichertes Programm in den Arbeitsspeicher eines Kleinrechners geladen und danach abgearbeitet. Dann liegt also das Programm nicht in einem ROM oder EPROM o.ä., sondern in der Floppy Disk, bis es verwendet wird. Die Diskette ist ein Speicher, den man zwischen den Plattenspeichern und Magnetbändern von großen Rechnern einordnen könnte.

Eine Kunststoffscheibe ist mit einer nicht-orientierten magnetischen Oxydschicht versehen. Diese Scheibe steckt in einer Hülle, aus der sie nicht entnommen werden kann. Um den Zugriff zur eigentlichen Magnetscheibe zu erreichen, enthält die Hülle drei Öffnungen: Eine große, runde Öffnung zur Zentrierung und zum Antrieb, eine kleine runde Öffnung, durch welche das sog. Indexloch abgetastet werden kann, und eine radial angeordnete längliche Öffnung, durch welche der Arm mit dem Magnetkopf greifen kann. In Bild 4.18 ist dies skizziert. Bild 4.19 zeigt ergänzend, wie die Diskette waagerecht auf der Hauptantriebsspindel liegt und von ihr in Rotation versetzt wird; das Indexloch ist ebenfalls sichtbar. Der Schreib/Lese-Kopf greift durch das längliche Fenster in der Plattenhülle und wird seinerseits über eine Spindel von einem Schrittmotor positioniert.

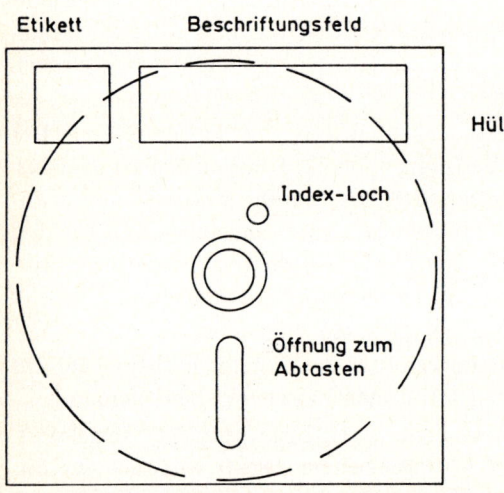

Bild 4.18
Eine Floppy-Disk mit den typischen Öffnungen in der Hülle.

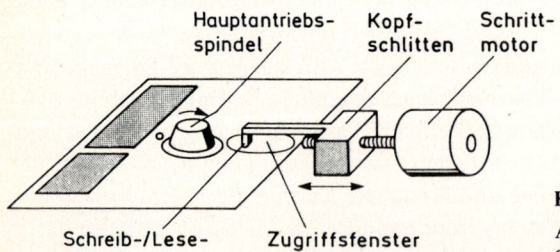

Bild 4.19
Antrieb der Diskette und des Schreib/Lese-Kopfes.

Die Datenaufzeichnung erfolgt üblicherweise zusammen mit einem Takt in der „Wechsel-taktschrift": Ein weiteres Zeichen zwischen zwei Takt-Vorderflanken wird als Eins erkannt; fehlt dieses Zwischenzeichen, so bedeutet das die binäre Null. Der Takt wird zu Synchronisationszwecken benutzt.

Die Diskette wird samt ihrer Hülle in das Laufwerk (floppy disc drive) gesteckt, dann wird die Klappe vor dem Einsteckschlitz geschlossen. Das Laufwerk bringt die Magnet-scheibe auf 360 Umläufe pro Minute, die Drehzahl kann über das Indexloch abgefragt und gesteuert werden. Im Gehäuse mit dem Laufwerk ist auch die Disketten-Steuerung (floppy disc controller) untergebracht. Das Steuerprogramm heißt DOS (Disk Operating System) und ist sehr komplex. Es gibt verschiedene Disketten-Systeme.

Vor allem drei Größen von Disketten sind üblich: Die Normal-Diskette mit $8''$ (20 cm) Durchmesser, die mit Mikrocomputern und Kleinrechnern häufig arbeitende Mini-Floppy mit $5\frac{1}{4}''$ (13 cm), und die Diskette mit $3\frac{1}{2}''$ Durchmesser. Die Werte für Speicherkapazi-tät und Übertragungsgeschwindigkeit finden sich in Tabelle 4.1, und zwar für die einfache Dichte der Belegung und pro Plattenseite. Bei doppelter Belegungsdichte und doppel-seitiger Ausnutzung erhöht sich die Kapazität je um einen Faktor 2, die Übertragungs-geschwindigkeit verdoppelt sich mit der Zeichendichte auf den Plattenspuren.

Tabelle 4.1 Wichtigste Daten für Floppy-Disk (einfache Datendichte, einseitig benutzt)

	Normal-Diskette $8''$/20 cm	Mini-Floppy $5\frac{1}{4}''$/13 cm
Kapazität in kByte	400	110
Übertragungsgeschwindigkeit in kBit/s	250	125

4.2.4 Eingabe vom Band

In der Mikro-Elektronik und bei Mikrocomputern bedeutet „Band" überwiegend das Magnetband von Magnet-Casetten, weniger das Band des Lochstreifens, obwohl es durch-aus noch eingesetzt wird.

Als billiger, wenn auch langsamer Massenspeicher kann die ganz normale Bandcasette von Casettenrecordern eingesetzt werden. Verständlicherweise möchte man die Technologie des Unterhaltungssektors mitverwenden. Das bedeutet, daß höchstens zwei Kanäle zur Verfügung stehen und daß die Aufzeichnung und Übertragung im Tonfrequenzbereich stattfinden muß. Letzteres wird dadurch erreicht, daß den binären Werten 0 und 1 zwei verschiedene Frequenzen zugeordnet sind. Ein Modulator gibt – von den binären Signalen gesteuert – die Frequenzen auf das Band, beim Abspielen generiert ein Demodulator die ursprünglichen Zeichen wieder. Auf der zweiten Spur kann ein Vergleichssignal (z.B. ein Takt) mitgespeichert werden. Man spricht von „Frequenzumtastung", wenn den Werten 0 und 1 zwei verschiedene Frequenzen zugeordnet sind.

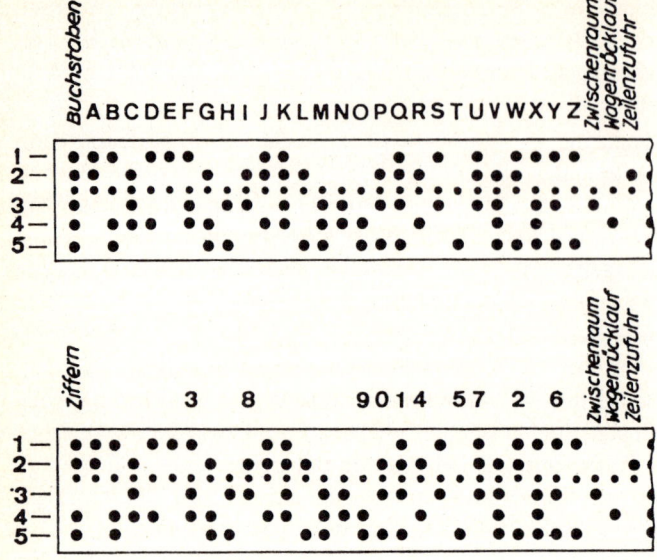

Bild 4.20

Lochstreifencode.

Oben: Interpretation nach dem Zeichen „Buchstaben".

Unten: Interpretation nach dem Zeichen „Ziffern".

(A. Haug, Baustein-Elektronik, Stuttgart 1970)

Lochstreifen aus Folie oder hochwertigem Papier waren in früheren Jahren eine Standardeingabe für Rechner. Im 5-Bit-Code der Fernschreibtechnik sind parallele Löcher in den Lochstreifen gestanzt. Zwischen den Lochreihen befindet sich die Papier-Perforation für den Vorschub. Nun hätte ein 5-Bit-Code nur einen Umfang von $2^5 = 32$ Zeichen; das reicht nicht einmal für Buchstaben und Ziffernzeichen.

Deswegen sind zwei Zeichen vereinbart, eines für „Buchstaben", eines für „Ziffern". Kommt das Zeichen für Buchstaben, dann werden alle folgenden Zeichen aus der Reihe der Buchstaben interpretiert (vgl. Bild 4.20, oben), solange, bis das Zeichen „Ziffern" kommt. Nach diesem werden die Zeichen nach der unteren Reihe von Bild 4.20 interpretiert. Auf diese Weise gewinnt man einen doppelten Zeichenvorrat, muß aber dafür Informationsschritte einfügen, welche die Umschaltung Buchstaben/Ziffern veranlassen.

Vor allem im Bereich der NC-Maschinen (Numeric Control) waren auch 8-Bit-Codes für Lochstreifen üblich. Mit 8 Bit läßt sich eine Menge von Zeichen darstellen (vgl. auch den ASCII-Code).

4.3 Einrichtungen zur Datenausgabe

4.3.1 7-Segment- und 16-Segment-Anzeige

Wie die Eingabe per Tastatur von den uns Menschen geläufigen Zeichen ausging, so sind auch die Ausgabeeinheiten nicht binär, sondern entsprechen der numerischen bzw. alphanumerischen Darstellung. Wobei es in vielen Fällen kein Nachteil ist, wenn die üblichen Ziffern- und Buchstabensymbole etwas stilisiert erscheinen.

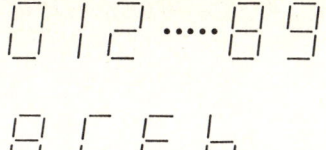

Bild 4.21 Beispiele für Zeichen
der 7-Segment-Darstellung.

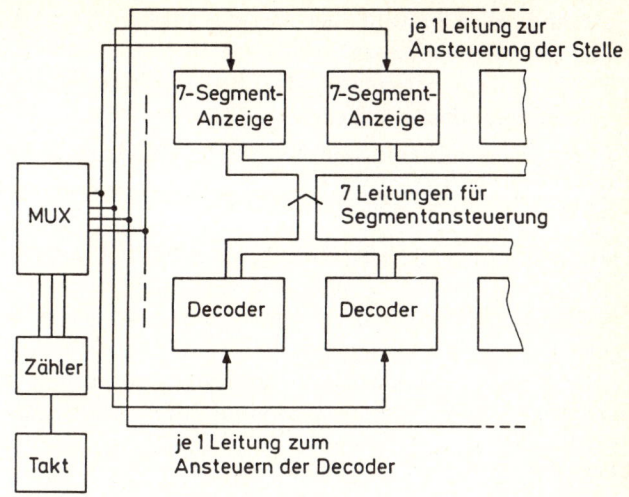

Bild 4.22 Multiplex-Ansteuerung von 7-Segment-Anzeigen.

Darauf heben viele Anzeigen ab, z.B. die 7-Segmentanzeige nach Bild 4.21, die jeder vom Taschenrechner her kennt. Mit nur sieben Strichen gelingt es, die zehn Zahlzeichen und noch eine ganze Reihe von Buchstaben (z.B. A,b,C,d, E,F,G,H,I) darzustellen. Der Vorrat reicht auf alle Fälle zur Anzeige von Hexadezimalzahlen, wenn man zuläßt, daß die Zeichen b (für die dezimale 11) und d (für die dezimale 13) eben als Kleinbuchstaben erscheinen.

Es gibt dazu integrierte Schaltkreise, welche die komplette Umcodierung auf 7-Segment-Anzeige leisten, z.B. BCD-in-7-Segment-Codierer. Oftmals enthalten diese Schaltkreise auch noch Speicher für die 4-Bit-BCD-Eingangsinformation. Damit kann ein anzuzeigender Wert in diesen Speicher übernommen und dauernd angezeigt werden, bis ein neuer Wert, z.B. aus einer erneuten Messung eintrifft. Außer den vier Leitungen für das BCD-Eingangswort und den 7+1 Anschlüssen für die sieben Segmente hat ein solcher Baustein also auch noch einen Eingang für „Speichern", evtl. noch weitere Eingänge für Test aller Segmente, Dunkel-Tastung usw.

Wenn wir aber daran denken, daß vier oder acht oder gar noch mehr Dezimalanzeigen nebeneinander liegen können, dann benötigt die 7-Segment-Anzeige eine Vielzahl von Leitungen, die oft gar nicht mehr untergebracht werden können: Bei k dezimalen Anzeigestellen $7 \cdot k + 1$ Leitungen (eine für die Betriebsspannung). Um diesen Nachteil auszuschalten, greift man auf das altgewohnte Verfahren vom Multiplexen und auf die Bus-Struktur zurück.

Mit ihrer Hilfe reduziert sich die Zahl der Leitungen bei k Anzeigestellen auf $k + 7 + 1$. Wie dies zustandekommt, ist in Bild 4.22 im Prinzip erläutert. Die Anschlüsse für die sieben Segmente werden bei allen Anzeigestellen parallel geschaltet, sozusagen auf einen „Segment-Bus", an welchem auch die Ausgänge der 7-Segment-Decoder liegen. Von einem Taktgenerator wird über einen Zähler ein Multplexer angesteuert, und dieser sorgt dafür, daß nacheinander die Ansteuersignale der einzelnen 7-Segment-Decoder von der betreffenden 7-Segmentanzeige übernommen und angezeigt werden. Für acht angezeigte

Dezimalstellen braucht man hier nur noch $7+8+1=16$ Leitungen, beim Verfahren ohne Multiplexbetrieb jedoch $7 \cdot 8 + 1 = 57$ Leitungen — ein großer Unterschied. Die Multiplex-Frequenz liegt bei einigen kHz; das ist so rasch, daß das Auge kein Flimmern, sondern eine ruhige, konstante Anzeige empfindet.

Die Anzeigebausteine sind heute sehr komplex, vielseitig und komfortabel, so daß die äußere Beschaltung einfach wird, wenn man sich im Umgang mit diesen Bausteinen etwas auskennt.

Mit 16 Segmenten läßt sich die Anzeigevielfalt erheblich steigern. Die Struktur der Segmente zeigt Bild 4.23, und zwar einschließlich zweier Punkte, von denen der untere als Dezimalpunkt eingesetzt werden kann (ein solcher ist auch bei vielen 7-Segment-Anzeigen vorhanden). Bild 4.24 schließlich enthält den Vorrat an stilisierten Zeichen nach dem ASCII-Code; die benutzten 6 Bit des Codes sind mit angegeben. Mit der 16-Segment-Anzeige lassen sich alle Buchstaben und Ziffern samt vielen sonstigen Zeichen darstellen.

DEVICES
HDSP-6504
HDSP-6508

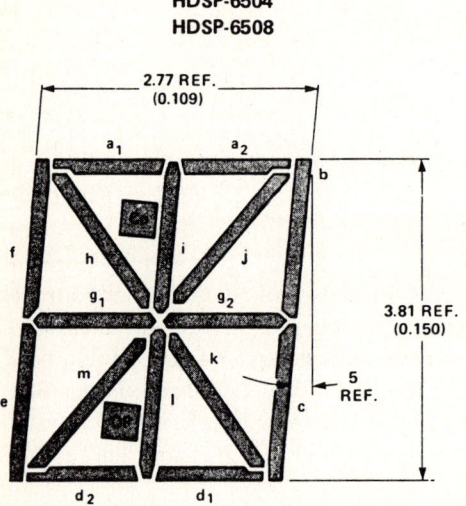

Bild 4.23

Alpha-numerische 16-Segment-Anzeige. Segmente a_1 bis m.

Ergänzt durch Dezimalpunkt (decimal point dp) und Doppelpunkt (colon co).

Optoelectronics Designer's Catalogue 1983)

Bild 4.24 Mit der 16-Segment-Anzeige darstellbare Zeichen des ASCII-Code (6 Bit ausgenutzt). (Optoelectronics Designer's Catalogue 1983)

Die Segmente der beiden Anzeigetypen können technologisch auf vielfältigste Weise ausgeführt sein. Die wichtigsten wollen wir hier aufführen. Zunächst kann jedes Segment ein Glühfaden sein, eine Möglichkeit, die sich kaum mehr in der Praxis findet. Dort ist entweder die LED-Anzeige (Light Emitting Diode) oder die LCD-Anzeige (Liquid Crystal Display) üblich geworden.

Eine LED sendet, in Dioden-Durchlaßrichtung gepolt, Licht aus. Die Balkenstruktur der Segmente wird durch geeignete Lichtleitung oder -reflexion erreicht, so daß für die sieben Segmente auch nur sieben (kleinflächig punktförmige) Dioden benötigt werden. Diese Anzeigen sind selbstleuchtend, gut sichtbar (meistens rötlich), brauchen aber viel Strom, 5...20 mA/Segment.

Bei der LCD-Anzeige liegt ein ganz anderes Prinzip zugrunde. Flüssigkristalle sind organische Flüssigkeiten, die sich innerhalb bestimmter Temperaturintervalle optisch wie ein Kristall verhalten. Normalerweise sind diese Flüssigkristalle durchsichtig, sie werden aber beim Anlegen eines elektrischen Feldes undurchsichtig. In Anzeigen befinden sich dünne Schichten von Flüssigkristallen zwischen Glasplatten. Mit entsprechend angeordneten Elektroden kann man erreichen, daß beim Anlegen einer Spannung ein Punkt oder Segment (oder eine sonstige Form) der Flüssigkristallschicht das auftreffende Licht reflektiert und nicht mehr durchsichtig ist.

LCD-Anzeigen wirken also durch Kontrastwirkung, brauchen Fremdlicht zur Erkennbarkeit (nicht selbstleuchtend), haben aber den Vorteil, daß sie nur einige wenige μA Strom benötigen. Die Ansteuerung muß rein wechselspannungsmäßig ohne jeden Gleichspannungsanteil erfolgen.

Die restlichen technologischen Möglichkeiten, wie etwa Plasma-Anzeigen oder sonstige auf der Vakuumtechnik beruhende Verfahren sind selten und sollen hier nur erwähnt werden.

4.3.2 Matrix- und Kamm-Drucker

Mit einem Rasterfeld von fünf Punkten Breite und sieben Punkten Höhe, also mit einer 5×7-Punktmatrix, ist es möglich, Buchstaben, Ziffern und eine ganze Menge Sonderzeichen darzustellen. Bild 4.25 gibt einen Eindruck davon, wie solche Zeichen (es handelt sich um 64 Zeichen aus dem Vorrat des ASCII-Code) aussehen. Natürlich ist normaler Druck besser lesbar; aber mit der minimalen Zahl von 5×7 Punkten läßt sich doch eine recht gute Erkennbarkeit erreichen. Übrigens gibt es auch Anzeigen im 5×7-Raster mit 35 Leuchtpunkten.

Zeichen, z.B. Buchstaben, mit Unterlängen (etwa die Unterlänge beim g, welche unter die Schreiblinie in einer Zeile herunterreicht) sind im 5×7-Raster nicht darstellbar. Hier erweitert man dann die Raster, z.B. auf ein Feld 7×9 Punkte.

Das Schema für einen einfachen Zeilendrucker ist in Bild 4.26 gezeigt. Der Druckkopf besitzt sieben Drucknadeln, deren jede einzeln angesteuert werden und dann ein Pünktchen erzeugen kann. Der Druckkopf wird über eine Seilführung senkrecht zum Registrierpapierstreifen geführt, der Antrieb erfolgt über einen kleinen Motor. Die Lage des Druckkopfes quer zur Papierrichtung (als y-Richtung bezeichnet) läßt sich sehr einfach erfassen: Mit dem Vorschub des Druckkopfes dreht sich ein Zahnrädchen, dessen Rotation abgetastet wird und Impulse liefert. Diese werden mit einem Zähler erfaßt, dessen Zählerstand

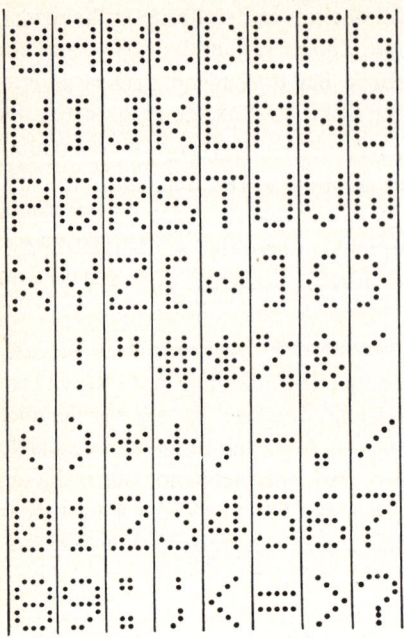

Bild 4.25

ASCII-Zeichen in der 5 x 7-Punkt-Matrix.
(A. Haug, Elektronik für Jedermann,
Stuttgart 1981)

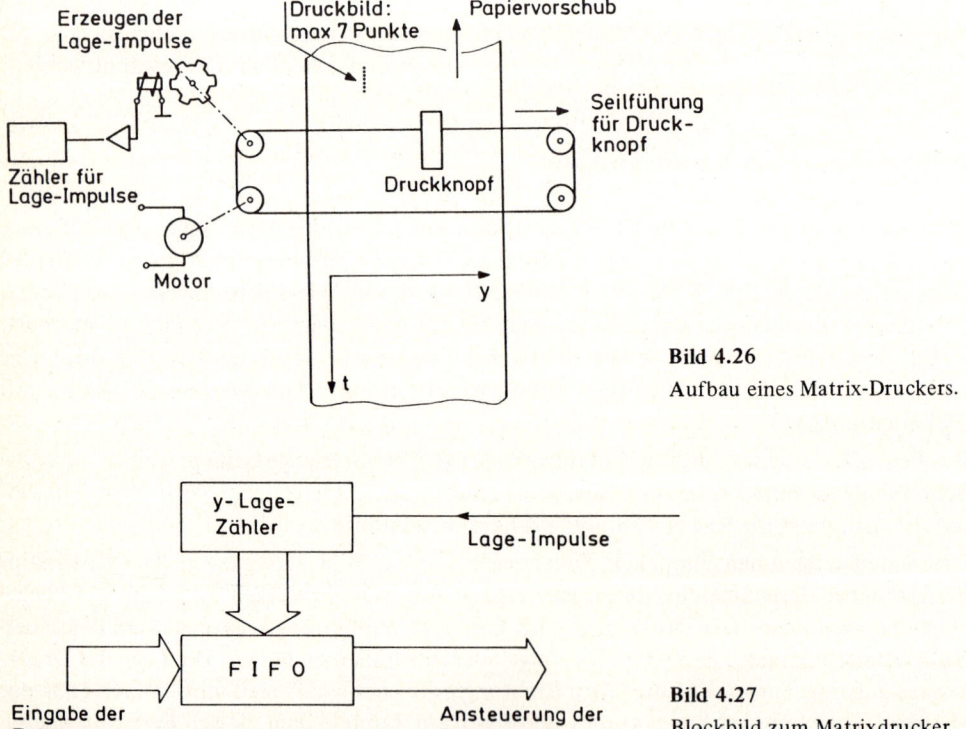

Bild 4.26
Aufbau eines Matrix-Druckers.

Bild 4.27
Blockbild zum Matrixdrucker.

genau der y-Lage des Druckkopfes entspricht. Der Zähler wird auf Null gestellt, wenn der Druckkopf vor Beginn einer neuen Zeile in Anfangslage ganz links steht.

Die grobe Organisation des Druckvorgangs können wir uns mit der Blockdarstellung von Bild 4.27 klar machen. Die für eine ganze Druckzeile benötigten Zeichen sind in einem FIFO-Speicher (First In, First Out) abgelegt, und zwar Spalte für Spalte. Soll etwa der Buchstabe H als Punktmatrix gedruckt werden, dann sind nacheinander anzusteuern:

1. alle 7 Nadeln
2. nur Nadel Nr. 4 (in der Mitte)
3. dto.   Raster für Buchstaben „H"
4. dto.
5. alle Nadeln

6. keine Nadeln
7. dto.   2 Spalten Zwischenraum zwischen den Zeichen

(nächstes Zeichen)

Der Zähler für die Lage-Impulse des Druckkopfs in y-Richtung ist gleichzeitig der Adreßzähler für das FIFO. Somit wird beim Erreichen eines jeden möglichen Druckpunkts in y-Richtung aus dem FIFO genau diejenige Information abgerufen, welche zum Erzeugen des gewünschten Punktrasters in t-Richtung, also in der Spalte, nötig ist.

Wir waren mit unserer Anordnung nach Bild 4.26 davon ausgegangen, daß die Ruhelage des Druckkopfs am linken Papierrand sei. Zum Drucken wird der Kopf von links nach rechts geführt und schreibt dabei den Inhalt der Zeile, wie er im FIFO abgelegt ist. Danach muß er „leer" wieder von rechts nach links in seine Ausgangslage zurückgebracht werden. In ähnlicher Weise gibt es Drucker mit Ruhelage rechts; sie drucken von rechts nach links und werden dann wieder in die rechte Ausgangslage zurückgebracht.

Um den Leerlauf beim Zurückfahren des Druckkopfes zu vermeiden, hat man die „Shuttle-Drucker" entwickelt. Sie können nach rechts wie auch nach links verfahren werden und dabei drucken. Die Ansteuerung ist allerdings erheblich aufwendiger.

Der Druck der Pünktchen erfolgt auf verschiedene Art und Weise. So kann er rein mechanisch wie bei einer Schreibmaschine entstehen, indem eine dünne Stahlnadel ein Farbband kurzzeitig aufs Papier drückt. Eine Punktregistrierung entsteht auch dann, wenn die Drucknadel einen elektrischen Impuls erhält, dessen Energie punktförmig eine Deckschicht vom Registrierpapier abbrennt.

Da alle Mechanik einem Verschleiß unterworfen ist, hat man sich überlegt, den beweglichen Druckkopf zu umgehen. Das Ergebnis dieser Überlegungen ist der Kamm-Drucker. Bei ihm sind nach Bild 4.28 quer zum Papiervorschub, also in y-Richtung, so viele Drucknadeln fest angebracht, wie Druckpunkte in der Zeile (also insgesamt Spalten) vorgesehen sind. Für 100 Druckpunkte/Spalten je Zeile sind somit auch 100 feststehende Drucknadeln nötig. Der Aufwand an Nadeln wie auch an Ansteuerungselektronik wird größer; dafür gibt es — außer dem immer noch notwendigen Papierantrieb — keine bewegten Teile mehr.

Gedruckt wird nun nicht mehr Punktspalte für Punktspalte, sondern Punktzeile für Punktzeile über die gesamte Papierbreite (bzw. über eine ganze Zeichenzeile). Der Papiervorschub erfolgt dann nur um einen Punktschritt innerhalb der sieben Schritte für die Zeichenhöhe.

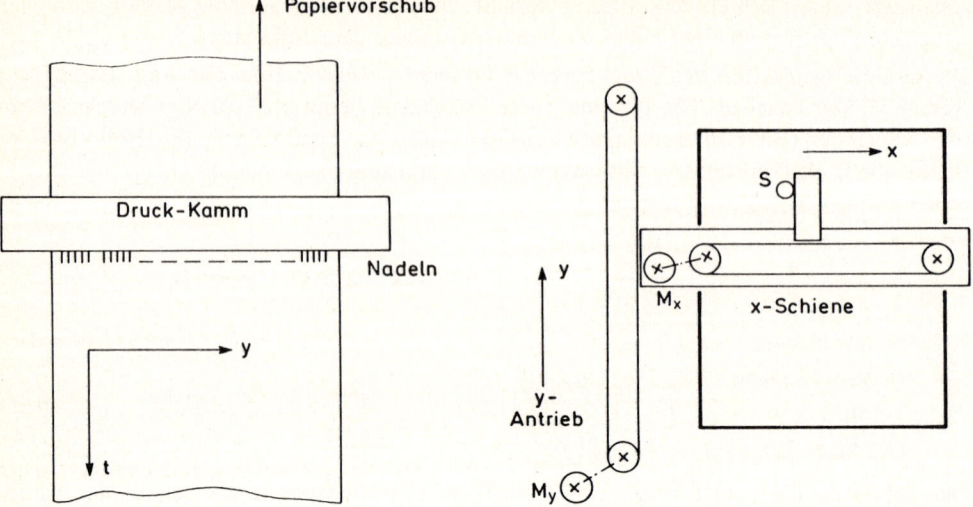

Bild 4.28 Kammdrucker.   **Bild 4.29** Schematischer Aufbau eines Plotters.

Sind die Nadeln gleichmäßig über die gesamte Schreibbreite verteilt, dann kann ein Kamm-Drucker jedes Punktmuster Zeile für Zeile ausgeben, das denkbar ist: Innerhalb des druckbaren Punktrasters ist der Kamm-Drucker „graphik-fähig" oder schon als Plotter anzusprechen.

4.3.3 Plotter

Bei Plottern kann ein Schreibstift, positioniert in x- und y-Koordinaten, an jede Stelle eines Blattes Papier gebracht werden. Somit entspricht ein Plotter nach Bild 4.29 im Prinzip einem XY-Schreiber: Der Schreibkopf S kann mittels eines Motors M_y in y-Richtung, mittels eines Motors M_x in x-Richtung bewegt werden. Ob nun – wie in Bild 4.29 angedeutet – dafür Seilzüge oder andere Antriebe eingesetzt werden, ist ohne Belang.

Der Schreibstift S kann mit einem Magneten angesteuert und aufs Papier gedrückt werden, dann entsteht ein Punkt, bei gleichzeitigem Ansteuern in x- und y-Richtung entstehen Kurvenzüge der Form y(x). Bei Betrieb mit Schrittmotoren sind durch Schrittweite und Getriebe endliche Auflösungen Δy und Δx definiert und somit keine Kurvenzüge, sondern nur Treppenfolgen erreichbar. Je nach Auflösung Δy und Δx werden Kurvenzüge immer besser angenähert.

Ein Plotter kann einzeln Punkt für Punkt, aber auch in treppenförmigen Linienzügen angesteuert werden und ist somit voll graphik-fähig. Es gibt Plotter, bei denen automatisch Farben anwählbar sind; dann fährt der Schreibkopf S zum Farbmagazin, wird mit dem Schreibstift der gewünschten Farbe bestückt und beginnt zu plotten. Solche Geräte sind sehr vielseitig einsetzbar, aber natürlich auch aufwendig in Mechanik und Steuerung und somit teuer.

4.3.4 Datensichtgeräte

Bei den Datensichtgeräten werden alphanumerische Zeichen auf einem Fernsehschirm dargestellt. Der zeilenmäßige Aufbau des Bildschirminhalts wird dabei weitgehend aus der Fernsehtechnik übernommen. Wir müssen uns also kurz überlegen, wie man Zeichen zeilenweise aufbauen kann.

Dies können wir uns recht gut vorstellen, wenn wir von einer Zeichendarstellung in einem Punktraster, z.B. in der 5×7-Matrix, ausgehen. Dann wird das als Beispiel in Bild 4.30 dargestellte Zeichen R Zeile für Zeile abgefragt, ob die Bildpunkte hell oder dunkel sind, wobei die Abfrage in der Zeile zeitlich hintereinander erfolgen muß.

Dies alles erfüllt eine Gruppe von Bausteinen, die zusammengefaßt als „Zeichengenerator" bezeichnet werden. Bild 4.31 zeigt eine Blockdarstellung. Von links angefangen erkennen wir eine Zeichenanwahl. Die Adreßleitungen A0 bis A5 (interpretierbar als die ersten 6 Bit zur Anwahl des Grundrepertoires aus dem ASCII-Code) bestimmen das abzubildende Zeichen. Dessen Punktmuster ist Zeile für Zeile in einer entsprechend organisierten Speichermatrix abgelegt. Die einzelnen Zeilen können über die Zeilenanwahl R0 bis R2 (R für Row, Reihe oder Zeile) bestimmt werden, 3 Bit genügen zur Anwahl von maximal acht solcher Zeilen.

Je nach ausgewählter Zeile steht die Information über die zugehörigen Bildpunkte an den Leitungen B0 bis B4 (vgl. auch Bild 4.30) zur Verfügung. Die Codierung erfolgt hier nach „Eins aus Fünf", mit den fünf B-Leitungen lassen sich nur die fünf Punkte der Zeichenbreite definieren. Da aber nun die Bildpunkte der gewählten Zeile zeitlich nacheinander die Helligkeit in der gerade abgebildeten Zeile bestimmen sollen, müssen sie nacheinander ausgegeben werden, also seriell. Das besorgt ein Multiplexer, der von einem Bildpunktzähler über S0 bis S2 betätigt wird (und deswegen maximal acht Bildpunkte pro Zeilen-

Bild 4.30
Das Zeichen „R" im 5×7-Raster samt Bezeichnung der Bildpunkte in den Zeilen.

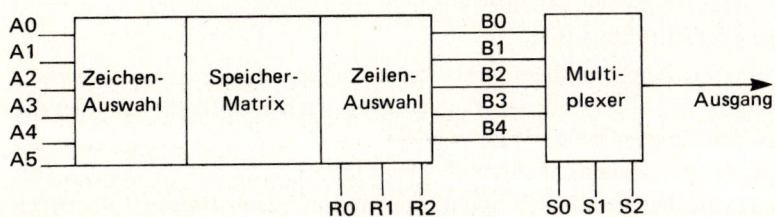

Bild 4.31 Blockschaltbild eines Zeichengenerators.

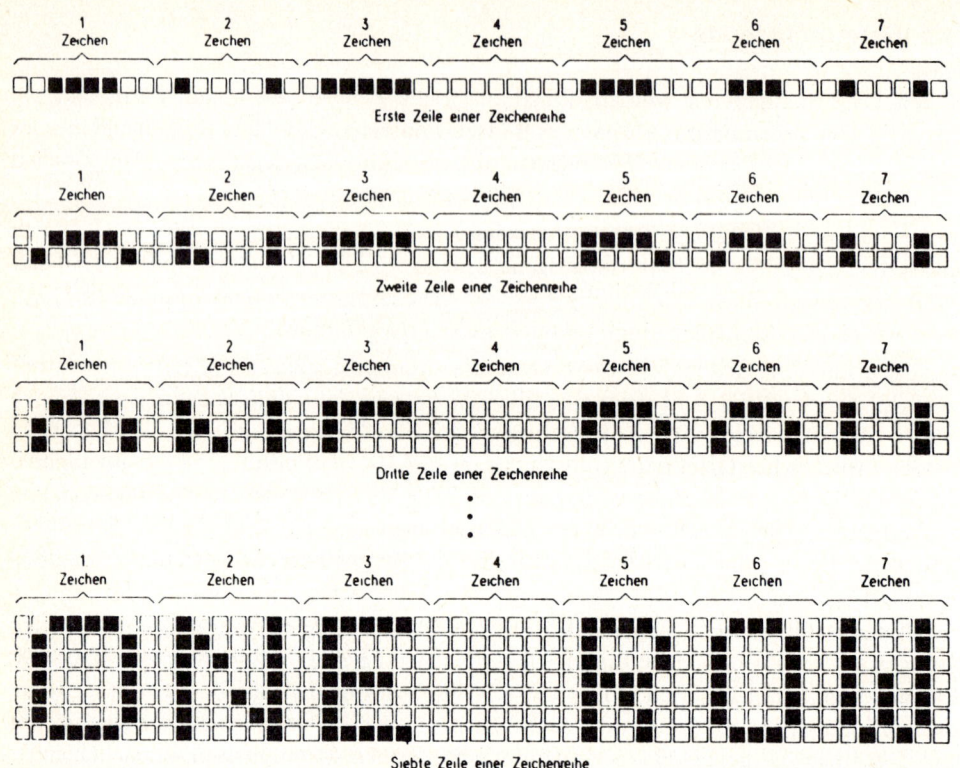

Bild 4.32 Aufbau einer Zeichenzeile aus Bildpunkt-Zeilen.

anteil eines Zeichens ausgeben kann). Das Signal für die Hell/Dunkel-Folge der zu einer Zeile gehörenden Bildpunkte erscheint somit seriell am Ausgang.

Nach demselben Verfahren kann auch eine ganze Zeile von Zeichen abgebildet werden, wie dies Bild 4.32 für Zeichen mit einem 7×8-Punkt-Raster zeigt. Ein solches Raster entspricht einer Zeilenauswahl mit 3 Bit und hat gegenüber der 5 x 7-Punkt-Matrix eine etwas höhere Auflösung. In Bild 4.32 werden die zwei Rasterpunkte für den Zeichenabstand symmetrisch links und rechts zur Zeichenbreite genommen.

Zuerst wird die Bitfolge für die Hell/Dunkelpunkte der ersten Zeile der Zeichenreihe abgebildet, die zuvor in geeigneter Weise (zwischen-)gespeichert wurde. Dann folgt die zweite Zeile der Zeichenreihe, bis schließlich die ganze Zeichenreihe abgebildet ist. Da die Zeichenzeile in der beim Fernsehen üblichen Wiederholgeschwindigkeit abgebildet wird, entsteht für das Auge ein fast ruhiges Bild.

Zum Darstellen mehrerer Zeichenreihen wird das Verfahren entsprechend erweitert. Reihenzähler überwachen die abzubildenden Punktzeilen, Zeichenzähler die Zahl der darzustellenden Zeichen pro Zeichenreihe. Wenn man dazu noch bedenkt, daß ja beim normalen Fernsehverfahren die Zeilen nach dem Zeilensprungverfahren ineinander verschachtelt sind, dann wird deutlich, welch hoher Aufwand in einem Baustein für Datensichtgeräte getrieben werden muß. Bild 4.32 ist z.B. dem Datenblatt des programmierbaren Sichtgeräte-Steuer-Bausteins SAB 8275 entnommen.

4.4 Verkehr mit der Peripherie

4.4.1 Ports und Port-Bausteine

Jede Zentraleinheit (CPU) arbeitet nicht für sich allein, sondern ist nur sinnvoll in der Verbindung mit einer „Außenwelt". Das haben wir schon mit der Frage der Ein- und Ausgabe zur Kenntnis genommen, z.B. Tastatur zur Eingabe, Drucker zur Ausgabe. Dabei ist „Ein"- bzw. „Aus"-Gabe (input/output) grundsätzlich aus der Sicht der CPU zu definieren; was von der CPU kommt, ist Ausgabe, was zur CPU geht, ist Eingabe.

Die Problematik des Verkehrs eines Prozessors mit seiner Außenwelt umfaßt aber nicht nur Tastatur und Anzeige. Es gibt sehr viele und vor allem sehr unterschiedliche Geräte in der Peripherie einer CPU. Sie können langsam sein oder rasch, auf einen Prozessor zugeschnitten oder nicht, weiter entfernt oder sehr nah, selten anzusprechen oder in dauerndem Kontakt. Diese Vielfalt läßt sich mit entsprechend komplexen, meist programmierbaren Peripherie-Bausteinen beherrschen, die ihrerseits schon kleine Systeme darstellen.

Bei der Besprechung der CPU hatten wir am Beispiel des Standard-Rechners SAB 8085 gelernt, daß der Bus in Form von Adreß-, Daten- und Steuerbus die Schnittstelle zwischen Rechner und Außenwelt darstellt. In vielen Fällen reicht das jedoch nicht aus, sondern sind vielfältige Ein- und Ausgänge nötig, die weit über den Umfang eines Bus-Systems hinausgehen. Bei solchem Bedarf ist ein peripherer Schnittstellenbaustein nötig.

Ein typischer Baustein ist der SAB 8255, der zum 8085-System paßt und als PPI, als Programmable Peripheral Interface (über weitere Namen solcher und ähnlicher Bausteine später noch etwas mehr) einzuordnen ist. Bild 4.33 zeigt eine Blockdarstellung, welcher wir die Anschlüsse eines solchen Bausteins entnehmen können.

Der PPI ist mit dem Prozessor zunächst einmal über den 8 Bit breiten Datenbus D0…D7 verbunden. Über diesen Bus kann die CPU Information an den Peripherie-Baustein geben oder von ihm einholen. Der Steuerbus bestimmt mit den uns bekannten Signalen $\overline{RD}$ und $\overline{WR}$ (aktive LOW-Signale für read bzw. write) über Aus- oder Eingabe, und über einen abgemagerten Adreßbus mit den Anschlüssen A0 und A1 sowie dem uns bekannten $\overline{CS}$ (Chip Select) wird der Baustein angesprochen.

Auf der Ausgangsseite des PPI sind drei je 8 Bit breite „Ports" verfügbar, also Leitungen die per Programm als Ein- oder Ausgabe bzw. auch als Steuerleitung eingesetzt werden

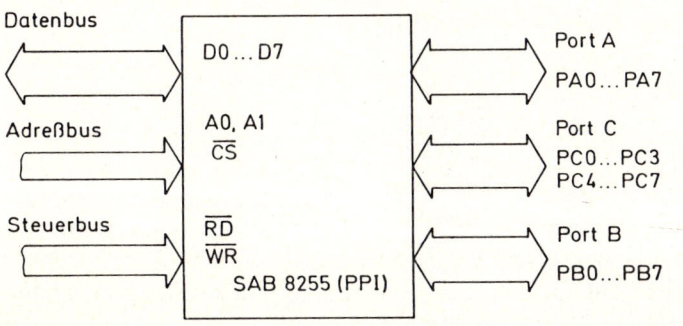

Bild 4.33

Hauptsächlichste Anschlüsse eines Schnittstellen-Bausteins (SAB 8255).

können. Dazu wird dem PPI über den Datenbus ein Steuerwort ausgegeben, dessen einzelne Bits die Ports A, B und C in ihrer Funktion wahlweise als Ein- bzw. Ausgabe festlegen. Dabei können alle drei Ports als je 8 Bit breite Ein- oder Ausgabe arbeiten, es kann jedoch der Port C auch in seine niederwertigen und in die höherwertigen 4 Bit aufgesplittet werden, wobei diese 4 Bit als Steuerleitungen zu einem handshake-Betrieb der Ports A und B verwendbar sind.

Das Chip-select-Signal wird aus der Adresse für den Baustein gebildet, und die Kombination der Signale $\overline{RD}$ und $\overline{WR}$ bzw. A0 und A1 legt fest, welcher der Ports A, B und C angesprochen wird und ob Ein- oder Ausgabe erfolgt. Sogar im Datenblatt des Bausteins ist vermerkt, daß die möglichen Kombinationen von Betriebsarten „verwirrend" erscheinen können. Damit ist aber für uns hinreichend dokumentiert, wie vielseitig ein solcher Baustein ist, und daß entsprechende Kenntnis benötigt wird, um ihn richtig oder gar optimal einzusetzen.

Vom Ablauf (also dem Programm) her wird zunächst einmal das Steuerwort für den gewünschten Betrieb bestimmt und in den Akku geladen. Mit einem entsprechenden Befehl und der Adresse für den Baustein und den anzusprechenden Kanal wird der PPI angewählt und die Betriebsart eingestellt. Daraufhin kann die Ein- oder Ausgabe über den Datenbus abgewickelt werden. Ein auszugebendes Byte muß zuerst in den Akku geladen werden und gelangt von dort über den Bus an den angewählten Ausgabeport. Ein an einem Port anstehendes und zu lesendes Byte wird per Lesebefehl über den Bus in den Akku gebracht und kann dann weiter bearbeitet werden.

Bei sog. Ein-Chip-Prozessoren liegt der Schwerpunkt weniger darauf, daß sie eine hohe Adreßbreite haben, sondern daß auf einem Chip möglichst viele Funktionen, so auch Ein/Ausgabe-Möglichkeiten, untergebracht sind. Als Beispiel sei die Prozessorfamilie MCS 48 genannt. Der Prozessor 8048 verfügt über drei je 8 Bit breite Ports. Dabei dient Port 0 als normaler Daten- und Adreß-Bus (es wird mit einem ALE-Signal – adress latch enable, vgl. auch Abschnitt 2.5.4 – zwischen Adresse und Daten umgeschaltet). Port 1 ist

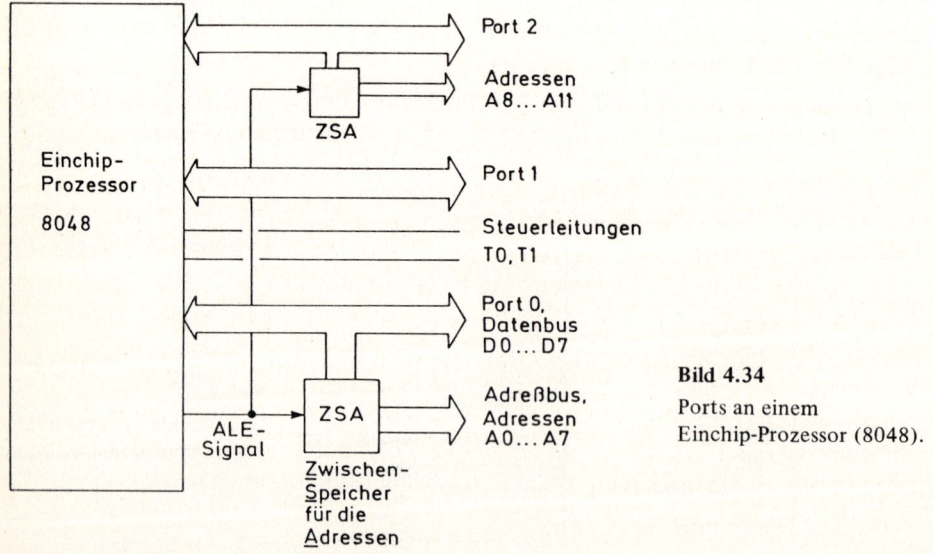

Bild 4.34

Ports an einem
Einchip-Prozessor (8048).

eine normale 8-Bit-Ein/Ausgangs-Anordnung, und an den niederwertigen 4 Bit von Port 2 sind — ebenfalls im Multiplexverfahren — weitere vier Adreßbit verfügbar, obwohl dieser Port ebenfalls zur Ein/Ausgabe voll benutzbar ist. Zur Ergänzung der Ports gibt es noch zwei weitere frei verfügbare Steuerleitungen. Bild 4.34 zeigt diese Konfiguration.

Mit solchen Ports — ob auf demselben Chip wie die CPU oder mit Peripheriebausteinen angeschlossen — wird ein Prozessor befähigt, mit vielen externen Geräten zu verkehren, und gleichzeitig ist es möglich, die Anordnung sehr gut an die jeweils gegebenen Bedürfnisse anzupassen. Die nun weiter noch kurz angesprochenen Bausteine runden das Bild ab und erweitern die Vielfalt der Möglichkeiten noch mehr.

4.4.2 Weitere Parallel-Ein/Ausgabe-Bausteine

Es wird wohl kaum möglich sein, die Vielfalt der peripheren Bausteine und deren Kombinationsmöglichkeiten alle aufzuzählen oder gar in ein Schema zu fassen. Trotzdem soll versucht werden, die wichtigsten Peripheriebausteine kurz vorzustellen.

So vielfältig der im vorhergehenden kurz beschriebene PPI-Baustein (programmable peripherial interface) auch war, er läßt doch manche Wünsche offen. So fehlt ihm z.B. ein eigener, frei einsetzbarer Zwischenspeicher, sei es als RAM oder auch zum Ablegen von Umsetzfunktionen und anderem ein EPROM. Solche Kombinationen finden sich dann unter den Bezeichnungen PIO (Parallel In/Out) oder PIA (Peripheral Interface Adapter).

Anschluß und Arbeitsweise sind sehr ähnlich wie bei dem besprochenen Port-Baustein. Der Anschluß erfolgt über den Daten-, Adreß- und Steuer-Bus, mit Befehlen sind die Bausteine ansprech- und steuerbar. Das gilt auch für weiterentwickelte Ein/Ausgabe-Bausteine wie dem VIA (Versatile Interface Adapter). Ein VIA ist im Prinzip dasselbe wie der oben erwähnte PIA, aber diesem gegenüber erweitert, z.B. mit Zählern oder ähnlichen Bausteinen.

Für die Ansteuerung aller Ein/Ausgabe-Bausteine (auch der Tastatur- und Anzeige-Bausteine) gibt es zwei grundsätzliche Methoden. Bei der „Isolierten Ein/Ausgabe" (isolated in/out) gibt es spezielle Befehle für Ein- und Ausgabe, der Ein/Ausgabe-Baustein verkehrt nur und ausschließlich mit dem Akku (so hatten wir das ja auch für den PPI im vorangegangenen Abschnitt dargestellt). Es sind also keine eigenen Adressen für Ein/Ausgabe vorzusehen.

Anders bei der „Speicher-Ein/Ausgabe" (memory mapped in/out). Bei diesem Verfahren werden Ein/Ausgabe-Einheiten genau gleich behandelt wie ein Speicherplatz und mit einer entsprechenden Adresse angesprochen. Das bedeutet, daß Speicheradressen für die Ein/Ausgabe zu reservieren sind und damit etwas an Speicheradressen-Volumen für die Ein/Ausgabe belegt wird; das bedeutet aber auch, daß die Ein/Ausgabe mit jedem Register der CPU direkt verkehren kann und nicht nur auf den Akku angewiesen ist.

Bei beiden Methoden wird zum Ansteuern der Ein/Ausgabe-Bausteine der Adreßbus benutzt. Wenn ein Prozessor eigene Ein/Ausgabe-Steuersignale und Befehle besitzt, welche eine Isolierte Ein/Ausgabe ermöglichen, muß dies jedoch nicht ausgeschöpft werden. Auch in diesem Fall kann nach der Memory-mapped-Methode verfahren werden; dann bleiben eben die Befehle der Isolated-in/out-Methode unbenutzt.

4.4.3 Serienschnittstellen-Bausteine

Ein Mikroprozessor und auch ein Mikrorechner arbeitet mit seinem Bus-System immer bit-parallel und byte-seriell, wie wir wissen. Die uns jetzt bekannten Ein/Ausgabe-Einheiten und auch alle Speicher werden direkt an den Bus angeschlossen. Das begrenzt jedoch die Übertragungsentfernung erheblich, nicht nur wegen des Aufwandes an vielen parallelen Leitungen. Wenn die Übertragungsgeschwindigkeit nicht absolut im Vordergrund steht, wird man auf mittlere Entfernungen die uns schon bekannte serielle Übertragung (vgl. Abschnitt 3.2) anstreben.

Die Umsetzung des parallelen Signals in ein serielles Übertragungssignal (und natürlich die Rückumwandlung) übernehmen prozessorkompatible Parallel/Serien- und Serien/Parallel-Umsetzer. Deren Prinzip über den Einsatz von Schieberegistern ist in Abschnitt 2.1.3 schon beschrieben worden. Die Umsetzerbausteine sind unter den Abkürzungen UART (Universal Asynchronous Receiver/Transmitter) bzw. USART (Universal Synchronous/Asynchronous Receiver/Transmitter) bekannt, je nachdem, ob sie nur asynchron oder wahlweise synchron und asynchron arbeiten können.

In Bild 4.35 sind die grundsätzlichen Anschlüsse eines solchen Bausteins (Programmierbarer Serienschnittstellen-Baustein SAB 8251, kompatibel zur CPU 8085) skizziert, und zwar in der Art, wie wir sie schon mehrfach benutzt haben. Auch beim 8251 erfolgt die Verbindung zur CPU über den Daten-, Adreß- und Steuerbus. Der Adreßbus kennt nur das Chip-select-Signal $\overline{CS}$ und ein Signal C/$\overline{D}$ (Control Data), das angibt, ob das Datenwort ein Zeichen (z.B. aus dem ASCII-Code) ist oder ein Steuerwort. Die Steuersignale $\overline{RD}$ und $\overline{WR}$ sind uns bekannt. Alle vier Angaben bestimmen miteinander die Hauptfunktionen des Bausteins.

Der USART besitzt außer den Schieberegistern zur Parallel/Serien- und Serien/Parallel-Wandlung noch Zwischenspeicher für die Parallelinformation zur und von der CPU. Es kann somit gleichzeitig gesendet und empfangen werden. Mit zusätzlichen Steuersignalen (z.B. $\overline{CTS}$, Clear To Send, Sende-Freigabe) wird die Kommunikation zwischen USART und CPU von den Sende- und Empfangsvorgängen entkoppelt.

Der erwähnte Baustein arbeitet wahlweise synchron oder asynchron, kann (bei asynchronem Betrieb) auf die üblichen Baud-Raten gesetzt werden und verarbeitet wahlweise Wortlängen von fünf bis acht Bit bei wahlweiser Länge des Stop-Bits (vgl. Abschnitt 3.2

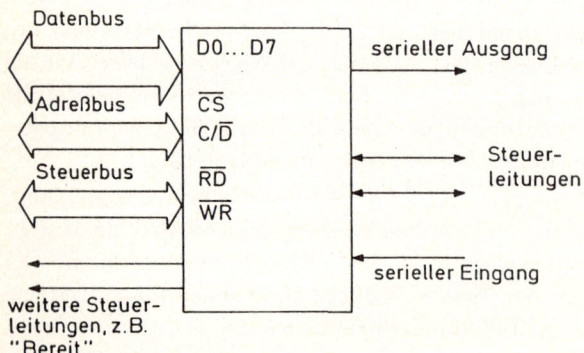

Bild 4.35

Hauptsächlichste Anschlüsse an einem Serienschnittstellen-Baustein (SAB 8251).

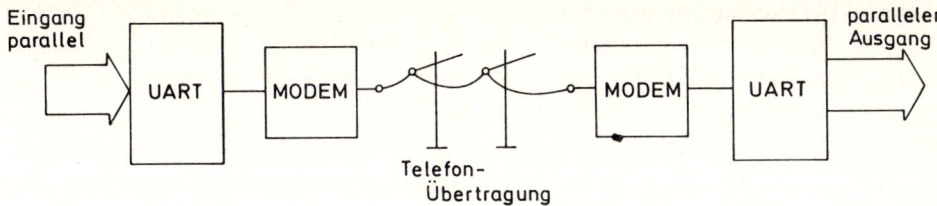

Bild 4.36 Serielle Übertragung mit MODEM.

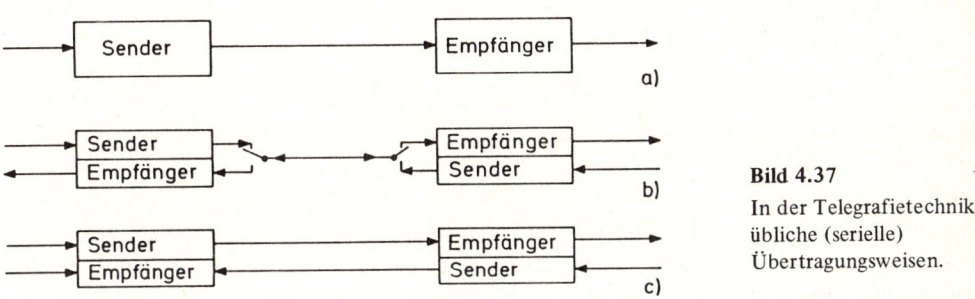

Bild 4.37

In der Telegrafietechnik übliche (serielle) Übertragungsweisen.

Serielle Schnittstelle). Er wird mit einem Statuswort (vgl. das Steuerwort beim Ein/Ausgabe-Baustein) programmiert, das abgespeichert bleibt; der Status, also der Arbeitszustand, ist jederzeit abfragbar.

Diese paar Bemerkungen mögen genügen, um zu zeigen, wie universell und hochgezüchtet ein derartiger Baustein ist.

Leider ist auch die serielle Übertragung nicht in der Lage, über größere Entfernungen zu arbeiten. Ist das jedoch erforderlich, dann kann man z.B. über das Telefonnetz gehen, welches nahezu beliebige Entfernungen überbrückt, aber langsam ist. Der zugehörige Baustein heißt MODEM (MOdulator/DEModulator). Er empfängt die zu übertragenden Daten in serieller Form und setzt sie nach dem Verfahren der Frequenz-Umtastung (vgl. Abschnitt 4.2.4) in getrennte Frequenzen für die binäre Null und die binäre Eins um. So kann dann die serielle Übertragung über Telefonleitungen erfolgen. Die Rückumsetzung der Frequenzen in die seriell-binären Signale erfolgt im Demodulatorteil.

Nun ist das Telefonnetz in seiner Bandbreite sehr beschränkt, und deswegen die Übertragungsgeschwindigkeit (also unsere Baud-Rate) niedrig. Sollte der nach Bild 4.36 vor dem MODEM liegende UART zu rasch arbeiten und nicht an die Baud-Rate der Übertragung per Telefonnetz angepaßt sein, dann ist Zwischenspeicherung und ein handshake-Verfahren nötig, um die Anpassung zu erzwingen. Beim Empfang der Daten wird die durch das Telefonnetz diktierte langsame Geschwindigkeit beibehalten.

An dieser Stelle läßt sich recht gut noch eine Bemerkung über Begriffe einfügen, die aus der alten Telegrafietechnik kommen und bei der seriellen Übertragung über das Telefonnetz immer wieder auftauchen: Simplex-, Semiduplex- und Duplex-Betrieb. Hinter den etwas auftragenden Bezeichnungen stecken ganz einfache Zusammenhänge, die uns Bild 4.37 aufweist.

Die Simplex-Übertragung nach Bild 4.37a kann nur in einer Richtung erfolgen und benutzt einen einzigen Übertragungskanal. Sender und Empfänger haben ihren eindeutigen Platz, eine Umkehr der Übertragungsrichtung kann nicht erfolgen.

Beim Duplex-Verfahren wird die Simplex-Anlage verdoppelt und ein weiterer Kanal für die Übertragung in Gegenrichtung aufgebaut, wie es in Bild 4.37c gezeigt ist. Bei doppeltem Aufwand und zwei kompletten Übertragungskanälen bekommt man auch den doppelten Effekt.

Wenn nur eine Übertragungsleitung verfügbar ist, muß man im zeitlichen Nacheinander (im Zeit-Multiplex, wie wir das schon genannt hatten) arbeiten. Dann sind mit Sender und Empfänger auf beiden Seiten zwar beide Übertragungsrichtungen möglich, aber eben nicht gleichzeitig, was aus Bild 4.37b deutlich wird.

4.4.4 Sonstige periphere Bausteine

Es ist nicht einfach, aus der Fülle von Bausteinen eine typische Auswahl zu treffen. Vielleicht sollte erwähnt werden, daß es eine ganze Menge von Kombinationsbausteinen gibt, bei denen „Mischungen" aus Schnittstellen, Speichern und Zählern angeboten werden. Ein solcher Baustein ist der MUART (Multifunction Universal Asynchronous Receiver/ Transmitter). Mit unserer Kenntnis der Nomenklatur können wir bereits deuten, was MUART sein kann: Eine Kombination zwischen allgemeiner und serieller Schnittstelle, etwa so ausgedrückt: MUART = PIO + UART.

Zählerbausteine sind ebenfalls wichtig, denn Zähler dienen ja außer zum Abzählen von Ereignissen auch zum Bestimmen von Frequenzen, zum Teilen von Frequenzen und damit auch zum Erzeugen definierter Zeiten. Der zur 8085-Serie gehörende Zählerbaustein besitzt drei voneinander unabhängige 16 Bit-Zähler (Zählvolumen immerhin 0 bis 65 335!). Jeder Zähler kann über den Datenbus auf eine vom Prozessor bestimmbare Zahl voreingestellt werden, von der aus er dann zu zählen beginnt. Ebenso sind die Zählerstände in den Prozessor einlesbar. Wie der in Bild 4.33 beschriebene Schnittstellen-Baustein 8255 wird auch der Zählerbaustein über drei Leitungen (A0, A1 und $\overline{CS}$) vom Adreßbus angesprochen und über Signale $\overline{RD}$, $\overline{WR}$ gesteuert. Ein Steuerwort bestimmt seine Betriebsweisen.

Selbstverständlich gibt es auch eine ganze Reihe von Digital/Analog- und Analog/Digital-Umsetzern, die zum Betrieb mit einem Prozessor geeignet sind. Auch sie arbeiten über den Bus mit der CPU zusammen und haben zu ihrer „Außenwelt" noch die nötigen Verbindungen. Genauso gibt es Echtzeit-Uhrenbausteine, welche direkt prozeßkompatibel sind und — an den Bus angeschlossen — für ein System die laufende Uhrzeit erzeugen.

Insgesamt ist die Vielfalt so groß und die Entwicklung so rasch, daß diese wenigen Beispiele genügen müssen.

5 Anweisungen

5.1 Darstellung von Befehlen

Befehle sind Anweisungen an die Mikroelektronik, welche die CPU erkennt und dann ausführt. Davon war schon in Abschnitt 2.5.3 die Rede gewesen. Wir wissen auch schon, daß solche Befehle verschieden lang sein können und dann als Einwort- oder Mehrwort-Befehle einzuordnen sind. Ebenso wurde schon vermerkt, daß jeder Befehl aus dem Operationsteil und dem Operandenteil besteht. Der Operationsteil gibt an, was geschehen soll, der Operandenteil sagt aus, mit welchen Größen (z.B. einer Konstanten oder mit einem Datum aus einem Register oder Speicher) die Operation durchzuführen ist.

Die Summe aller Befehle, die zum Durchführen einer gewünschten Operation notwendig ist, wird dann als Programm bezeichnet. Beim Start eines solchen Programms nimmt die CPU das erste Wort als Adresse und wertet die unter dieser Adresse abgelegte binäre Information als Befehl, der dann entsprechend ausgeführt wird. In derselben Weise wird so Befehl nach Befehl abgearbeitet.

Selbstverständlich kann eine CPU nur binäre Ausdrücke „verstehen", also annehmen und entsprechend verarbeiten. Wir Menschen tun uns aber mit längeren Binärausdrücken sehr schwer. Deswegen ist es üblich, die Befehle für einen Mikroprozessor in hexadezimaler Schreibweise aufzuzeichnen. Bei der CPU 8085 etwa bedeutet der Binärcode 0010 1111 folgenden Befehl: „Bilde das Einerkomplement des Akku-Inhalts"! Die Ausführung dieses Befehls bewirkt, daß im Akku einfach Nullen und Einsen ausgetauscht werden. Hexadezimal geschrieben lautet derselbe Befehl wesentlich kürzer 2F.

Trotzdem wäre es keineswegs einfach, sich die über 100 Befehle, welche eine CPU verarbeiten kann, zu merken. Deswegen verwendet man Mnemo-Codes, die sich an englischsprachige Ausdrücke anlehnen und einprägsamer sind; z.B. heißt der Befehl zum Bilden des Einerkomplements im Mnemo-Code CMA (Complement Accumulator).

Für das, was man mit „Operations-Code" (abgekürzt oft „Op-Code") bezeichnet, gibt es also wenigstens drei Darstellungsarten, die wir für den eben besprochenen Befehl nochmals zusammenfassen wollen:

Befehl:	Bilde Einerkomplement des Akku-Inhalts!
Wirkung:	Jedes einzelne Bit im Akku wird „negiert", jede 0 wird zur 1, jede 1 zur 0.
Maschinencode:	0010 1111
Hex.-Code:	2 F
Mnemo-Code:	CMA (Complement Accu)

Damit stehen einige Begriffe fest: Mit Maschinencode ist ausschließlich die Befehlsdarstellung in binärer Form gemeint, welche die CPU „versteht" und damit auch ausführt. Der Hexadezimalcode (oft als Op-Code angesprochen) ist eine Abkürzung, die dem Programmierer das lästige Anschreiben langer Ketten von Nullen und Einsen erspart.

Die Summe aller Abkürzungen des Mnemo-Code bildet eine Art Symbolsprache, die als Assembler-Sprache (assembler) bezeichnet wird. Das englische Wort „assembler" bezeichnet aber auch das Programm, das automatisch den Mnemo-Code in den (binären) Maschinencode übersetzt und ein wesentliches Hilfsmittel bei der Programmierung darstellt. Im Deutschen wird dieses Umsetzprogramm mit dem Wort „Assemblierer" (DIN 44300) eindeutig gekennzeichnet.

Bevor wir uns nun daran wagen, typische Befehle aus dem gesamten Befehlsvorrat bzw. der Befehlsliste einer CPU anzusehen, wollen wir uns noch erinnern, daß es außer dem gerade eben erwähnten Befehl CMA (er hatte ja nur einen Operationsteil!) auch Befehle mit Operandenteil und Mehrwort-Befehle gibt. Mit dem Befehl ADD B wird der Inhalt des Registers mit dem Namen B zum Akku addiert und das Ergebnis im Akku abgelegt. Ein solcher Befehl muß außer dem Operationsteil auch noch einen Operandenteil haben, mit welchem dieser „Name" des zu verarbeitenden Registers angesprochen wird. Der Befehl lautet in Maschinensprache 10000SSS, wobei mit SSS die Adresse des Registers gemeint ist. Für das Register B ist SSS = 000, und der gesamte Befehl lautet dann 10000000 = 80 (hex). Dieselbe Operation, jedoch mit dem Register E ausgeführt, muß im Operandenteil die Adresse dieses Registers (SSS = 011) aufweisen und lautet dann 10000011 = 83(hex). Dieser Maschinencode bewirkt also den Befehl ADD E (addiere den Inhalt des Registers E zum Akku).

Einen längeren Operandenteil weisen Befehle auf, die eine Adresse aus dem Speicherbereich benötigen. Kommt im Programm der Befehl JMP adr (Jump), dann löst dies einen Sprung zu der genannten Adresse aus; das Programm wird also nicht mit der nächstfolgenden Adresse im Programmspeicher, sondern bei der im Sprungbefehl gegebenen Adresse fortgesetzt. Diese Adresse muß zwei Byte umfassen, der Maschinencode lautet 11000011 (+ 2 Byte Adresse) = C3(hex) (+ 4 hex.-Stellen Adresse), der Befehl ist also drei Worte zu je 8 Bit lang.

Nach diesen Vorbemerkungen wenden wir uns nun der Befehlsliste zu.

5.2 Der Befehlsvorrat

5.2.1 Befehlsliste und Ordnungskriterien

Die Summe aller Befehle, die ein Mikroprozessor durchführen kann, ist sein Befehlsvorrat, welcher meist in einer Befehlsliste zusammengestellt ist. Für Standard-Prozessoren ist ein Befehlsvorrat von ca. 100...200 Befehlen üblich. Wir gehen hier vom Befehlsvorrat der Standard-Prozessoren 8080 bzw. 8085 aus. Die Darstellung der Befehle im Mnemo-Code ist für verschiedene Prozessoren zwar unterschiedlich, doch haben sich gewisse Standard-Abkürzungen herausgebildet. Die Maschinensprache selbst, auch in hexadezimaler Schreibweise, ist indes für jeden Prozessor spezifisch.

Um die Befehle des gesamten Vorrats in Gruppen einteilen zu können, gibt es verschiedene Kriterien. Eines davon ist die Frage, welches Funktionselement durch den betreffenden Befehl *adressiert* wird. Mit einer solchen Einteilung würden speicheransprechende, registeransprechende und ein/ausgabeansprechende Befehle unterschieden. Zusätzlich zu diesen Gruppen könnten Befehle kommen, durch welche gewisse Funktionselemente *angesprochen* werden: Stack-Befehle, Verzweigungsbefehle und Steuerbefehle.

Die üblichere Einteilung erfolgt jedoch nach den Funktionen, welche die einzelnen Befehle *bewirken*. Das sind dann

— Transfer-Befehle zum Datenaustausch zwischen Registern und Speichern,
— arithmetische Operationen,
— logische Operationen,
— Sprungbefehle

und eine Reihe weiterer Befehle, die wir hier unter dem Wort Sonderbefehle zusammenfassen wollen. Daß in jeder Gruppe nur einige wenige, typische Befehle angesprochen werden können, versteht sich von selbst.

5.2.2 Transferbefehle

Transferbefehle dienen dem Verschieben von Daten zwischen Registern, Speicherzellen und Peripherie. Dabei wird der Akku als Register A bezeichnet, die Hilfsregister (vgl. Abschnitt 2.5.5, Bild 2.28) mit B, C, D, E, H und L. Diese Register können auch paarweise zusammengefaßt werden, so daß z.B. Adressen mit 2 Byte (2 × 8 Bit) unterzubringen sind.

Nun aber zu einigen typischen Befehlen:

MVI   r, konst. (Move Immediate to register)
Lade das Register r (A...L) mit der Konstanten konst. ($0 \leqslant$ konst. $\leqslant 255$).

MVI   M, konst. (Move to memory Immediate)
Bringe den Wert einer Konstanten konst. ($0 \leqslant$ konst. $\leqslant 255$) auf den Speicherplatz, der durch den Inhalt des Registerpaares (H, L) adressiert ist.

LDA   adr (Load Accumulator direct)
Lade den Akku mit dem Inhalt (Datum), der unter der Adresse adr abgelegt ist.

STA   adr (Store Accumulator direct)
Speichere den Inhalt des Akku unter der angegebenen Adresse adr.

MOV r_1, r_2 (Move register to register)
Lade das Register r_1 mit dem Inhalt des Registers r_2 (Register A...L).

MOV   r, M (Move memory to register)
Lade das Register r (A...L) mit dem Inhalt der Speicherzelle, die vom Inhalt des Registerpaares (H, L) adressiert ist.

MOV   M, r (Move register to memory)
Lege den Inhalt des Registers r auf den Speicherplatz, der vom Inhalt des Registerpaares (H, L) adressiert ist.

IN   nr (input)

Lade den Akku mit dem Inhalt des Eingabekanals mit der Nummer nr
($0 \leqslant$ nr $\leqslant 255$).

OUT   nr (output)

Gib den Akku-Inhalt auf dem Ausgabekanal der Nummer nr aus.
Die beiden Befehle IN/OUT gehören zum Isolated in/out-Verfahren,
vgl. Abschnitt 4.4.2.

Bei den Transfer-Befehlen fällt auf, daß die Datenbewegung entgegengesetzt zu der
Schreibfolge geschieht: MOV r, M bedeutet, daß ein Speicherinhalt M in das Register r
überführt wird, also eine Verschiebung M → r entgegengesetzt zur Schreibweise „r, M". Da
dies grundsätzlich bei allen Befehlen so ist, muß man sich dies merken.

Die kleine Auswahl von Transfer-Befehlen zeigt uns schon, wie flexibel ein Mikroprozessor
ist und wieviel Erfahrung dazu gehört, mit diesem Instrumentarium gekonnt umzugehen.

5.2.3 Arithmetische Operationen

Es wäre verfehlt anzunehmen, ein üblicher Mikroprozessor beherrsche auch nur die vier
Grundrechenarten! Was er kann, beschränkt sich auf die Addition, in manchen Fällen gibt
es sogar Subtraktionsbefehle. Sind solche nicht vorhanden, dann muß die Subtraktion
über Komplementbildung (s. Abschnitt 1.4.1) mühsam in einzelnen Schritten abgewickelt
werden. Dasselbe gilt für die Multiplikation und Division. Höhere Rechenarten, z.B.
Potenzieren oder Radizieren, müssen durch entsprechende Algorithmen erledigt werden.

Eine besondere Rolle nimmt das Umrechnen Binär/Dezimal ein. Normalerweise rechnet
der Prozessor im Dualsystem. Einige Prozessoren — so auch die Gruppe 8080/8085 —
haben Befehle zum Umrechnen zwischen Dual- und Dezimaldarstellung (vgl. später den
Befehl DAA).

Hier eine Auswahl arithmetischer Befehle:

INR   r (Increment Register)

Zum Inhalt des Registers r wird 1 addiert.

DCR   r (Decrement Register)

Vom Inhalt des Registers r wird 1 abgezogen.

Mit ähnlichen Befehlen kann auch der Inhalt von Speicherzellen (addressiert durch
den Inhalt des Registerpaars H, L) bzw. der Inhalt von Registerpaaren inkrementiert oder dekrementiert werden.

ADD   r (Add register to accumulator)

Zum Akku-Inhalt wird der Inhalt des Registers r addiert.

ADD   M (Add memory to accumulator)

Zum Akku-Inhalt wird der Inhalt der Speicherzelle addiert, die mit dem Inhalt des
Registerpaares (H,L) adressiert ist.

SUB   r (Subtract register from accumulator)

Vom Inhalt des Registers r wird der Akku-Inhalt abgezogen. Entsprechender Befehl SUB M für Speicherzellen.

ADI   konst. (Add Immediate to Accumulator)

   Konstante konst. (0 ≤ konst. ≤ 255) wird zum Akku-Inhalt addiert. Entsprechend
   Befehl SUI konst. für Subtraktion.

DAA   (Decimal Adjust Accumulator)

   Der 8-Bit-Akku-Inhalt wird in eine zweistellige Dezimalzahl umgewandelt.

Wir wissen schon, daß bei Additionen das Carry-Bit gesetzt wird, falls das Additionsergeb-
nis den Zahlenumfang (0...255) von 8 Bit übersteigt. Um noch mehr Flexibilität zu erreichen, enthält die Befehlsliste auch solche Befehle zur Addition und Subtraktion, bei
denen das Carry-Bit mit einbezogen ist.

5.2.4 Logische Operationen

Die Inhalte von Akku, Registern bzw. Speicherzellen lassen sich per Befehl auch nach den
Regeln der Aussagelogik verknüpfen, und zwar Bit für Bit. Dazu dienen Befehle wie die
nachfolgend als Beispiel aufgeführten; eine von vielen Anwendungen wollen wir dann
anschließend noch näher besprechen.

ANA   r (AND register with Accumulator)

   Inhalt des Registers r und des Akku werden Bit für Bit über die UND-Funktion
   verknüpft, das Ergebnis im Akku abgelegt.
   ANA M ist der entsprechende Befehl für eine Speicherzelle (Memory).

ANI   konst (AND Immediate with accumulator)

   Der Akku-Inhalt wird mit der Konstanten konst. (0 ≤ konst. ≤ 255) Bit für Bit
   über die UND-Funktion verknüpft.

ORA   r (OR register with Accumulator)

   Inhalt des Registers r und Akku werden Bit für Bit mit der ODER-Funktion ver-
   glichen.
   ORA M ist die entsprechende Verknüpfung mit dem Inhalt einer Speicherzelle,
   ORI konst. die ODER-Verknüpfung mit einer Konstanten.

   Weitere Verknüpfungen derselben Typen, jedoch über die Funktion des Exklusiv-
   Oder, ermöglichen die Befehle XRA sowie XRI.

Eine Anwendung solcher logischer Verknüpfungen ist das sog. „Maskieren", bei welchem
ein Bit oder eine Bit-Gruppe – z.B. vom Akku-Inhalt – herausgeblendet („maskiert")
werden kann. Stellen wir uns einmal vor, wir wollten wissen, ob das niedrigstwertige Bit
(LSB, least significant bit) im Akku 0 oder 1 ist. Um dies zu tun, wird der Akku-Inhalt per
UND-Funktion mit dem binären Wort 0000 0001 (= 01 hex) verknüpft. Was dabei herauskommt, wollen wir uns einmal näher ansehen:

Akku-Inhalt	XXXX XXX0	XXXX XXX1
ANI 01 (hex)	0000 0001	0000 0001
Ergebnis	0000 0000	0000 0001

Gleichgültig, wie die restlichen Bit im Akku belegt sind (das X steht für „don't care", hier
dürfen also wahlweise 0 oder 1 stehen), das Ergebnis zeigt eindeutig und ausschließlich an,
ob das LSB mit einer 0 oder einer 1 belegt ist.

Das Verfahren funktioniert auch für Gruppen von Stellen, es muß nur die beim ANI-Befehl benutzte Konstante entsprechend gewählt sein. Um etwa die vier höchstwertigen Bits des Akku auf das Vorhandensein von Einsen zu kontrrollieren, wäre die Konstante 1111 0000 (= F0 hex) zu wählen:

Akku-Inhalt	0101 XXXX	1111 XXXX
ANI F0 (hex)	1111 0000	1111 0000
Ergebnis	0101 0000	1111 0000

Eine weitere Gruppe von Befehlen sind die Vergleiche. Sie können sehr vielseitig eingesetzt werden und sind deswegen manchmal auch unter den arithmetischen Befehlen aufgeführt. Die Vergleichsbefehle beeinflussen das Carry-Bit CY und das Zero-Bit Z. Beide gehören zum Statusregister (vgl. Abschnitt 2.3). Das Carry-Bit wird normalerweise bei einem Übertrag gesetzt, das Zero-Bit dann, wenn der Akku-Inhalt zu Null geworden ist.

Anschließend folgen zwei Beispiele für Vergleichsbefehle:

CPI   konst. (Compare Immediate with accumulator)

Der Akku-Inhalt wird mit einer Konstanten ($0 \leqslant$ konst. $\leqslant 255$) verglichen. Dabei gilt:
Akku-Inhalt = konst.:   Z = 1
Akku-Inhalt $<$ konst.:   Z = 0   CY = 1
Akku-Inhalt $>$ konst.:   Z = 0   CY = 0

CMP   r (Compare register with accumulator)

Der Akku-Inhalt wird mit dem Inhalt des Registers r verglichen. Die Zuordnung von Carry- und Zero-Bit geschieht wie beim Befehl CPI.

Ein Vergleich zwischen Akku- und Speicherzellen-Inhalt ist über den Befehl CMP M möglich.

Obwohl die Rotations- und Schiebebefehle unter die Registeranweisungen fallen, sollen sie in der Auflistung hier den logischen Befehlen angeschlossen werden. Bei beiden Befehlsarten arbeitet der Akku als Schieberegister. Unterschiede ergeben sich vor allem dadurch, wie das Carry-Bit (als Carry-Flipflop) einbezogen wird:

RAL   (Rotate Accumulator Left through carry)

Der Akku-Inhalt wird um eine Stelle nach links gerückt. Dabei gelangt das höchstwertige Bit (MSB) in das Carry-Flipflop, dessen früherer Inhalt wird zum niederwertigsten Bit (LSB), vgl. Bild 5.1a.

RAR   (Rotate Accumulator Right through carry)

Dasselbe Verfahren, nur Verschiebung nach rechts, wie es Bild 5.1b zeigt. Nun geht LSB ins Carry-Flipflop, dessen voriger Inhalt wird zum MSB.

Anwendungen gibt es viele. So bringt das Verschieben nach links eine Multiplikation, das Verschieben nach rechts eine Division (Ergebnis bleibt aber ganzzahlig) mit dem Faktor 2. Setzt man den Akku auf Null (also Befehl MVI A,00) und läßt den Befehl RAL folgen, dann steht das Carry-Bit (allein) im Akku; auch das wäre eine Anwendung.

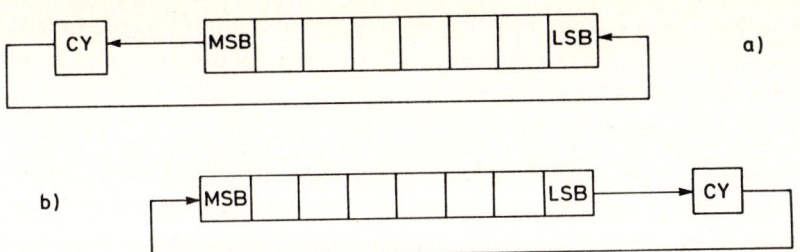

Bild 5.1 Rotieren des Akku-Inhalts „through carry"
a) links rotieren, Befehl RAL   b) rechts rotieren, Befehl RAR

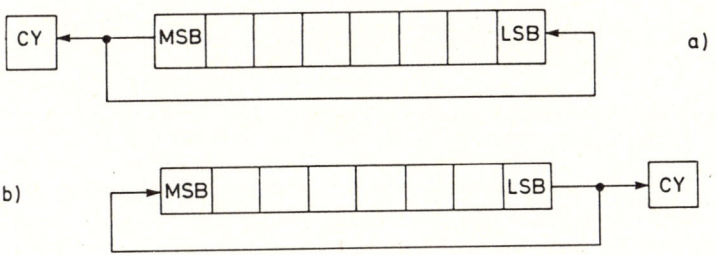

Bild 5.2 Rotieren des Akku-Inhalts (ohne Zwschenschalten des Carry-Flipflop)
a) links rotieren, Befehl RLC   b) rechts rotieren, Befehl RRC

RLC   (Rotate Left accumulator)

Der Akku-Inhalt wird um eine Stelle nach links gerückt, das MSB wird in das Carry-Flipflop übernommen und zugleich am unteren Ende des Akku-Inhalts als LSB eingefügt. vgl. Bild 5.2a.

RRC   (Rotate Right accumulator)

Dasselbe Verfahren (s. Bild 5.2b) wie vorher, jedoch Rotationsrichtung „rechts". LSB wird in Carry-Flipflop und als MSB übernommen.

Bei beiden Operationen bleibt die Bitfolge des ursprünglichen Akku-Inhalts unverändert und wird lediglich um 1 Bit (nach links oder rechts) versetzt.

5.2.5 Sprungbefehle

In vielen Fällen ist es nötig, das derzeit bearbeitete Programm zu verlassen und an eine andere Stelle im Programm zu springen, z.B. bei sich wiederholenden Rechnungen und Abläufen. Da der Programmzähler die Programmschritte verwaltet, wie wir wissen, wird er bei einem Sprung einfach auf die neue Programmadresse umgeladen; dann setzt sich das Programm automatisch an dieser Stelle fort.

Ein Programmsprung kann fest an einer beliebigen Stelle des Programms vorgesehen werden und heißt dann unbedingter Sprung, weil keine weiteren Bedingungen für diesen Sprung festgelegt sind. Beispiel dafür ist der Befehl

JMP   adr. (Jump unconditional)

> Der Programmzähler wird mit der Adresse adr. geladen, das Programm dort fortgesetzt.

Interessanter sind die „bedingten" Sprünge, die nur ausgeführt werden, wenn eine genau vereinbarte Bedingung erfüllt ist. Solche Bedingungen hängen oft mit der Lage von Flags (aus dem Zustandsregister) zusammen:

JC   adr. (Jump on Carry)

> Bei Carry-Bit = 1 wird das Programm bei adr. fortgesetzt.

JNC   adr. (Jump on No Carry)

> Bei Carry-Bit = 0 wird das Programm bei adr. fortgesetzt.

JZ   adr. (Jump on Zero)

> Bei Zero-Bit = 1 wird das Programm bei adr. fortgesetzt.
>
> Entsprechend JNZ (Jump on No Zero) für Z = 0.

Mit derartigen Befehlen kann man abfragen, ob eine Addition das Carry-Bit gesetzt hat, ob bei wiederholter Subtraktion das Zero-Bit gekommen ist oder ob bei Vergleichen (z.B. Befehle CPI, CMP) diese Flags verändert worden sind.

Immer wiederkehrende Abläufe, z.B. Zwischenrechnungen, Zeitverzögerungen u.ä. werden als Unterprogramme geführt und dann immer wieder abgerufen. Das erfolgt mit einem Sprungbefehl auf die Adresse, bei der das betreffende Unterprogramm beginnt. Da man nach dem Abarbeiten des Unterprogramms ins Hauptprogramm zurückkehren muß, wird die Rückkehradresse, also die Adresse des nächstfolgenden Hauptprogrammschritts, im Stapelspeicher (stack) abgelegt. Das alles geschieht mit dem Befehl

CALL adr. (Call unconditional)

> Programm wird bei der Adresse adr. fortgesetzt, die Rückkehradresse im Stapelspeicher abgelegt.

Ähnlich wie bei den Programmsprüngen gibt es auch bei den Unterprogramm-Aufrufen die unbedingte (unconditional) und die bedingte Form. Bei letzterer wird das Programm bei der Adresse adr. fortgesetzt, wenn die betreffende Bedingung erfüllt ist:

CC   adr. (Call on Carry)

CNC   adr. (Call on No Carry)

CZ   adr. (Call on Zero)

CNZ   adr. (Call on No Zero) und andere solche Befehle.

Unterprogramme müssen an ihrem Ende gekennzeichnet sein, damit der Rücksprung ins Hauptprogramm erfolgen kann. Ohne weitere Bedingungen erfolgt dies mit dem Befehl

RET   (return)

> Das Programm wird bei der im Stapelzeiger abgelegten Rücksprungadresse fortgesetzt.

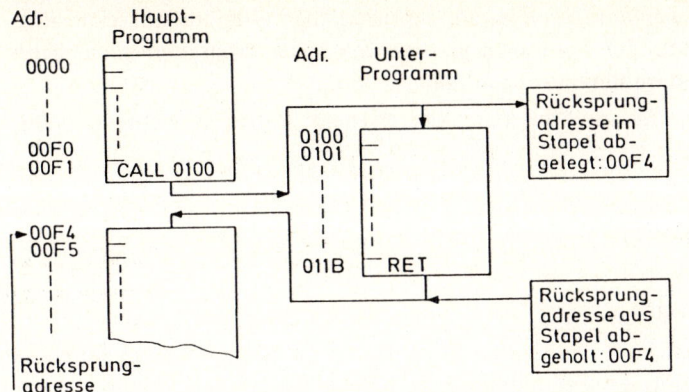

Bild 5.3
Struktur der Unterprogramm-Bearbeitung

Auch der Rücksprung aus einem Unterprogramm in das Hauptprogramm kann an Bedingungen geknüpft sein, was zu „bedingtem Rücksprung" führt, z.B.

RC   (Return on Carry)

RNC   (Return on No Carry)

RZ   (Return on Zero)

RNZ   (Return on No Zero)   und andere solche Befehle.

Das Unterprogrammverfahren soll mit Bild 5.3 noch etwas näher erläutert werden. Wir wollen annehmen, daß das Hauptprogramm mit der Adresse 0000 (alle Adreßangaben sind hierbei hexadezimal) beginnt und bei Adresse 00F1 (≙ Stand des Befehlszählers) der Sprungbefehl CALL nach 0100 folgt. Das Hauptprogramm läuft also bis zur Adresse 00F1 Schritt für Schritt ab. Dann wird auf 0100 gesprungen und das Unterprogramm (z.B. eine Zeitschleife) abgearbeitet.

Der Befehl CALL adr benötigt aber nicht nur den Adressenplatz 00F1, sondern noch zwei weitere Plätze für die vierstellige Sprungadresse 0100. Mithin ist die Rückkehradresse ins Hauptprogramm nicht 00F2, sondern 00F4. Diese Rücksprungadresse wird im Stapelspeicher abgelegt.

Am Ende des bei 0100 beginnenden Unterprogramms steht dann der Befehl RET. Tritt er auf, dann wird aus dem Stack die Rücksprungadresse geholt und bei 00F4 im Hauptprogramm weitergemacht. Ein Beispiel für den Befehl CALL findet sich in den Abschnitten 6.3.1 und 6.3.2, vor allem in Tabelle 6.3 ist zu sehen, daß die Adressen nach dem CALL-Befehl noch um 2 Byte weiterlaufen müssen, um die Sprungadresse aufzunehmen.

5.2.6 Einige Sonderbefehle

Es erscheint zunächst merkwürdig, daß es einen Befehl gibt, der den Rechner veranlaßt, gar nichts zu tun:

NOP   (No Operation)

Leerbefehl: Der Prozessor tut nichts und geht zum nächsten Befehlsschritt über.

Der NOP-Befehl wird dann verwendet, wenn aus irgendwelchen Gründen kurze Verzöge-
rungszeiten erforderlich sind, oder wenn man an einer Stelle des Programms nicht sicher
ist, ob nicht später noch weitere Befehle einzuschieben sind.

Auch die „künstliche" Beeinflussung des Carry-Bit erscheint zunächst nicht unbedingt
nötig:

STC   (Set Carry)

        Das Carry-Bit wird gesetzt.

CMC   (Complement Carry)

        Das Carry-Bit wird negiert.

Dennoch ist es in sehr vielen Fällen nötig, das Carry-Bit zu definieren, weil es durch die
verschiedensten Befehle beeinflußt wird und man oft nicht genau erkennen kann, was nun
eigentlich mit dem CY geschehen ist. CY = 0 wird durch die Folge der beiden Befehle
STC, CMC erreicht.

Wichtig ist noch das Anhalten des Programms:

HLT   (Halt)

        Das Programm wird angehalten, bis eine Unterbrechungsanforderung (interrupt)
        oder ein Reset eintrifft.

RESET ist ein „Hardware"-Befehl, bei welchem ein vollständiges Rücksetzen des ganzen
Prozessors erfolgt. Meist muß ein Signal 0 angelegt werden (also $\overline{RESET}$), was manuell
mit einem Schalter oder automatisch mit einem RC-Glied beim Einschalten der Speisespannung geschieht, vgl. Bild 5.4.

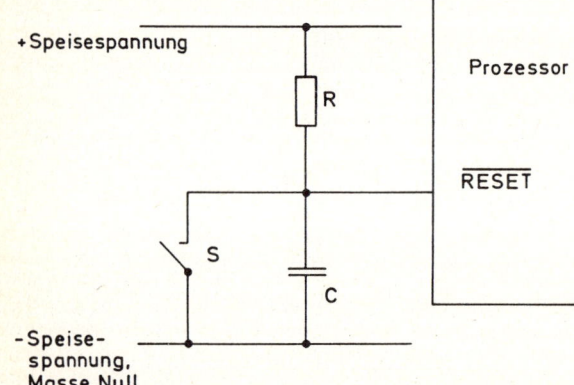

Bild 5.4
Erzeugen des RESET-„Befehls"
manuell:
durch Betätigen des Schalters S
automatisch:
beim Einschalten (Anlegen der Speisespannung) ist der Kondensator C
noch entladen. Da die Spannung an C
nicht springen kann, wird $\overline{RESET}$
noch eine kurze Zeit auf Signal 0
gehalten und geht erst dann auf
Signal 1 (HIGH).

5.3 Das Interrupt-Problem

5.3.1 Interrupt – von außen ausgelöster Unterprogrammsprung

Vor allem bei der Prozeßdatenverarbeitung kommt es oft vor, daß Alarmsignale der
verschiedensten Art vorrangig erledigt werden müssen, bevor man wieder zu der gerade

bearbeiteten Routine zurückkehrt. Vorrangig erledigen heißt dabei, daß der Prozessor so rasch wie irgend möglich auf den Alarm reagiert.

Dabei dürfen die Daten des gerade bearbeiteten Vorgangs natürlich nicht verlorengehen. Sonst würde durch die vorrangige Alarmbearbeitung zwar Schaden vermieden, durch den Verlust an Daten jedoch evtl. an anderer Stelle Schaden entstehen.

Das Verfahren der Alarmbearbeitung ist im Prinzip einfach: Kommt ein Alarmsignal, dann bedingt dies einen Interrupt (interrupt), eine Unterbrechung der laufenden Arbeit. Der Interrupt bewirkt, daß aus dem Hauptprogramm in ein Unterprogramm zur Bearbeitung des Alarmsignals, in eine Interrupt-Routine gesprungen wird. Es handelt sich um einen der uns schon bekannten Unterprogrammsprünge (vgl. Abschnitt 5.2.5), also um nichts grundsätzlich Neues. Neu ist dann das Unterprogramm selbst, weil es zunächst die Befehle enthalten muß, mit denen die derzeitig bearbeiteten Daten (so etwa der Akku-Inhalt, der Programmzählerstand, Daten in bestimmten Registern oder von Ein/Ausgaben) gerettet, also an geeigneter Stelle im Speicher oder Stack abgelegt werden. Nach Abarbeiten der Interrupt-Routine wird normalerweise ins Hauptprogramm zurückgekehrt.

5.3.2 Interrupt-Bearbeitung

Nehmen wir einmal an, der Prozessor habe einen (einzigen) Interrupt-Eingang, wie es z.B. bei der Type 8080 der Fall ist. Dann kann auf jeden Fall dieser Eingang per Software, und zwar im vorliegenden Fall mit dem Befehl DI (Disable Interrupts) gesperrt werden. Erst der Befehl EI (Enable Interrupts) befähigt den Prozessor, auf ein Interruptsignal überhaupt zu reagieren; diese Befähigung gilt, bis mit DI gesperrt wird.

Kommt das Interruptsignal oder — wie man auch sagt — eine Interrupt-Anforderung (interrupt request, abgekürzt oft INTR oder IRQ), dann wird ein Interrupt-Flipflop gesetzt. Das Interruptsignal ist nicht an den Prozessortakt gebunden, sondern darf zu beliebiger Zeit auftreten. Mit dem somit angenommenen Interrupt ist die Annahme weiterer Interrups blockiert, es herrscht also derselbe Zustand, der auch durch den Befehl DI (Disable Interrupt) erreicht würde. Der Prozessor meldet dies nach außen, beim 8080 mit einem Signal INTE (Interrupt Enable), bei anderen Prozessoren wird ein Signal INTA (Interrupt Acknowledge) ausgegeben.

Der zu diesem Zeitpunkt noch im Prozessor laufende Befehl wird zu Ende gebracht. Dann erwartet die CPU einen Befehl, den diejenige Baugruppe auf den Bus geben muß, welche die Interrupt-Anforderung ausgegeben hat. Im Prinzip ist jeder Befehl möglich, üblicherweise wird ein Restart-Befehl (RST) ausgegeben. Er veranlaßt zunächst, daß der Inhalt des Befehlszählers als spätere Rücksprungadresse in den Stapelspeicher abgelegt wird, dann springt er auf eine Adresse, die zwischen 000 und 111[1]) (also dezimal 0 und 7, RST 0 bis RST 7) liegen darf. Dort kann dann der Sprung auf das eigentliche Interruptprogramm abgelegt sein.

Das Interruptprogramm ist nichts anderes als ein Unterprogramm, wie wir es schon (Abschnitt 5.2.5, Bild 5.3) besprochen haben. Die Rücksprungadresse wird automatisch im Stapelspeicher abgelegt. Der Programmierer hat es dann mit seinem Interruptprogramm in

---

[1]) Angabe für die CPU 8080.

der Hand, welche Daten noch zu „retten" sind und wohin sie abgelegt werden. Denn er weiß ja, auf welche Register, Speicherplätze usw. die Interruptroutine einwirkt und damit Daten zerstören würde.

Das Interruptprogramm endet mit den Befehlen EI (Enable Interrupt) und RET (Return). Mit dem EI wird die nach Annahme des Interrupts automatisch eingetretene Sperrung des Interrupt-Eingangs wieder aufgehoben, mit RET kehrt der Prozessor zum Hauptprogramm zurück, und zwar bei der im Stack abgelegten Rücksprungadresse — genau wie bei einem normalen Unterprogramm.

Soviel zum prinzipiellen Verfahren einer Interruptroutine. Man sollte vielleicht ergänzend hinzufügen, daß es außer dem beschriebenen externen Interrupt auch den internen Interrupt gibt. So besitzt z.B. der Einchip-Prozessor 8048 einen Zähler auf dem Chip. Mit Zählvorgängen läßt sich ein Signal auslösen, welches intern erzeugt wird und ein echter Interrupt ist, der sogar einen eigenen Speicherplatz besitzt, auf welchem der Sprungbefehl (z.B. ein JMP adr.) zum Beginn des Interruptprogramms abgelegt wird.

Die für den Interrupt-Fall eigens reservierten Adressen dürfen verständlicherweise nicht von normalen Programmbefehlen belegt sein. Deswegen werden sie im Programm meist übersprungen, z.B. mit einem unbedingten Sprungbefehl.

Eine weitere Anmerkung geht dahin, daß *ein* Interrupt-Eingang zu wenig ist. Es sollten schon mehrere solcher Eingänge verfügbar sein, und zwar so, daß bei gleichzeitigem Auftreten von Interrupt-Anforderungen zuerst der wichtigste und dann erst die nachrangigen Unterbrechungsanlässe bearbeitet werden: Wir brauchen für die Interrupt-Eingänge eine Prioritätenliste. Dies wird entweder mit Hardware oder mit Interrupt-Bausteinen erreicht.

5.3.3 Interrupt-Prioritäten

Der Interrupt-Baustein (PIC, Programmable Interrupt Controller) ist ein Peripheriebaustein und besitzt verschiedene Eigenschaften.

Da die Interruptbehandlung bei verschiedenen Prozessoren sehr unterschiedlich ist, fallen auch die Interrupt-Bausteine sehr verschieden aus. Wenn hier vom Prozessor 8080 als CPU ausgegangen wurde, dann ist als PIC die Type 8259 heranzuziehen. Dieser Baustein erweitert den einen Interrupteingang des Prozessors auf acht Interrupteingänge. Die Priorität der Interrupts ist programmierbar. Kommen mehrere Anforderungen, dann werden sie nacheinander — nach ihrer Prioritätseinstufung — behandelt und abgearbeitet.

Der PIC erzeugt auch den Befehl zum Sprung auf die Anfangsadresse der Interruptprogramme. Es gibt keine Vorschrift oder Einschränkung dafür, wo die Interruptprogramme abzulegen sind, dies kann im gesamten Adreßraum erfolgen.

Bei den moderneren Prozessoren ist eine gewisse Interruptverwaltung schon auf dem Chip vorgesehen, so z.B. beim Nachfolgetyp des 8080, beim System 8085. Er besitzt vier Interrupteingänge verschiedener Priorität. Höchste Priorität hat der Eingang TRAP (trap: fangen, ertappen) welcher nicht gesperrt werden kann, auch nicht durch einen DI-Befehl (Disable Interrupts). Die anderen Eingänge, RST 5.5 (Restart), RST 6.5 und RST 7.5 sind einzeln sperrbar oder, wie auch gesagt wird, „maskierbar".

Der Ausdruck „maskieren" ist uns von den logischen Befehlen her schon bekannt (vgl. Abschnitt 5.2.4) und hat mit einzelnen Bits im Akku zu tun. In der Tat gibt es nun beim

8085 zwei Befehle, SIM (<u>S</u>et <u>I</u>nterrupt <u>M</u>ask) und RIM (<u>R</u>ead <u>I</u>nterrupt <u>M</u>ask). Bei SIM bestimmen einzelne Bits des Worts im Akku, welcher der Interrupteingänge (außer TRAP) gesperrt ist und welcher nicht. So kommt es, daß ein „maskierbarer Interrupt" ganz ein-fach bedeutet, daß die einzelne Interruptleitung per Software über eine Maskieroperation gesperrt oder freigegeben werden kann.

Der Befehl DI (<u>D</u>isable <u>I</u>nterrupts) sperrt *alle* Interruptleitungen (außer TRAP).

5.3.4 Interrupt-Steuerung

Sind mehrere Peripheriegeräte zusammen mit einer CPU tätig, dann könnte diese zyklisch (also zeitmultiplex) die Peripherie abfragen, ob eines der Geräte – z.B. Ein/Ausgaben – **bedient werden muß. Damit wäre aber die CPU sehr beschäftigt,** wenn nicht geradezu blockiert, und würde immer wieder bei Peripheriegeräten nachfragen, obwohl diese im Moment keinerlei Bedienungsbedarf haben. Das wäre ein erheblicher Zeit- und somit auch Kostenaufwand.

Weit besser ist die Überlegung, daß sich Peripherie-Einheiten beim Prozessor „melden", wenn etwas zu erledigen, z.B. eine Tasteneingabe zu übernehmen ist. Das aber führt dazu, daß sich Peripherie über Interrupteingänge an den Prozessor wendet. Man spricht von unterbrechungsgesteuertem (interrupt driven) Datenaustausch.

Für diesen können wir unsere Interruptkenntnisse direkt einsetzen. Es ergibt sich eine Struktur, wie sie Bild 5.5 zeigt. Eine Interruptlogik nimmt die Interruptanforderungen (Signale IRQ1, IRQ2… , <u>I</u>nterrupt <u>Re</u>quest) an und leitet sie nacheinander – ggf. nach Prioritäten geordnet – an den Prozessor weiter. Dieser erhält also nur ein Interruptsignal IRQ und quittiert es mit dem Signal INTA (<u>I</u>nterrupt <u>A</u>cknowledge). Jeder Interrupt-ebene, also jedem Interruptanschluß, ist eine Adresse zugeordnet; die Interruptlogik ist

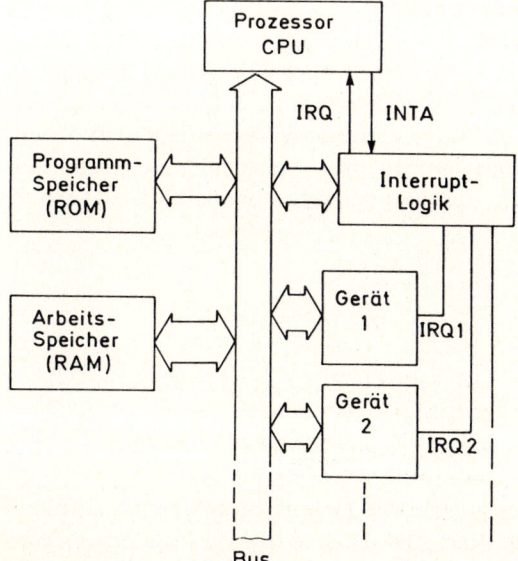

Bild 5.5

Unterbrechungsgesteuerter Datenaustausch

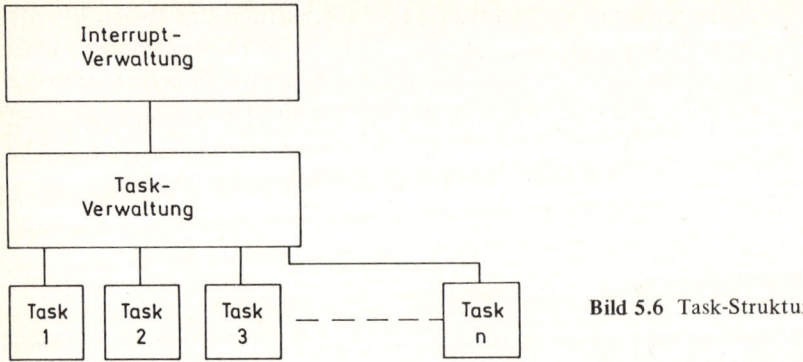

Bild 5.6 Task-Struktur

mit dem Bus verbunden. Es ist gleichgültig, ob eine solche Anordnung vollständig in hardware aufgebaut ist (das wäre bei der CPU 8080 nötig) oder ob eine vorhandene Interruptlogik (z.B. beim 8085) mitverwendet wird.

Das Verfahren läßt sich auf andere Bereiche übertragen. In der Prozeßdatenverarbeitung, der Steuerungs-, Meß- und Regelungstechnik kommt es oft vor, daß Aufgaben und Rechenprozesse gleichzeitig zu bearbeiten sind, oder daß zumindest hinreichend rasche Reaktionen auf bestimmte Signale erwartet werden. Die dazu nötigen Programme müßten Echtzeitprogramme (real time programs) sein.

Bei solchen Echtzeitproblemen kommt es oft vor, daß die einzelnen Aufgaben konkurrierend auftreten, also gewisse Prioritäten der Bearbeitung gesetzt werden müssen. Man könnte nun auch hier die einzelnen Teilprogramme nacheinander ablaufen lassen und jeweils prüfen, ob sie überhaupt benötigt werden, oder ob man sie übergehen könnte. Aber auch diese Prüfung kostet Zeit, und im schlimmsten Falle würden erst einmal alle Programme geprüft, bis man endlich beim letzten Teilprogramm festzustellen hätte, daß gerade dieses vordringlich zu bearbeiten gewesen wäre.

Hier ist es günstiger, an die schon bekannte Interruptverwaltung (interrupt handler) noch eine Verwaltung der einzelnen Teilaufgaben oder Rechenprozesse (tasks) anzuhängen (task management). Die grobe Struktur eines solchen Aufbaus ist in Bild 5.6 gezeigt. Die Interruptverwaltung erledigt die Frage der Prioritäten, die Task-Verwaltung prüft daraufhin, ob ein neuer Rechenprozeß gestartet oder ob der bisher behandelte fortgesetzt werden soll. Solche Systeme sind aber schon sehr komplex und gehen über die hier zu betrachtenden Grundlagen hinaus.

5.4 Arbeiten mit dem Speicher

5.4.1 Speicherbelegungsplan

Im Speicherbelegungsplan ist genau festgelegt, wie der gesamte Speicherraum aufgeteilt wird und welche Adreßbereiche dafür vorgesehen sind. Da sind dann gewisse Adreßräume

Adresse dez.	hex.	Belegung	Ausführung
65 535	FF FF	E/A/Einheiten	
63 232	F7 00		
63 232	F6 FF	unbelegt	
33 024	81 00		
33 023	80 FF	Stapelspeicher	256 Byte (1/4k)
32 768	80 00	(stack)	RAM
32 767	7F FF	unbelegt	
24 576	60 00		
24 575	5F FF	Datenspeicher	16 kByte RAM
8 192	20 00		
8 191	1F FF	Reserve	4 kByte EPROM
4 096	10 00		
4 095	0F FF	Programm	4 kByte ROM
0	00 00		

8 Bit = 1 Byte

Bild 5.7
Beispiel für einen
Speicherbelegungsplan

etwa für den Programmspeicher, zur Datenablage oder auch (falls „memory mapped"
betrieben) für Ein/Ausgabe festgelegt bzw. reserviert.

In Bild 5.7 ist ein frei erfundener Speicherbelegungsplan skizziert. Links steht die Spalte
der Adressen. Üblicherweise wird zwar nur die hexadezimale Bezeichnung verwendet;
für uns Anfänger sind jedoch die dezimalen Äquivalente mitgeführt – das zeigt deutlicher,
wie groß die einzelnen Speicherblöcke sind. In unserer Annahme wird davon ausgegangen,
daß jede Speicherzelle 8 Bit = 1 Byte breit sei.

Der turmartige Aufbau des Speichers enthält nun alle Speicherzellen, in unserem Beispiel
65 536 (= 64k). Weil $2^{16} = 65\,536$, sind wir davon ausgegangen, daß 16 Adreßleitungen
zur Verfügung stehen. Dieser gesamte Adreßraum wird nun im Speicherbelegungsplan aufgeteilt. In der Spalte ganz rechts finden sich noch Hinweise, welche Speicherarten für den
jeweiligen Block verwendet werden können bzw. müssen.

Zunächst ist ein Block von 4k (000...0FFF) für das Programm vorgesehen, z.B. als Festwertspeicher ROM. Weitere 4k (1000...1FFF) sind in Reserve gehalten, hier können z.B.
bei Bedarf EPROMs eingefügt werden. Für abzulegende Daten sind 16k (2000...5FFF)
vorgesehen. Etwa in der Mitte des Speicherbereichs liegt von 8000...80FF ein Stapelspeicher mit 256 Byte RAM, und ganz oben im Speicherraum sind noch 2k für den Verkehr
mit E/A-Einheiten vorgesehen (also für memory-mapped Betrieb).

Mit einem solchen Plan läßt sich eine gute Übersicht über den Speicher erreichen.

5.4.2 Speicherausbau

Schon der Speicherbelegungsplan zeigt, daß ihn die verwendeten einzelnen Speicherbausteine keinesfalls ganz umfassen. Das aber bedeutet, daß die Speicher weniger Adreßanschlüsse aufweisen als die für ein gesamtes Speichervolumen von 64k vorgesehenen 16 Adreßleitungen. Somit erhebt sich die Frage, wie die Speicherelemente anzuschließen sind.

Wir wissen aus Abschnitt 2.4.2, daß Speicherbausteine nur ansprechbar sind, wenn ein Chip-Select-Signal CS (meist als $\overline{\text{CS}}$-Signal, also aktiv LOW) anliegt. In Bild 2.20 hatten wir den einfachen Fall betrachtet, daß vier Bausteine zu je 1k Speicherzellen mit 12 Adreßleitungen zu betreiben waren. Die Lösung zeigte, daß man hier die ersten 10 Adreßleitungen A0...A9 an alle Einzelspeicher parallel anlegen könnte, und mit $2^{10} = 1024$ paßte das genau auch zu den 10 Adreßanschlüssen der 1k-Speicher. Die Auswahl unter den vier 1k-Speichern geschah über einen Decoder, der aus den restlichen zwei Adreßleitungen (mit $2^2 = 4$ Möglichkeiten) dann jeweils einen mit einem CS-Signal ansprach.

Ganz so einfach sind die Verhältnisse nicht immer. Nehmen wir einmal den Stapelspeicher aus dem Speicherbelegungsplan von Bild 5.7 aus dem vorhergehenden Abschnitt. Er umfaßt 256 Byte, also $\frac{1}{4}$ k, im Adreßbereich 8000...80FF (hex). Das ist der Bereich folgender Adressen:

$$8000 \text{ (hex)} \triangleq \quad \underline{1000\ 0000}\ 0000\ 0000 \quad \text{(dual)}$$
$$80FF \text{(hex)} \triangleq \quad \underline{1000\ 0000}\ \underline{1111\ 1111} \quad \text{(dual)}$$

Adreßleitungen   A15—A8   A7—A0

Wir können also die Adressen A7—A0 direkt mit den Anschlüssen des Adreßbusses verbinden; das RAM mit $\frac{1}{4}$ k darf aber nur angesprochen werden, wenn die Konfiguration auf den Adreßleitungen A15—A8 die Binärfolge 1000 0000 aufweist.

Aus dieser Bedingung läßt sich über eine NAND-Schaltung mit acht Eingängen ein geeignetes Signal gewinnen. Dazu werden die Signale A14...A8 invertiert angelegt, A15 jedoch direkt. Dann steht am NAND-Ausgang für A15 $\triangleq$ HIGH und A14...A8 $\triangleq$ LOW ein LOW-Signal an, das direkt als $\overline{\text{CS}}$ Verwendung finden kann, wie Bild 5.8 zeigt.

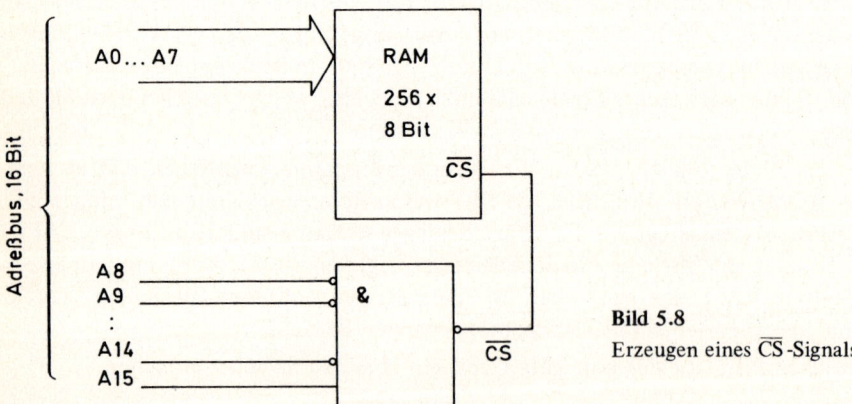

Bild 5.8
Erzeugen eines $\overline{\text{CS}}$-Signals

So muß also in vielen Fällen mit Hilfe logischer Schaltungen (UND, ODER) das Signal CS (bzw. $\overline{CS}$) hardwaremäßig erzeugt werden, wie es der Speicherbelegungsplan erfordert. Speicherbausteine größerer Kapazität haben oft bis zu drei CS-Anschlüsse, so daß der Aufwand an zusätzlicher Hardware gering bleibt.

Wir sind seither davon ausgegangen, daß mit n Adreßleitungen 2^n Speicherplätze adressierbar sind. Nun kann es vorkommen, daß dieser Speicherraum nicht ausreicht und erweitert werden soll. Dann kann man über eine Ausgabeoperation weitere Adreßbits ausgeben und in ein Register laden, das die zusätzlichen Adreßbits auf einem erweiterten Adreßbus zur Verfügung stellt. In diesem Fall bezeichnet man den ursprünglichen Adreßraum mit 2^n Speicherzellen als „Adreßbank". Mit der Ausgabeoperation wird sozusagen von einer auf die andere Adreßbank umgeschaltet (bank switching). Es liegt auf der Hand, daß man bei diesem Verfahren die Programme entsprechend gestalten muß, damit dieses Umschalten möglichst selten vorkommt.

Es gibt Prozessoren, die intern schon so organisiert sind, daß durch Befehle nur ein Teil des gesamten Adreßraums erreicht wird und man zur Erweiterung zuerst auf einen anderen Teil des Speicherraums umschalten muß. Man sagt, eine solche CPU arbeite mit „Seiten" (pages), die dann per Software „umgeblättert" werden.

5.4.3 Direkter Speicherzugriff

Werden Daten zwischen Peripherie und dem Arbeitsspeicher ausgetauscht, dann laufen sie immer über die CPU. Das ist bei kleineren Systemen vertretbar, weil die so übertragenen Datenmengen klein sind. Bei größeren Datenmengen, schon bei Betrieb einer Floppy, wird jedoch durch den Umweg über die CPU viel Zeit verbraucht. Um den Prozessor zu entlasten, gibt es das Verfahren des direkten Speicherzugriffs (Direct Memory Access, DMA).

Bei diesem Verfahren wird kurzzeitig oder während der zum Übertragen der Datenmenge nötigen Zeit (sog. Blockbetrieb) der Bus von der CPU abgetrennt. Speicher und Peripherie verkehren direkt über den Bus miteinander. Die Steuerung dieses Ablaufs übernehmen DMA-Bausteine (DMA-Controller). Der Eingriff in die CPU erfolgt über die meist vorhandenen Eingänge wie HOLD o.ä. Damit wird zwar die CPU angehalten und für die Bearbeitung anderer Aufgaben gesperrt. Das ist jedoch immer noch günstiger, braucht doch die Datenübertragung mit DMA (bei Umgehen der CPU) weniger Zeit, als würde der Umweg über den Prozessor eingeschlagen.

Wie Bild 5.9 erkennen läßt, korrespondiert der DMA-Baustein mit dem Bus und mit den Peripheriegeräten. Auf eine Bus-Anforderung des DMA-Bausteins (BRQ, Bus Request) wird der Prozessor vom Bus abgetrennt, seine Bus-Ausgänge gehen auf den hochohmigen Tristate-Zustand. Dies kann z.B. über den HOLD-Eingang (vgl. Bild 2.27, Anschlüsse der CPU 8085) geschehen. Hatte der CPU seither über den Bus verfügt, so wird er jetzt dem DMA-Baustein übergeben, wenn die CPU durch ein Signal BA (Bus Acknowledge), etwa die Halte-Quittierung HOLDA, meldet, daß sie dazu bereit ist (s. auch Bild 5.10).

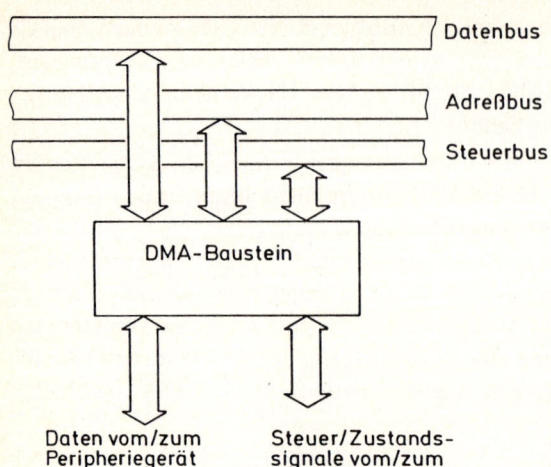

Daten vom/zum   Steuer/Zustands-   **Bild 5.9**
Peripheriegerät   signale vom/zum   DMA-Baustein zwischen Bus und Peripherie
                       Peripheriegerät

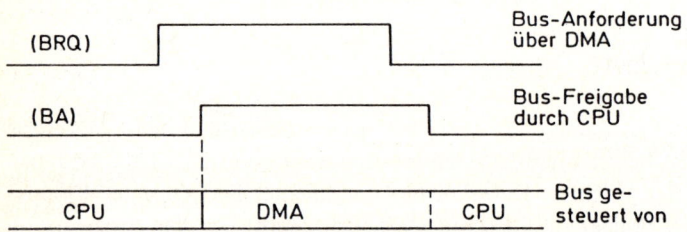

Bild 5.10 Ablauf einer DMA-Anforderung

Soll der DMA-Baustein über den Bus verfügen können, dann muß er sich zu dessen Betrieb ähnlich verhalten wie ein Prozessor selbst: Er muß die Adressen für den anzusprechenden Speicherbereich ausgeben, Steuersignale erzeugen, auf „Bereit"-Meldungen reagieren und Daten senden und empfangen. Ein DMA-Baustein ist also ein kleiner Prozessor für sich.

6 Programmieren und Programm-Test

6.1 Problem-Analyse

In jedem Fall ist eine genaue Analyse der Aufgabenstellung nötig, bevor ein Problem mit Hilfe eines Prozessors oder Computers gelöst werden kann. Dies gilt für alle Arten von Aufgaben, bei Steuerungen genauso wie bei arithmetischen Problemstellungen. Zunächst gibt es zwei mögliche Ausgangssituationen: Entweder ist das Prozessorsystem erst noch zu entwickeln und kann ganz auf die Problemstellung abgestimmt werden, oder das Problem soll mit einem schon vorhandenen System gelöst werden. In allen Fällen ist es nötig, die Aufgaben für das Mikroelektronik-System möglichst genau zu ermitteln und festzulegen.

Vor allem bei Neuentwicklungen sind folgende Fragen zu klären:

— Wie viele Ein- und Ausgänge werden benötigt?
  Wieweit sind also verfügbare Ports ausreichend oder müssen durch Peripheriebausteine erst geschaffen werden?

— Sind die Daten-Ein/Ausgänge seriell und/oder parallel vorzusehen?

— Müssen größere Datenmengen rasch ein- und ausgegeben werden, ist also DMA (Direct Memory Access) erforderlich?

— Wie steht es mit den Verarbeitungsgeschwindigkeiten der Mikroelektronik bezogen auf die Zeitanforderungen der Aufgabenstellung?
  Welche Verarbeitungsgeschwindigkeit verlangt der Lösungsprozeß des vorliegenden Problems?

— Sind Interface-Bausteine für spezielle Zwecke, z.B. für Tastaturen, Anzeigen u.ä. nötig?

Die Frage des Speicherbedarfs spielt zunächst eine zweitrangige Rolle. Auch vom Preis her fällt der Speicherbedarf weniger ins Gewicht, weil Speicher sehr preiswert geworden sind.

Ist das System schon vorgegeben, dann entstehen dieselben Fragen: Es ist zu prüfen, ob das System den Anforderungen der Aufgabenstellung genügen kann. Sollte dies nicht der Fall sein, dann muß festgestellt werden, ob eine entsprechende System-Erweiterung, z.B. über Peripheriebausteine, Ein/Ausgabe- und Speicherkapazität, möglich ist oder ob man versuchen muß, die Problemlösung selbst den Möglichkeiten des vorhandenen Systems anzupassen.

Die Problemanalyse wird immer individuell erfolgen müssen, abhängig von der vorliegenden Aufgabenstellung. Eine Schematisierung der Problemanalyse ist ebenso wenig denkbar wie auch die Probleme selbst nicht schematisiert auftreten. Auf jeden Fall wird die genaue Analyse der Aufgabenstellung wesentlich auf den Entwurf von Hardware und Software einwirken.

6.2 Zur Programm-Entwicklung

6.2.1 Entwicklungsstrategien

Durch eine hinreichende Problemanalyse müssen zunächst die Anforderungen an das System geklärt sein. Daraufhin erfolgt der Entwurf des Systems, wobei Hardware- und Software-Entwicklung parallel verlaufen können. Für die Software-Entwicklung gibt es zwei bekannte Strategien, den „Top-Down-Entwurf" (top-down-design) und den „Bottom-Up-Entwurf" (bottom-up-design).

Der Top-Down-Entwurf geht „von oben nach unten" vor, vom Allgemeinen zum Speziellen, von den Hauptfunktionen zu den Teilfunktionen. Der Sinn dieses Entwurfs besteht darin, die oft recht komplexe Problemstellung in leichter überschaubare Blöcke oder Module zu zerlegen. Dadurch entsteht eine Art hierarchischer Gliederung, wie sie in Bild 6.1 schematisch dargestellt ist.

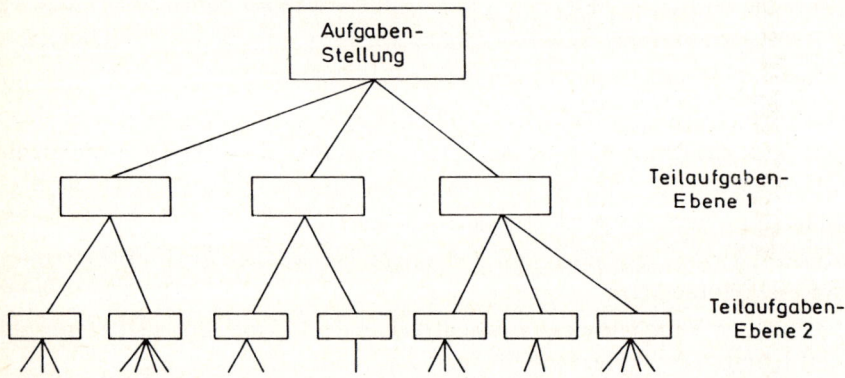

Bild 6.1 Aufspalten einer Problemstellung in Teilaufgaben verschiedener Ebenen beim „Top-Down-Entwurf"

Jeder Block oder Modul ist eine in sich geschlossene, logische Funktionseinheit. Sie kann wiederum in weitere, feiner gegliederte Teilaufgaben aufgesplittet werden. So entstehen schrittweise immer kleinere und somit immer besser überschaubare Einheiten. Die Programm-Module der untersten Teilaufgaben-Ebene können dann als in sich geschlossene Unterprogramme erstellt und in vielen Fällen mehrfach und immer wieder verwendet werden. Als Beispiele dafür seien Unterprogramme für häufig vorkommende arithmetische Operationen wie Multiplikation, Division oder Wurzelziehen genannt.

Vor allem dem Anfänger wird empfohlen, nach der Top-Down-Methode vorzugehen. Dazu muß er zuerst einmal die logische Grobstruktur (oberste Ebene) des Problems herausarbeiten und diese dann schrittweise verfeinern, bis er zu codierfähigen Elementarmodulen kommt, die bis zur Trivialität einfach sein können.

Der weitere Vorteil des Top-Down-Entwurfs liegt darin, daß die Elementarmodule leicht prüfbar sind. Zum Testen eines Programms wird in genau umgekehrter Reihenfolge vorgegangen wie beim Entwurf: Zuerst werden die kleinen Module geprüft, dann ihr Zusammenwirken auf höherer Ebene, bis schließlich das Gesamtprogramm getestet werden kann. Erfolgt der „logische Fluß" (vgl. auch die nachfolgenden Abschnitte über Fluß-diagramm und Strukturierte Programmierung) streng von oben nach unten (top-down), so verläuft der Test von unten nach oben.

Von unten nach oben erfolgt der „Bottom-Up-Entwurf". Diese Methode ist recht flexibel und geht davon aus, daß schon eine ganze Reihe von Programm-Modulen, von Unterpro-grammen, in einer Programmbibliothek vorhanden sind. Der Entwurf beginnt mit ihnen auf der hierarchisch tiefsten Ebene. Dabei gibt es verständlicherweise gewisse Anpassungs-schwierigkeiten, wenn die schon vorhandenen Module nicht ganz genau passend sind. Der Entwurf neuer Elementarmodule und die Anpassung der schon vorhandenen Elementar-module enthalten die Gefahr, daß die Anforderungen des Problems nur sehr umständlich erfüllt werden.

Trotzdem hat die Bottom-Up-Methode ihre Befürworter (vor allem unter erfahrenen Programmierern) insbesondere dann, wenn über eine Menge schon vorhandener Programm-Module verfügt werden kann.

6.2.2 Flußdiagramm

Fluß- oder Ablaufdiagramme (flow diagram, flowchart) sind problemorientierte Graphen. Sie sind geeignet, logische Abläufe übersichtlich darzustellen. Schon bei der Problem-analyse, auf alle Fälle beim Programmentwurf — vor allem nach der Top-Down-Methode — sind Flußdiagramme sehr hilfreich, auch wenn sie heute in der Informatik durch die Struktogramme (vgl. Abschnitt 6.2.5) ersetzt werden. Dem Maschinenbauer werden sehr ähnliche Darstellungen, z.B. Netzpläne, nicht unbekannt sein.

In Bild 6.2 sind die wichtigsten Symbole für Flußdiagramme, genauer Programmablauf-pläne nach DIN 66 001, zusammengestellt. Ein einfaches Kästchen stellt den allgemeinen Anweisungsblock dar. In ihn wird hineingeschrieben, was geschehen soll, z.B. die Multi-plikation zweier Größen, $C = A \cdot B$. Handelt es sich bei einer solchen Anweisung bereits um eine umfangreichere Sache, etwa um ein Unterprogramm, so erhält das Kästchen seit-lich Doppelstriche. Zum Unterschied gegen diese beiden rechteckigen Symbole werden Ein/Ausgabe-Anweisungen in ein Parallelogramm eingetragen.

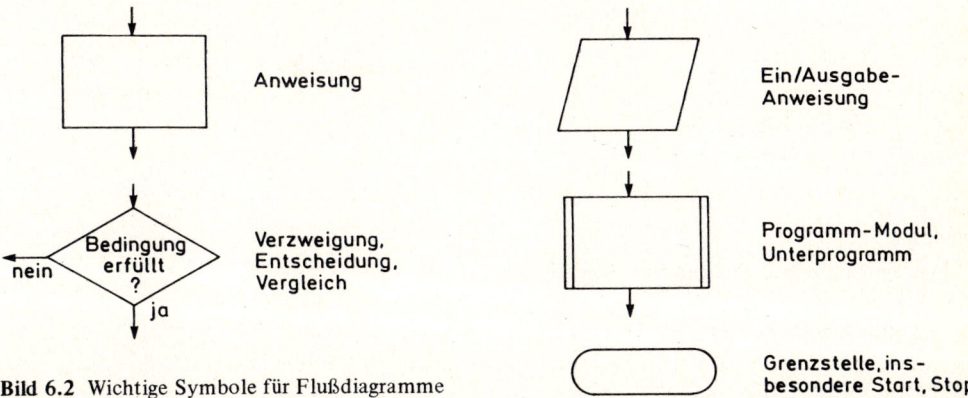

Bild 6.2 Wichtige Symbole für Flußdiagramme

Die Raute ist das Symbol für Verzweigungen und Entscheidungen. Da die Mikroelektronik binär arbeitet, kann es sich nur um einfache Ja/Nein-Entscheidungen handeln. Bei mehr als zwei Alternativen muß in eine Folge von mehreren Ja/Nein-Entscheidungen aufgegliedert werden. In das Rautensymbol wird die Entscheidungsbedingung eingetragen, und zwar so, daß eine eindeutige Antwort mit ja oder nein gegeben werden kann. Dies ist z.B. für die Entscheidung „A $\geqslant$ B?" möglich. Je nach Antwort ja oder nein auf die Entscheidungsfrage verzweigt sich das Programm.

An einem Beispiel wollen wir uns nun ein Flußdiagramm ansehen. Als Aufgabe soll aus einer Zahl X die Quadratwurzel gezogen werden, jedoch nicht nach der in Abschnitt 1.2 gezeigten Art, weil hierzu ein schon recht guter Näherungswert bekannt sein müßte. Es gibt einen anderen Algorithmus, der für alle Näherungswerte $Y1 \neq 0$ konvergiert, so daß man ganz einfach von $Y1 = 1$ ausgehen kann: Die Formel $Y2 = 0,5 \cdot (Y1 + X/Y1)$ verbessert den ersten Näherungswert $Y1 \approx \sqrt{X}$ in den Wert $Y2 \approx \sqrt{X}$.

Sehen wir uns nun in Bild 6.3 das Flußdiagramm an. Nach dem Start wird zunächst die Zahl X eingelesen, aus der die Wurzel gezogen werden soll. Da nur reelle Wurzelwerte sinnvoll sind, wird mit $X < 0$? abgefragt, ob der eingegebene Zahlenwert negativ ist.

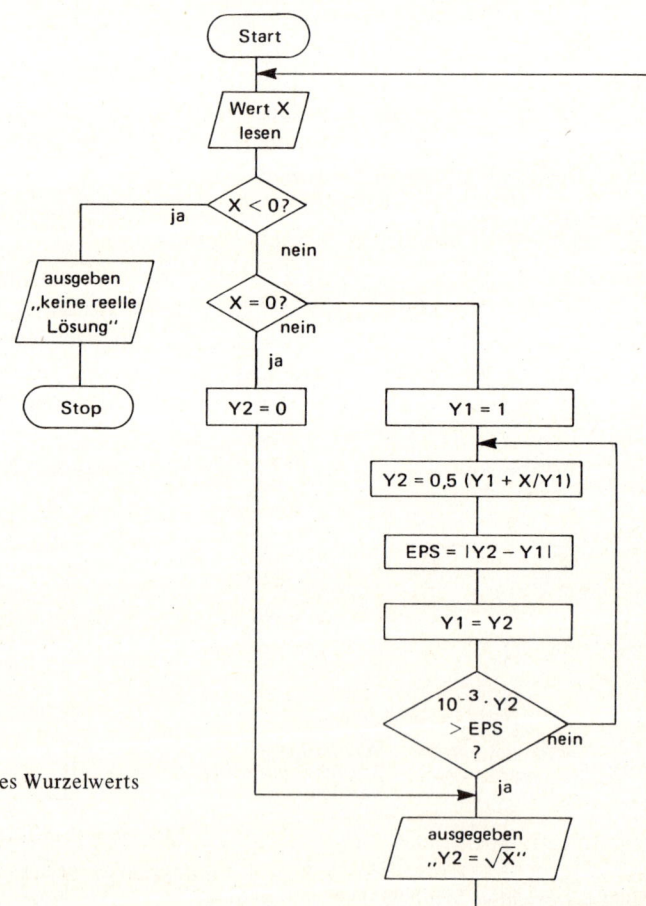

Bild 6.3
Flußdiagramm zum Berechnen eines Wurzelwerts

Trifft dies zu, dann endet das Programm mit der Ausgabe „keine reelle Lösung". Auch für den Fall $X = 0$ ist keine Berechnung nötig, es kann direkt $Y2 = 0$ gebildet und $\sqrt{X} = 0$ ausgegeben werden. Nur für positive Werte $X \neq 0$ läuft das Rechenprogramm für den Algorithmus an.

Dazu wird zunächst, wie schon erwähnt, $Y1 = 1$ gesetzt und sodann die verbesserte Näherung $Y2$ berechnet. Dann könnte man mit $Y1 = Y2$ den neuen, verbesserten Wert in die Formel einsetzen und die Näherung verfeinern. So aber würde das Programm endlos weiterlaufen — weil noch kein Kriterium vorhanden ist, wann der Näherungsalgorithmus abgebrochen werden soll.

Das könnte nach einer Anzahl von Durchläufen geschehen, sinnvoller ist jedoch das Abbrechen nach Erreichen einer gewissen Genauigkeit. Nehmen wir an, der Wurzelwert soll auf 3 Dezimalen genau errechnet werden. Dies wird erreicht, wenn die Abweichung $\epsilon = |Y2 - Y1|$ zwischen zwei aufeinanderfolgenden Näherungswerten $Y2$ und $Y1$, bezogen auf $Y2$, kleiner als 10^{-3} geworden ist. Da das griechische Zeichen ϵ nicht dem bei Rechnern üblichen Zeichenvorrat entspricht, setzen wir $\epsilon \triangleq EPS$ und schreiben die Bedingung zum Abbrechen der Iteration so an: $10^{-3} \cdot Y2 > EPS$.

Jetzt werden die weiteren Schritte im Flußdiagramm von Bild 6.3 vollends klar. Nach dem Errechnen des neuen, verbesserten Näherungswerts $Y2$ wird die Differenz EPS zum vorhergehenden Näherungswert gebildet, anschließend der alte Wert $Y1$ durch den neuen $Y2$ ersetzt. Die Abfrage, ob die gewünschte Genauigkeit erreicht ist ($10^{-3} \cdot Y2 > EPS$?), entscheidet, ob der Wert als $Y2 = \sqrt{X}$ ausgegeben wird oder ob eine weitere Verbesserung nötig ist.

Das Flußdiagramm-Beispiel zeigt uns einige typische Dinge. Die Mehrfachentscheidung $X \gtreqless 0$ mußte in die Folge von zwei Einfachentscheidungen $X < 0$?, $X = 0$? aufgelöst werden, das Teilprogramm zum Berechnen eines jeweils verbesserten Näherungswerts $Y2$ wird mehrfach durchlaufen, solange, bis eine abschließende Bedingung erfüllt wird. Eine derartige Struktur ist eine Schleife im Flußdiagramm wie auch im Programm. Bei Schleifen wird mehrfach dorthin im Programm zurückgekehrt, wo man sich schon einmal (zeitlich vorher) befunden hatte. Schließlich ist noch zu vermerken, daß der jeweils erreichte neue Näherungswert den benutzten alten Wert zu ersetzen hat, was durch die Zuordnung $Y2 = Y1$ erfolgt.

Obwohl dieses kleine Flußdiagramm keineswegs komplex genug ist, um Bedingungen eines Top-Down-Entwurfs klar herauszustellen, soll doch unser Beispiel auch unter diesem Gesichtspunkt betrachtet werden. Die obere logische Ebene von Aufgaben wäre die Unterscheidung in $X < 0$, $X = 0$ und $X > 0$. In der nächsten Ebene würden die Teilaufgaben in der Ausgabe „keine reelle Lösung" ($X < 0$) bzw. „$X = 0$" bestehen. Nur für $X > 0$ würde sich eine weitere Aufschlüsselung in die verschiedenen arithmetischen Operationen ergeben.

6.2.3 Grundstrukturen in Flußdiagrammen

Flußdiagramme können sehr verschieden sein; es ist sogar durchaus möglich, daß zur Lösung eines Problems verschiedene Flußdiagramm-Strukturen aufgestellt werden können.

Wir wollen nachfolgend die wichtigsten Grundstrukturen zusammenstellen, die in Fluß-diagrammen vorkommen. Dazu dient uns Bild 6.4.

Die einfachste Struktur ist eine Folge von Anweisungen (vgl. Bild 6.4a), die Sequenz. Da-bei ist völlig offen, wie viele Anweisungsblöcke aufeinander folgen und wie kompliziert sie sind. In Bild 6.3 hatten wir zur Berechnung des neuen Näherungswerts beim Wurzel-ziehen vier Blöcke hintereinander eingetragen – das wäre ein Beispiel für eine Sequenz.

Die zweite Grundstruktur ist die Verzweigung nach Bild 6.4b, auch Auswahl genannt. Ab-hängig vom Ausgang einer Entscheidung, also abhängig davon, ob eine Bedingung erfüllt ist oder nicht, wird ein Programm-Modul B oder A durchlaufen. Die Verzweigung wird oft mit „If-then/else" gekennzeichnet. Wenn eine solche Verzweigung bei erfüllter Bedingung (if-then) das Programm B, andernfalls (else) das Programm A durchläuft, spricht man von

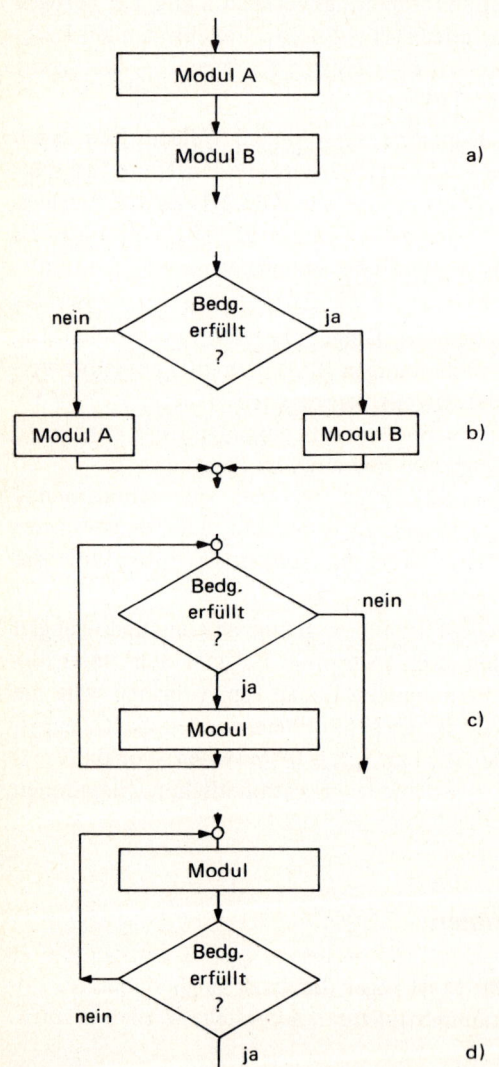

Bild 6.4

Grundstrukturen in Flußdiagrammen
a) Sequenz
b) Struktur „if – then/else"
c) Struktur „do – while"
d) Struktur „repeat – until"

alternativer Auswahl. Es kann jedoch auch sein, daß über die gesetzte Bedingung ein Programm-Modul entweder durchlaufen oder umgangen wird (Modul A oder Modul B enthält gar keine Anweisungen); dies wird als bedingte Auswahl bezeichnet. Bei jeder Verzweigung entstehen (mindestens) zwei verschiedene Wege im Flußdiagramm. Und da dieses ein Graph ist, entsteht somit eine Masche.

Davon zu unterscheiden sind die Schleifen. Sie sind dadurch gekennzeichnet, daß — abhängig vom Erfüllen einer Bedingung — wieder an eine Stelle im Flußdiagramm zurückgekehrt wird, die (zeitlich) früher schon einmal erreicht war. Es werden zwei solcher Schleifen, auch Wiederholung oder Iterationen genannt, unterschieden.

Im ersten Fall nach Bild 6.4c steht eine Abfrage am Anfang der Schleife. Diese wird durchlaufen, *solange* die Eingangsbedingung erfüllt ist; dann wird der Programm-Modul bearbeitet. Ist die Bedingung nicht mehr erfüllt, wird die Schleife verlassen. Die Konfiguration wird mit „Do-while" beschrieben.

Davon abweichend steht bei der Schleife nach Bild 6.4d die Bedingung am Ende der Schleife. Der Programmblock wird bearbeitet, *bis* die (Abbruch-)Bedingung erfüllt ist; dann ist die Schleife beendet. Eine solche Schleife ist vom Typ „Repeat-until".

Schleifen beider Typen dürfen ineinander verschachtelt sein, d.h. innerhalb einer Schleife darf sich eine weitere Schleife befinden. Das Verschachteln von Schleifen wird „nesting" genannt. Der Nesting-Level gibt an, wie viele Schleifen ineinander verschachtelt sind. Es ist zu beachten, daß die jeweils letzte innerhalb einer anderen Schleife begonnene Schleife als erste wieder beendet wird.

In Bild 6.5 sind symbolisch verschiedene Fälle verschachtelter Schleifen dargestellt. Die Fälle a...d sind korrekt; ein so aufgestelltes Programm wird die Schleifen wie beabsichtigt durchlaufen. Die Fälle e und f sind Beispiele für unkorrektes Nesting. Im Fall e wird zunächst Schleife 1 begonnen, dann folgt die Unterschleife 2. Am Ende der Unterschleife 2 wird das Programm fortgesetzt, ohne daß die Schleife 1 beendet worden wäre. Ein solches Programm läuft zwar ab — aber nicht, wie dies eigentlich beabsichtigt war.

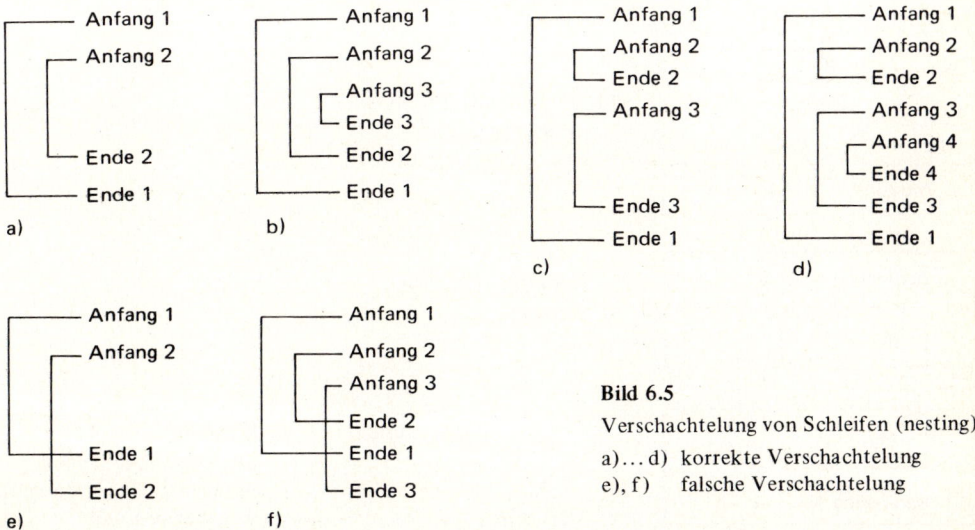

Bild 6.5
Verschachtelung von Schleifen (nesting)
a)...d) korrekte Verschachtelung
e), f) falsche Verschachtelung

6.2.4 Strukturierte Programmierung

Ein Flußdiagramm ist bekanntlich eine statische Abbildung von dynamisch ablaufenden Prozessen. Zudem ist es offen für Verzweigungen und Programmsprünge aller Art. Bei komplexen Problemstellungen führt das sehr leicht zu unübersichtlichen Strukturen und mithin zu Fehlern. Abhilfe bringt ein drastisches Einschränken der möglichen Verzweigungen und Verästelungen im Flußdiagramm. Dies ist die grundsätzliche Überlegung des Strukturierten Programmierens.

Im Flußdiagramm sind nur noch die im vorausgegangenen Abschnitt gezeigten Grundstrukturen von Bild 6.4 (und einige nicht besprochene Varianten wie die Fall-Unterscheidung oder die Schleife mit Abbruch) zugelassen. Weiterhin gilt die Regel, daß in sich abgeschlossene Module (Teilprogramme, Unterprogramme) nur einen einzigen Eingang und Ausgang haben dürfen. Letztlich sind Sprünge aus einem Programmteil in einen anderen im Prinzip nicht zugelassen. Nur ganz wenige Ausnahmen davon sind erlaubt, z.B. dann, wenn man mehrere ineinander verschachtelte Schleifen abbrechen will. Dieses prinzipielle Verbot von Sprüngen wird auch als „GOTO-lose Programmierung" bezeichnet. GOTO ist die in höheren Programmiersprachen übliche Anweisung für einen unbedingten Sprung (vgl. Abschnitt 6.4.2).

Das Flußdiagramm und seine Symbole verführen gern dazu, die Regeln von Strukturiertem Programmieren zu verletzen. Deswegen werden hierzu andere Symbole, sog. Struktogramme, verwendet. Sie sind in Bild 6.6 für die uns aus Bild 6.4 bereits bekannten Grund-

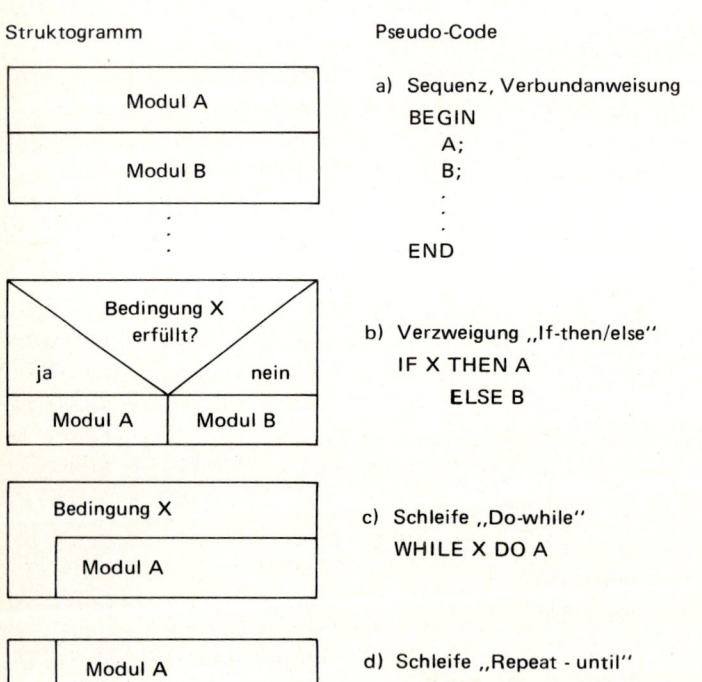

Struktogramm   Pseudo-Code

a) Sequenz, Verbundanweisung
   BEGIN
     A;
     B;
     .
     .
   END

b) Verzweigung „If-then/else"
   IF X THEN A
     ELSE B

c) Schleife „Do-while"
   WHILE X DO A

d) Schleife „Repeat - until"
   REPEAT
     A;
   UNTIL X

Bild 6.6
Struktogramm-Symbole,
danebe die Bezeichnungen
im „Pseudo-Code"

strukturen von Abläufen zusammengestellt. Diese Symbole unterstützen ein strukturiertes Vorgehen schon dadurch, weil keine Übergänge von einem Struktogrammblock zu einem anderen vorgesehen sind. Jedes Struktogramm hat nur einen Eingang und einen Ausgang.

Durch strukturiertes Programmieren sinkt die Fehlerwahrscheinlichkeit beträchtlich. Untersuchungen hatten gezeigt, daß die Fehlerhäufigkeit in einem Programm direkt proportional mit der Anwendung von GOTO-Befehlen steigt. Dies war u.a. ein Grund, strukturiert vorzugehen. Zudem wird das Programmieren einfacher. Es wird angegeben, daß bei größeren Projekten bis zu 50 % des Aufwands gegenüber der „klassischen" Methode beliebiger Verzweigungen eingespart werden können.

Einen gewissen Nachteil haben die Struktogramme aber doch noch: Sie benötigen Graphik, zeichnerische Strukturen. Das bedeutet Aufwand, vor allem dann, wenn das Struktogramm wiederum von einem Computer erstellt werden soll. Zudem erfolgt ja das Programmieren selbst immer mit Zeichen, also Ziffern, Buchstaben, Sonderzeichen — aber nicht mit Graphik.

Die Umsetzung von Struktogrammen in rein verbale Darstellung ist dann der „Pseudo-Code". Sein Aufbau ist so gewählt, daß er genauso ein strukturiertes Programmieren erlaubt wie die Struktogramme, jedoch ohne solche zu benötigen. Die Programmiersprache PASCAL ist auf strukturiertes Programmieren abgestimmt, und deswegen hängt der Pseudocode auch eng mit ihr zusammen.

In Bild 6.6 sind rechts neben den Struktogramm-Symbolen für unsere Grund-Programmformen (vgl. Bild 6.4, Grundstrukturen von Flußdiagrammen) noch deren verbale Darstellungen im Pseudocode aufgeführt.

6.2.5 Flußdiagramm − Struktogramm − Pseudocode

Vielleicht ist es nützlich, wenn wir uns zum Abschluß dieses ganzen Kapitels über Programm-Entwurf ein Beispiel zum Vergleich „klassische"/strukturierte Programmierung ansehen. Als Problemstellung sei folgende Aufgabe gewählt: Es soll ein Flußdiagramm für ein Programm entworfen werden, mit welchem die größte von vier Zahlen A, B, C und D ermittelt wird. Daß bei paarweisem Vergleich der vier Zahlen mindestens $\binom{4}{2}$ = 6 Vergleiche nötig sind, können wir sofort abschätzen.

Bei der klassischen Methode mit beliebigen Verzweigungen kann ein Flußdiagramm entstehen, wie es Bild 6.7 zeigt. In der Spalte ganz links wird zunächst die Zahl B systematisch mit allen anderen verglichen. Nach diesen drei Vergleichen kann eindeutig festgestellt werden, ob B die größte Zahl ist. Die zu diesen Vergleichen benutzten Zahlen-Paarungen werden nicht wiederholt, dafür wird aus den noch nicht verwendeten Vergleichsmöglichkeiten je ein Kriterium für A, C bzw. D als größte Zahl abgeleitet.

Das Programm ist zwar kurz und wird nicht viel Speicherplatz beanspruchen. Aber es ist total vermascht und nicht übersichtlich. Wer das Flußdiagramm betrachtet, muß ziemlich mühsam die verschiedenen möglichen Wege für Entscheidungen nachfahren.

Anders präsentiert sich das strukturierte Programm von Bild 6.8a. Es kennt keine Verzweigung zwischen den Programm-Modulen und läuft in drei identischen Stufen ab. In jeder Stufe ruft ein CALL-Befehl das Unterprogramm VERGLEICH (Bild 6.8b) auf, das

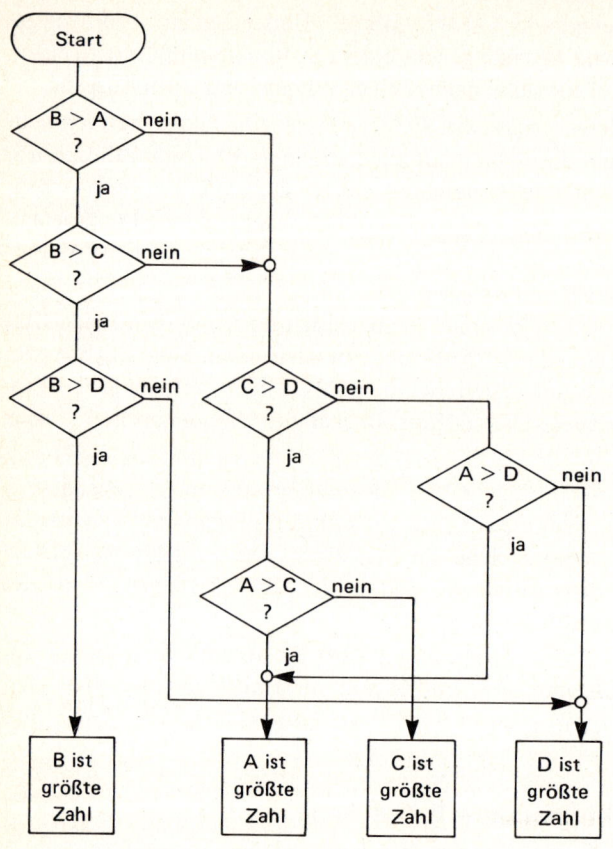

Bild 6.7

Flußdiagramm „Aussuchen
der größten von vier Zahlen"
(mit Mindestanzahl von
Vergleichen)

eine sich wiederholende Struktur zeigt. Wir wollen nun das Funktionieren der beiden
Programme näher verfolgen.

Im Hauptprogramm wird nach dem Start zunächst eine Variable X eingeführt und ihr der
Wert der ersten Zahl A zugewiesen: X = A. Sodann wird ein Merk-Bit gelöscht, falls es je
gesetzt gewesen sein sollte, und danach mit CALL das Unterprogramm VERGLEICH
aufgerufen.

Dieses Unterprogramm vergleicht X mit *allen* vier Zahlen. Da X = A gesetzt worden war,
wird A routinemäßig auch mit sich selbst verglichen. Ist nun dieses X (= A!) bei keinem
der Vergleiche kleiner als eine der Zahlen gewesen, dann muß der Wert A die größte der
Zahlen sein. Beim Durchlaufen der Vergleichskette wird das Merk-Bit in keinem Falle
gesetzt, die Abfrage nach Rücksprung ins Hauptprogramm ergibt „nein" – somit wird A
als größte Zahl ausgewiesen. Die Aufgabenstellung ist gelöst, das Programm kann enden.

War jedoch A kleiner als auch nur eine der anderen Zahlen, dann wird das Merk-Bit
gesetzt, und das Programm läuft solange weiter, bis schließlich ein Durchlauf des Unterprogramms VERGLEICH ohne Setzen des Merk-Bits erfolgt und damit die betreffende
Zahl den größten Wert ausweist.

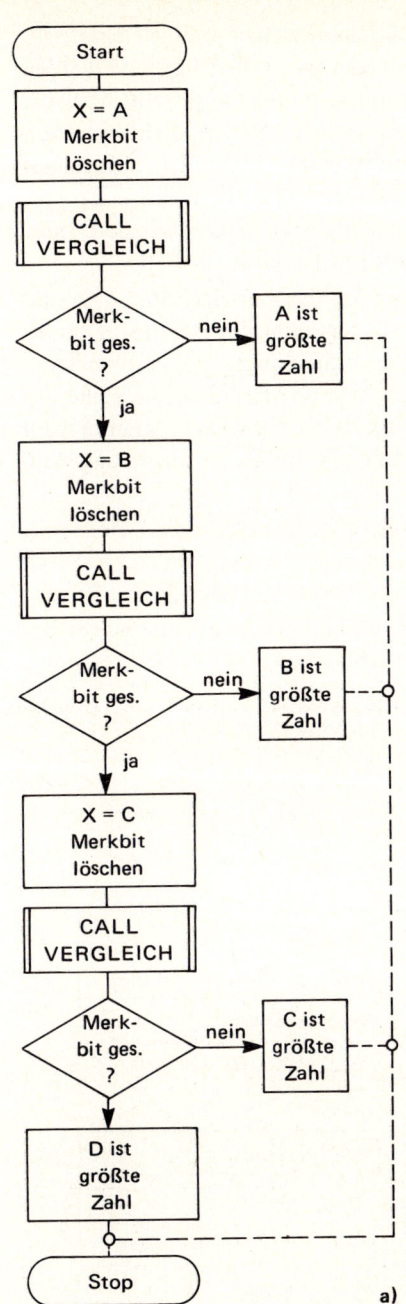

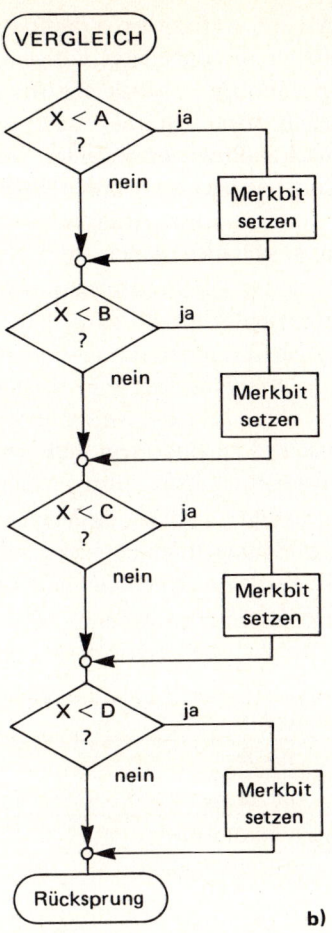

Bild 6.8

Strukturiertes Programm „Aussuchen der größten von vier Zahlen"

a) Hauptprogramm
b) Unterprogramm VERGLEICH

Die geschilderte Art der Abfrage ist verblüffend einfach, übersichtlich und systematisch. Zwar werden mehr als die unbedingt nötigen sechs Vergleiche durchgeführt, es werden sogar — im Prinzip unnötige — Vergleiche von Zahlen mit sich selbst angestellt. Aber die Einfachheit, vielleicht sogar „Sturheit" des Verfahrens kann mithelfen, Fehler zu vermeiden bzw. gemachte Programmierfehler leichter aufzufinden. Dabei ist bewußt auf Kürze und „Eleganz" verzichtet worden zugunsten größerer Sicherheit. Diese ist aber — vor allem bei umfangreichen Aufgaben — meist wichtiger als Speicherbedarf oder Zeitaufwand, wenn es sich nicht gerade um eine sehr zeitkritische Sache handelt.

In Bild 6.9 bzw. 6.10 sind die Struktogramme für das Hauptprogramm nach Bild 6.8a und das Unterprogramm nach Bild 6.8b aufgestellt. Das Struktogramm des Hauptprogramms (also Bild 6.9) zeigt nicht nur den Ablauf der einzelnen Entscheidungen, sondern auch deren Verschachtelung. Im Flußdiagramm nach Bild 6.8a war an verschiedener Stelle des Programms der Entscheid für die jeweils größte Zahl aufgetreten. Daß das Programm nach einem solchen Entscheid zu Ende sein muß, wurde mit den gestrichelten Linien angedeutet, schien aber unwesentlich bzw. selbstverständlich.

Das Struktogramm zwingt nun dazu, die Verschachtelung (oder „hierarchische" Ordnung) der einzelnen Entscheidungsstufen herauszustellen — denn im Struktogramm gibt es keine Sprünge, auch nicht zu einem gemeinsamen Punkt Programmende (Stop).

Zum Struktogramm des Unterprogramms VERGLEICH (Bild 6.10) ist kaum etwas zu bemerken. Es enthält lediglich die Folge von vier Vergleichen (Maschen) des Typs If-then/else.

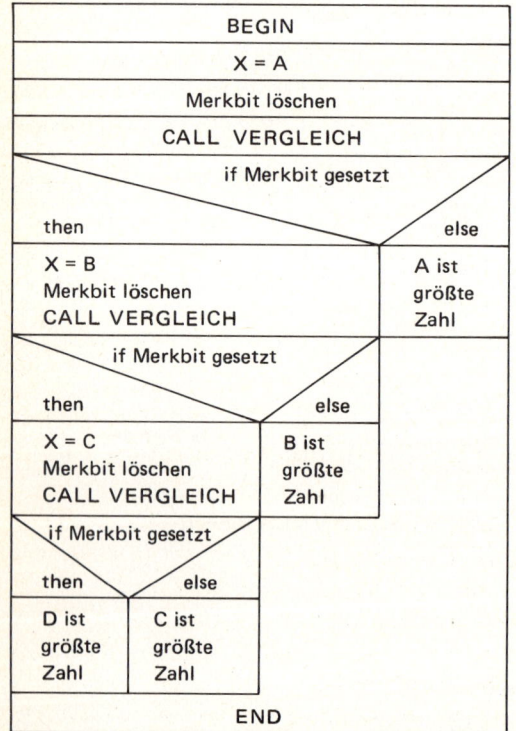

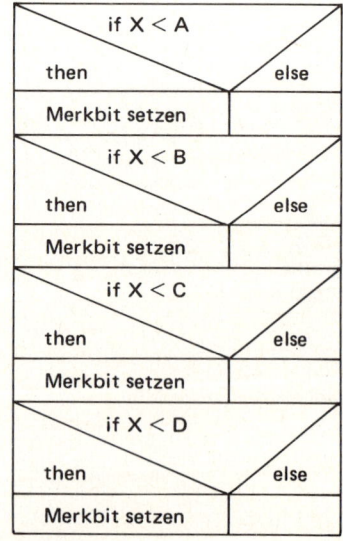

Bild 6.9 Struktogramm zu Bild 6.8a)   **Bild 6.10** Struktogramm zu Bild 6.8b)

Tabelle 6.1 Pseudocode zu Bild 6.8a

```
BEGIN
    X=A;
    MB löschen
    CALL VERGLEICH;
        IF  MB gesetzt  THEN BEGIN
                            X=B;
                            MB löschen
                            CALL VERGLEICH;
                                IF  MB gesetzt  THEN BEGIN
                                                    X=C;
                                                    MB löschen;
                                                    CALL VERGLEICH;
                                                        IF  MB gesetzt  THEN WRITE ('D ist größte Zahl')
                                                        ELSE WRITE ('C ist größte Zahl')
                                ELSE WRITE ('B ist größte Zahl')
        ELSE WRITE ('A ist größte Zahl')
END
```

Tabelle 6.1 zeigt das Hauptprogramm von Bild 6.8 in der Form des Pseudocode. In Bild 6.6 war zu den Grundsymbolen für Struktogramme schon die verbale Formulierung, der Pseudocode, mit aufgeführt worden. Jetzt haben wir ein konkretes Beispiel vor uns.

Bei der Pseudodarstellung werden die einzelnen Abläufe immer weiter nach rechts eingerückt und damit die verschiedenen Verschachtelungsebenen (nesting) aufgezeigt. Nach der Folge der ersten paar Anweisungen folgt die erste Verzweigung (If-then/else), nach rechts eingerückt. Ist die Bedingung „MB gesetzt" (MB = Merkbit) erfüllt, dann kommt wieder eine Sequenz und der erneute Unterprogramm-Aufruf mit der nachfolgenden Abfrage (If-then/else). War jedoch die Bedingung „MB gesetzt" nicht erfüllt, dann geht das Programm auf die *zugehörige* Anweisung ELSE für diesen Fall. Dieses ELSE befindet sich senkrecht unter dem zugehörigen IF (in Tabelle 6.1 durch kleine Pfeile angedeutet, die aber normalerweise im Pseudocode nicht erscheinen; die typographische Strukturierung des Einrückens reicht aus).

Der Pseudocode macht die Verschachtelung der Abfragen (bezüglich des Programm-Endes) fast noch deutlicher als ein Struktogramm, während das Flußdiagramm diesen Umstand fast nicht erkennen ließ.

Der Vergleich Flußdiagramm–Struktogramm–Pseudocode verdeutlicht die verschiedenen Darstellungsarten und ihre Eigenschaften. Ein Anfänger wird mit dem Flußdiagramm rasch und gut zurechtkommen. Die Einschränkung der Verzweigungen durch das Struktogramm braucht mehr Übung, ebenso der Entwurf der Struktogramm-Symbole. Das Pseudoprogramm kommt ohne graphische Symbole aus und ist doch (für den Geübten) so klar und eindeutig wie ein Struktogramm. Natürlich: Es liegt ja wie schon erwähnt nahe an der Programmiersprache PASCAL (vgl. auch Abschnitt 6.4.1). Deswegen auch Anweisungen wie WRITE ('A ist größte Zahl'), eine Anweisung zum Drucken oder Anzeigen des zwischen ' ' stehenden Textes.

6.3 Programmieren in Maschinensprache

6.3.1 Die 4-Felder-Liste

Aus Abschnitt 5.2 ist uns der mnemotechnisch aufbereitete Operationscode bereits bekannt. Wir kennen zwar nicht alle Befehle (und haben uns ja auch nicht auf eine spezielle CPU festgelegt), aber einige typische Befehle sind besprochen worden. Es muß möglich sein, ein einfaches Programmierbeispiel anzuschreiben.

Üblicherweise wird jedes auf dieser Ebene geschriebene Programm in vier Felder eingeteilt:

– Das Namensfeld (label field) enthält Namen oder Marken, die den Programmteil charakterisieren können und auf die das Programm ggf. zurückgreift.
– Das Operationscode-Feld (mnemonic field) enthält die Befehle im Operationscode (Op-Code).
– Das Operandenfeld (operand field) umfaßt den bzw. die zugehörigen Operanden (z.B. Konstanten, Adressen usw.).
– Im Kommentarfeld (comment field) schließlich können Bemerkungen darüber stehen, was in der betreffenden Programmzeile geschehen soll.

In dieser Art wollen wir jetzt ein kleines Programm erstellen, und zwar soll es die nachfolgend formulierte Aufgabe unter den angegebenen Bedingungen erfüllen:

Aufgabe:
Vom Arbeitsspeicher (RAM) soll der (zufällig vorhandene oder zuvor entsprechend geladene) Inhalt der Speicherzelle 0700(hex) und der nachfolgenden 10 Zellen, also einschließlich bis Zelle 070A, im Sekundentakt auf einer 7-Segment-Anzeige ausgegeben werden.

Zur Verfügung stehen die Befehle des 8080-Systems und zwei Unterprogramme[1]

DANZ   Digitalanzeige (genauer: Hex.-Anzeige) des Akku-Inhalts. Aufrufbar mit CALL DANZ (Op.-Code CD 01D3 hex).

SEK1   Sekundentakt (1 s). Aufrufbar mit CALL SEK1 (Op.-Code CD 0230hex).

Das Flußdiagramm der gestellten Aufgabe ist in Bild 6.11 skizziert. Der Ablauf wird jedoch ebenso am Programm deutlich und sei deswegen mit diesem erklärt. In Tabelle 6.2 ist das Programm in Form der 4-Felder-Liste aufgeführt. Wir werden es nun näher durchgehen; vorher sind aber noch ein paar Randbemerkungen zu machen.

Wir müssen uns ab jetzt an die beim Programmieren üblichen Darstellungsweisen halten. Hier werden Hexadezimalzahlen durch ein angehängtes H gekennzeichnet; wir lesen also die Inhalte der Zellen Ø7ØØH bis Ø7ØAH. Der Querstrich / durch jede Null unterscheidet diese mit Ø eindeutig vom Großbuchstaben O (Otto). Weiterhin sollen die Inhalte von Zellen oder Registern mit einer eckigen Klammer dargestellt werden: ⟨Ø7ØØ⟩ bedeutet

---
[1] Aufgabe ist abgestimmt auf und getestet mit Kleinsystem MIKROSET 8080

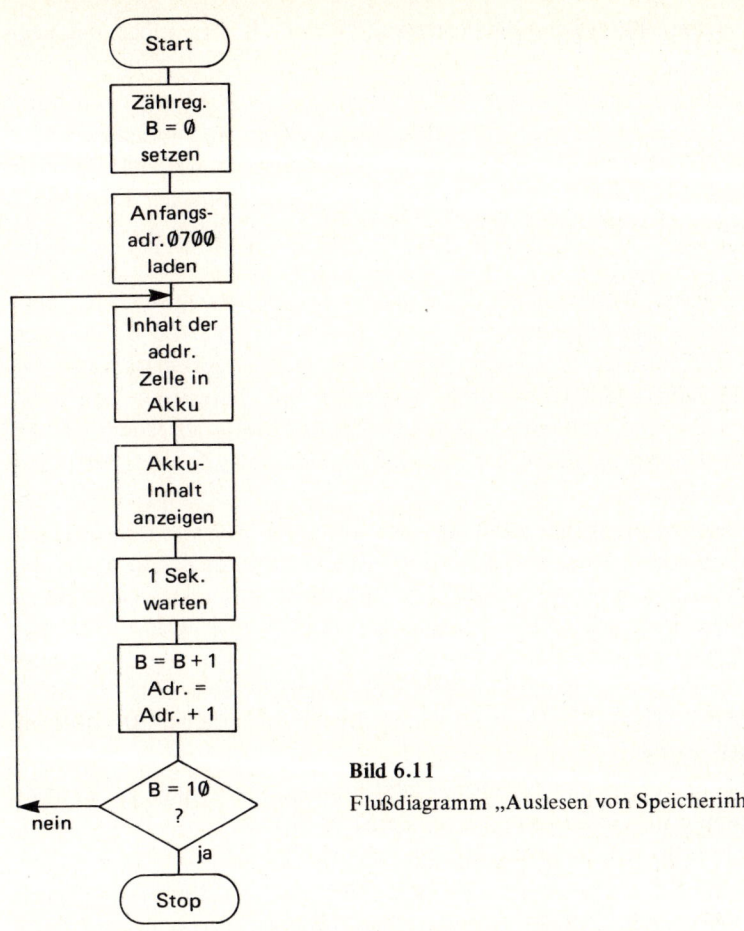

Bild 6.11

Flußdiagramm „Auslesen von Speicherinhalten"

Tabelle 6.2 Die vier Felder für ein Programm ANZEIGE

Marke	Op.-Code	Operand	Kommentar
ANZ:	MVI	B,ØØ	Register B löschen
	LXI	H,Ø7ØØH	Anfangsadresse in Register HL laden
WDH:	MOV	A,M	Inhalt der von Register HL adressierten Speicherzelle in Akku laden
	CALL	DANZ	Aufruf Unterprogramm DANZ
	CALL	SEK1	Aufruf Unterprogramm SEK1
	INX	H	Inhalt Register HL um 1 erhöhen (inkrementieren)
	INR	B	Inhalt Register B um 1 erhöhen (inkrementieren)
	MOV	A,B	Inhalt von Register B in Akku bringen
	CPI	ØBH	Akku-Inhalt mit Zahl ØBH (= 11 dez) vergleichen
	JNZ	WDH	Wenn Zero-Bit nicht gesetzt, zur Marke WDH springen
	RST	ØØ	Andernfalls auf Adresse ØØ springen (Ruhezustand des MIKROSET 8080

also den Inhalt der Speicherzelle, welche die Adresse ∅7∅∅ hat, ⟨B⟩ den Inhalt des Registers mit dem Namen B.

Unser Programm ANZEIGE (kurz ANZ, ausführlich „Programm zur Anzeige von Daten im Sekundenrhythmus") beginnt bei der Marke ANZ, nach welcher ein Doppelpunkt : zu stehen hat, mit dem Befehl MVI B,∅∅. Das B-Register soll mitzählen, wie viele Speicherzellen schon angezeigt worden sind, und das Programm beenden, wenn der Umfang der Anzeige erreicht ist. Mit dem MVI-Befehl wird der Wert ∅∅ ins B-Register geladen, dieses also gelöscht.

Danach schieben wir unsere Anfangsadresse ∅7∅∅H in das Doppelregister HL, denn ∅7∅∅H umfaßt zwei Bytes und hätte nicht in einem Einfachregister von 8 Bit Länge Platz. Der Befehl LXI H,∅7∅∅H lädt das Doppelregister HL mit der Anfangsadresse. Mit dem Befehl MOV A,M wird sodann der Inhalt derjenigen Speicherzelle in den Akku gebracht, welche durch die im HL-Register abgelegte Zahl (∅7∅∅H) adressiert ist. Anschließend können die Unterprogramme für Anzeige (CALL DANZ) und Sekundenrhythmus (CALL SEK1) aufgerufen werden.

Nun erhöhen wir mit den entsprechenden Befehlen die Adresse in Register HL sowie den Inhalt des Zählregisters B jeweils um 1. Danach folgt die Abfrage, ob schon alle Daten (Zelleninhalte) angezeigt sind. Die Adresse ∅7∅∅H bestimmt die erste auszulesende Speicherzelle, dann sollen noch zehn weitere Zellen angezeigt werden, was zur Adresse ∅7∅AH führt. Ist der Inhalt dieser letzten Zelle angezeigt (also der Umfang der Anzeige beendet), dann wird vom Programm das Zählregister B nochmals inkrementiert. Register B steht somit auf ⟨B⟩ = ∅AH + ∅1H = ∅BH. Deswegen muß die Zählschleife bei ⟨B⟩ = ∅BH mit dem Befehl CPI verlassen werden.

Dies geschieht, wenn bei ⟨B⟩ = ∅BH das Zero-Bit gesetzt worden ist. Solange das Zero-Bit noch ∅ gewesen war, wurde mit JNZ (Jump on No Zero) jeweils zur Marke WDH zurückgesprungen und die nächste Speicherzelle zur Anzeige gebracht.

Ein so einfaches Programm ist noch leicht zu verfolgen. Es zeigt uns aber schon überaus deutlich, mit welcher Korrektheit, Schritt für Schritt, wir programmieren müssen, damit der Prozessor auch wirklich tut, was wir wollen.

6.3.2 Das Adressierungsproblem

Bei dem im vorausgegangenen Abschnitt besprochenen Beispiel haben wir uns ganz der Aufgabenstellung und dem Programm gewidmet. Dabei ist uns entgangen, daß ein solches Programm unter genau definierten Adressen im Programmspeicher abgelegt sein muß, damit die CPU ab einer Startadresse ihren Befehlszähler hochzählen und so das Programm Befehl für Befehl abarbeiten kann. Mit undefinierten Angaben wie „Programmbeginn bei Marke ANZ" oder „Sprung auf Marke WDH" weiß eine CPU nichts anzufangen.

Dieses bisherige Versäumnis wollen wir mit Tabelle 6.3 ausgleichen. Hier ist nämlich vereinbart, daß das Programm ab der Speicherzelle ∅6∅∅H abgelegt werden soll. Außerdem ist der Op.-Code nicht nur mnemotechnisch, sondern auch in hexadezimaler Darstellung mitgeführt. Dabei kommt dann deutlich zutage, daß die Befehle ein bis drei Byte umfassen, je nachdem, ob ein Operand anzusprechen ist (als Konstante mit 8 Bit oder als

Tabelle 6.3 Das Programm ANZEIGE mit absoluten Adressen

Adresse	Op.-Code	Operand	Hex.-Code
Ø6ØØH	MVI	B,ØØ	Ø6 ØØH
Ø6Ø2	LXI	H,Ø7 ØØ	21 ØØ Ø7
Ø6Ø5	MOV	A,M	7E
Ø6Ø6	CALL	DANZ	CD D3 Ø1
Ø6Ø9	CALL	SEK1	CD 3Ø Ø2
Ø6ØC	INX	H	23
Ø6ØD	INR	B	Ø4
Ø6ØE	MOV	A,B	78
Ø6ØF	CPI	ØB	FE ØB
Ø611	JNZ	Ø6Ø5	C2 Ø5 Ø6
Ø614	RST	ØØ	C7

Adresse mit 2×8 Bit) oder nicht. Denn je 8 Bit wird zur Ablage des Programms eine Speicherzelle und damit eine zugehörige Adresse benötigt.

Somit kann nun eine ganz genaue Liste der Adressen für die einzelnen Bytes des Programms geführt werden. Aus dieser Adressenliste ergibt sich ganz exakt die Sprungadresse für den Befehl JNZ: Sie lautet Ø6Ø5H. Das also ist die hexadezimale Angabe für die Marke WDH, wenn das Programm bei der Adresse Ø6ØØH beginnt.

Eine Bemerkung noch: Der Hex.-Code in Tabelle 6.3 ist so geschrieben, wie es das kleine „Entwicklungssystem" MIKROSET 8080 (und die meisten solcher Systeme) braucht. Bei vierstelligen Hex.-Zahlen wird zuerst das niederwertige, dann das höherwertige Byte angegeben. Deswegen gibt es in Tabelle 6.3 die verschiedenen Umstellungen.

Die hier vorgestellte und an unserem Beispiel durchexerzierte Adressen-Buchführung ist aufwendig und umständlich — und fehleranfällig dazu. Für umfangreichere Programme ist ein derartiges Verfahren nicht tragbar. Zudem ist der Hex.-Code, wie wir wissen, für eine CPU unverständlich. Sie braucht binäre Worte, und deswegen müssen die Op.-Code-Angaben noch in Folgen von Nullen und Einsen umgewandelt werden, bevor sie eingegeben und in einem Programmspeicher abgelegt werden.

Diese Umsetzung in die eigentliche Maschinensprache nennt man Assemblieren. Da das Assemblieren in diesem Sinne nur eine Umrechnung oder Umcodierung darstellt, kann es leicht von einem Programm erledigt werden, einem Assemblerprogramm. Wenn aber schon der Vorgang des Assemblierens einem Programm aufgeladen wird, dann könnte doch dieses so gestaltet werden, daß es zugleich auch die Errechnung der Adressen für die Programmbefehle übernimmt, wenn man die Anfangsadresse dazu vorgibt. Selbst die Verwaltung von Marken als symbolische Adressen und das Erzeugen der zugehörigen Binärworte kann ein solches Programm leisten. Dies alles zusammen ist gemeint, wenn man von Assemblieren oder Assembler spricht.

6.3.3 Assemblieren und Assembler

Assembler übersetzen den Operationscode in die Binärworte, die eine CPU versteht. Sie übernehmen die Adressenbildung und Adressenverwaltung, und zugleich erledigen sie auch noch die Fehlersuche und zeigen Syntaxfehler auf.

Ein Programm ist immer eine Folge von Zeichen und Ausdrücken, die nach den Regeln der Programmier-Sprache aneinandergefügt sind. Die Gesamtheit der Regeln ist die Syntax der Sprache, und Fehler gegen diese Regeln können erkannt und somit angezeigt werden.

Wird die Assemblierung mit derselben CPU („Zielmaschine") durchgeführt, für die das Programm geschrieben ist, dann handelt es sich um einen normalen Assembler. Wird jedoch das Assemblieren auf einem anderen System erledigt, dann spricht man von einem Cross-Assembler. Der übersetzte Code kann dann, z.B. per serieller Schnittstelle, auf die Zielmaschine übertragen werden und ist dort lauffähig.

Um die Leistung eines Assemblers zu veranschaulichen, ist in Tabelle 6.4 der Ausdruck eines Cross-Assemblers für unser Beispiel vorgestellt. Die Eingabe erfolgt ähnlich dem, was wir aus den Tabellen 6.2 und 6.3 schon kennen. Die Kommentarspalte ganz rechts ist ausgiebig benutzt, die Kommentare müssen alle nach einem Semikolon (;) stehen. Programm samt Kommentar werden per Tastatur eingegeben, was in Tabelle 6.4 eingetragen ist.

Das Programm beginnt mit der Überschrift ANZEIGE und der nachfolgenden genauen Programmbezeichnung. In Zeile 9 folgt die Angabe der gewünschten Startadresse ADR. Das EQU bedeutet „ist gleich" (Equal), es schließt sich der Umfang an, also die Angabe darüber, wie hoch der Schleifenzähler (das Register B) zu zählen hat, mit der Angabe UMF EQU ØBH. Danach werden die Adressen der beiden Unterprogramme DANZ und SEK1 angegeben.

In Zeile 16 ist vermerkt, ab welcher Adresse das Programm abgelegt werden soll (ORG, Origin, Anfang), und aus dieser Angabe kann das Assemblerprogramm alle weiteren Adressen (auch die Sprungadressen und die „echten" Adressen von Marken, labels) errechnen.

Jetzt erst beginnt das eigentliche Programm. Der Assembler listet links neben der Eingabe die Adressen auf, daneben den Operationscode in Hex.-Form. Einzugeben ist also nur der mnemotechnische Operationscode, was eine große Erleichterung darstellt. Der eigentliche binäre Maschinencode wird vom Assembler ebenfalls erzeugt, aber nicht ausgedruckt, sondern abgespeichert. Er kann dann auf die Zielmaschine umgeladen werden.

In Zeile 22 ist bei der Eingabe des Programms bewußt ein syntaktischer Fehler gemacht worden: Eingegeben wurde INX HL, inkrementiere das (Doppel-)Register H,L. Der Befehl heißt jedoch lt. Befehlsliste INX H. Dieser Fehler gegen eine bestehende Regel wird erkannt und angemahnt. Der in Zeile 25 im Kommentar gemachte Fehler (; Alle Daren angezeigt? Daren anstelle von Daten) ist nicht syntaktischer Art und wird nicht erfaßt; er hat auch keine Bedeutung für das Programm.

Abschließend, nach dem Assemblieren, druckt der Assembler sozusagen noch die Bilanz seines Tuns: Er vermerkt Programmanfang, -ende und -länge und gibt die Zahl der gefundenen syntaktischen Fehler an. Die ebenfalls vom Assembler noch erstellte und ausgedruckte sog. „Namensliste" wurde weggelassen, weil sie nicht notwendig ist zum Verständnis dessen, was hier aufzuzeigen war.

Tabelle 6.4 Cross-Assembler-Ausdruck zum Programm ANZEIGE (auf Schön-Drucker)
Die Angabe, was der Assembler ausdruckt und was einzugeben ist, wurde nachträglich eingefügt.

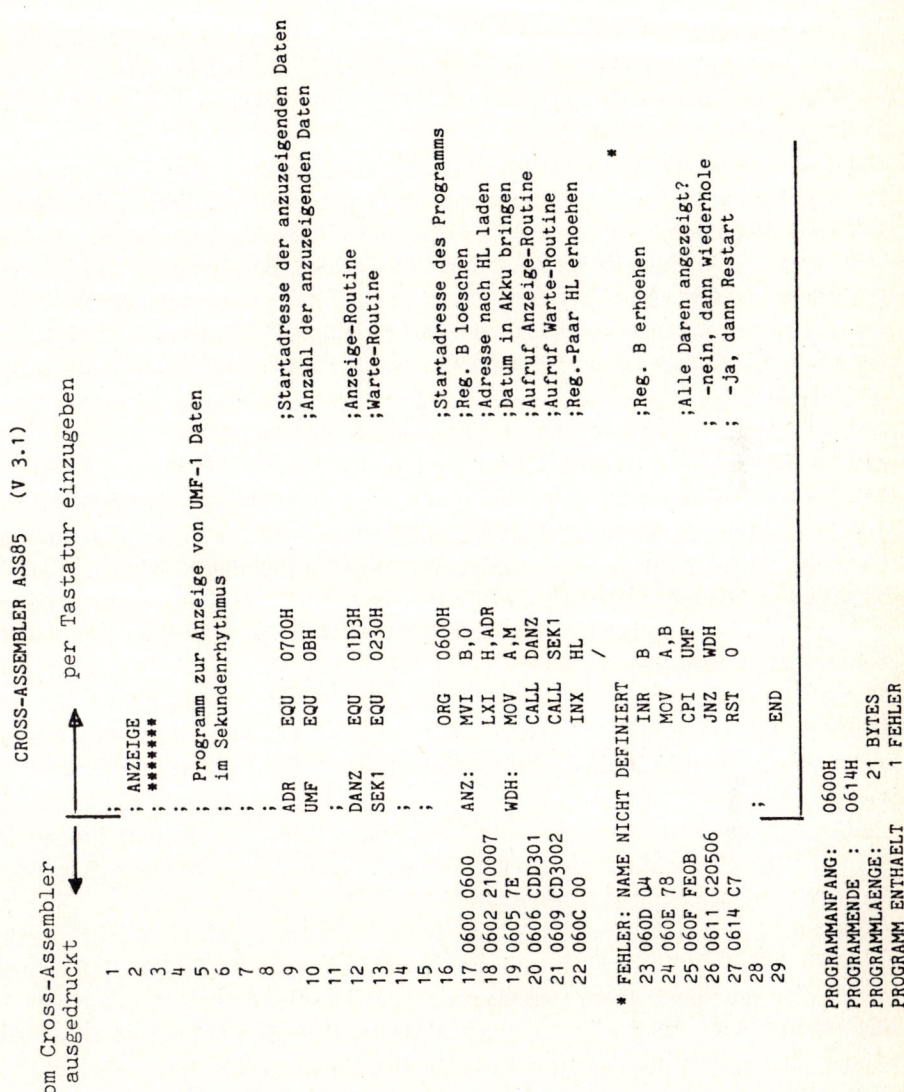

vom Cross-Assembler ausgedruckt ↑ ↓   per Tastatur einzugeben

```
                    CROSS-ASSEMBLER ASS85    (V 3.1)

 1          ;  ANZEIGE
 2          ;  *******
 3          ;
 4          ;  Programm zur Anzeige von UMF-1 Daten
 5          ;  im Sekundenrhythmus
 6          ;
 7          ;
 8          ;
 9          ADR   EQU   0700H    ;Startadresse der anzuzeigenden Daten
10          UMF   EQU   0BH      ;Anzahl der anzuzeigenden Daten
11          ;
12          DANZ  EQU   01D3H    ;Anzeige-Routine
13          SEK1  EQU   0230H    ;Warte-Routine
14          ;
15          ;
16                      ORG   0600H    ;Startadresse des Programms
17 0600 0600    ANZ:    MVI   B,0      ;Reg. B loeschen
18 0602 210007          LXI   H,ADR    ;Adresse nach HL laden
19 0605 7E       WDH:   MOV   A,M      ;Datum in Akku bringen
20 0606 CDD301          CALL  DANZ     ;Aufruf Anzeige-Routine
21 0609 CD3002          CALL  SEK1     ;Aufruf Warte-Routine
22 060C 00              INX   HL       ;Reg.-Paar HL erhoehen
                                  /              *
23 060D 04              INR   B        ;Reg. B erhoehen
24 060E 78              MOV   A,B      ;Alle Daren angezeigt?
25 060F FE0B            CPI   UMF      ; -nein, dann wiederhole
26 0611 C20506          JNZ   WDH      ; -ja, dann Restart
27 0614 C7              RST   0
28                      ;
29                      END

* FEHLER: NAME NICHT DEFINIERT

PROGRAMMANFANG:    0600H
PROGRAMMENDE :     0614H
PROGRAMMLAENGE:       21 BYTES
PROGRAMM ENTHAELT      1 FEHLER
```

6.4 Höhere Programmiersprachen

6.4.1 Beispiele höherer Sprachen

Im vorhergehenden Abschnitt sind uns bestimmt zwei Fakten aufgefallen: Einmal, daß es umständlich und aufwendig ist, in Maschinensprache zu programmieren; sodann, daß Prozessoren und Computer offenbar recht beachtliche Möglichkeiten bieten, Programme per Programm zu übersetzen.

Beides ist Voraussetzung dafür, daß „höhere" Programmiersprachen entstehen konnten. Da sie mithelfen, Probleme rascher und in möglichst gewohnter Form zu programmieren, heißen sie problem-orientierte Sprachen. Besondere Programme übersetzen die Ausdrücke dieser Sprachen in Maschinencode, Zeichen für Zeichen. Bei einem Interpreter werden die Befehle dann sofort ausgeführt. Bei einem Compiler indes werden die übersetzten Befehle zunächst einmal abgelegt, sie bilden dann ein lauffähiges Programm z.B. in Maschinensprache, das für sich dokumentiert werden kann. Dieses Programm läuft später als Ganzes ab.

Die Übersetzungsprogramme sind recht umfangreich und komplex, benötigen eine Menge Speicherplatz und natürlich auch Zeit. Deswegen sind in die Entwicklung höherer Programmiersprachen nicht nur die Aspekte der zu bearbeitenden Probleme (die Problem-Orientierung), sondern auch diejenigen günstiger Compilierbarkeit eingegangen.

Eine der ältesten Sprachen ist FORTRAN (Formula Translator), geeignet für mathematisch-naturwissenschaftliche und technische Aufgabenstellungen. ALGOL (Algorithmic Language), genauer ALGOL 60, war die erste Sprache, deren Regeln, also Syntax, formal und nicht mit der Umgangssprache beschrieben wurden. Auch ALGOL war für denselben Problemkreis definiert wie FORTRAN.

COBOL (Common Business Oriented Language) ist eine Sprache, die auf den kommerziellen Bereich zugeschnitten wurde, weniger also für umfangreiche und komplizierte Berechnungen, sondern zur Bearbeitung großer Datenmengen nach relativ einfachen Regeln.

Die Sprache PASCAL (nach dem französischen Mathematiker Blaise Pascal 1623–1662) wurde schon erwähnt. Sie ist so aufgebaut, daß sie eine strukturierte Programmierung leicht ermöglicht (Pseudo-Code ist ja schon sehr PASCAL-ähnlich) und zudem der Compiler relativ einfach aufgebaut sein kann.

BASIC (Beginners All purpose Symbolic Instruction Code) wurde als leicht zu lernende Sprache entwickelt. Tatsächlich sind die Grundlagen von BASIC in kurzer Zeit erlernbar, trotzdem ist die Sprache sehr ausgebaut und durchaus leistungsfähig. Sie wurde übrigens auch so entwickelt, daß die Umsetzung in Maschinensprache mit Interpretern möglich ist.

Problemorientierte Sprachen sind weitgehend rechnerunabhängig konzipiert. Mit ihnen geschriebene Programme sollten auf den verschiedensten Systemen laufen. Leider ist dies in der Praxis nur sehr wenig der Fall, weil es für jedes System eigene „Dialekte" der Programmsprachen gibt. Am schlimmsten dürfte diese Sprachverwirrung bei BASIC sein; zum Trost ist BASIC, auch in verschiedenen Abarten, leicht lernbar. Dafür gibt es von BASIC einige Stufungen, von TINY BASIC, das nur wenige Rechenbefehle und eine Handvoll weiterer Anweisungen kennt, über ADVANCED BASIC bis hin zu PROZESS-BASIC speziell für Prozeßrechner.

Wir wollen uns nun einmal einige Elemente von BASIC und ein in dieser Sprache geschriebenes Beispiel näher ansehen.

6.4.2 Elemente der Sprache BASIC

BASIC ist überwiegend die Sprache der Kleinrechner, und solche stehen in großer Zahl in Laboratorien und Büros. Wir wollen uns – in aller Kürze – mit einigen wesentlichen Elementen von BASIC bekanntmachen, um dann ein paar Programmbeispiele durchzugehen. Dabei ergibt sich ganz von selbst ein Eindruck dafür, wie komfortabel selbst eine so einfache Sprache gegenüber dem Programmieren auf Maschinenebene ist.

An BASIC-Elementen wollen wir zu folgenden Bereichen Beispiele kennenlernen:

Zuweisungen

BASIC kennt Konstanten, Zahlen und Variable. Man kann nun einer Variablen X einen Zahlwert zuweisen wollen, z.B. 10; dann wird LET X = 10 (oder einfach X = 10) geschrieben. Die Angabe X = X + 2 ist ebenfalls eine Zuweisung (und keine mathematische Gleichung) und bedeutet, daß der (neue) Wert X um 2 erhöht werden soll (gegenüber dem seitherigen Wert X). Um Werte in den Rechner einzugeben, kann u.a. der Befehl INPUT gegeben werden: INPUT K5 veranlaßt den BASIC-Rechner, ein Fragezeichen auszugeben, und dies wiederum ist Zeichen dafür, daß der Benutzer jetzt eine Zahl per Tastatur eingeben soll, die vom Rechner als die Größe K5 (K_5, BASIC kennt keine Halbzeilen, also weder Indizes noch Exponenten) erkannt wird.

Sprünge

Die Zeilen der BASIC-Programme werden durchnumeriert. Eine Angabe GOTO 250 im Programm veranlaßt den Rechner, auf die Programmzeile 250 zu springen. Außer solchen unbedingten Sprüngen gibt es auch bedingte Sprünge, z.B. IF K5 = 20 THEN 250. Dieser Sprung wird nur unter der Bedingung ausgeführt, daß die Variable K_5 den Wert 20 erreicht hat. In dieser uns bekannten Struktur „If-then/else" ist die Alternative (else) das Weitergehen im Programm und muß deswegen nicht eigens ausgewiesen werden.

Schleife, Laufanweisung

Für eine Schleife wird einfach angegeben, bei welchen Werten sie beginnt, wann sie endet und wie groß die Schrittweite ist. Auf FOR X = 0 TO 20 STEP 2 setzt der Rechner die Größe x zunächst gleich 0, erledigt die weiter im Programm stehenden Anweisungen, um dann mit NEXT X den x-Wert um die Schrittweite 2 zu erhöhen und die Schleife erneut zu durchlaufen, bis mit x = 20 die Schleife automatisch verlassen wird. Für die Schrittweite 1 ist eine Angabe STEP 1 unnötig. Die Schleifengrenzen können auch Variable sein, und Verschachtelung der Schleifen ist möglich.

Ausgaben

Soll ein Wert ausgegeben, also auf dem Bildschirm oder einem Drucker geschrieben werden, dann wird dies mit PRINT X erreicht: Der aktuelle Zahlwert der Variablen (hier X) wird ausgedruckt. Man kann sogar schreiben PRINT SIN(X), dann wird der Sinus von X errechnet und danach ausgegeben. Was in " hinter dem PRINT steht, wird als Text wiedergegeben. PRINT "DAS ERGEBNIS IST GLEICH" gibt also den in " stehenden Text.

Operatoren und Funktionen

BASIC kennt selbstverständlich die Operatoren der vier Grundrechenarten und die Vergleichs-Operatoren (= < >). Auch logische Verknüpfungen mit NOT, AND, OR sind möglich. Dann gibt es die trigonometrischen Funktionen wie SIN(X) (auch die Umkehrfunktionen), die e-Funktion EXP(X), den Logarithmus LOG(X), die Quadratwurzel SQR(X) (Square Root) und andere Funktionen mehr – je nach Qualität des Rechners.

Speicherzugriff

In manchen Fällen muß direkt auf Zellen des Arbeitsspeichers zugegriffen werden können. Dazu gibt es Sonderbefehle. So wird etwa mit dem Ausdruck X = PEEK(N) der Inhalt der durch die Zahl N (dezimal) adressierten Speicherzelle einer Variablen X zugewiesen. Mit POKE N, X kann der Wert einer Größe X in der Speicherzelle N abgelegt werden. Wie immer in BASIC erfolgen alle Zahlenangaben dezimal.

6.4.3 Einige Beispiele in BASIC[1])

In Abschnitt 6.3 hatten wir uns mit einem Assembler-Programm zum Ausgeben von Zellen-Inhalten des Arbeitsspeichers beschäftigt. Die Anzeige der Zahlen wie auch der Sekundenrhythmus der Anzeige waren zwei Unterprogrammen zugeordnet, deren jedes gewiß schon umfangreicher war als unser Programm von Tabelle 6.2 oder 6.3. Wie sieht nun so etwas in BASIC aus?

Tabelle 6.5 zeigt den Ablauf, wenn der Inhalt von Speicherzelle 100 bis 110 angezeigt werden soll. In einer Schleife wird zunächst die Variable N mit N = 100 gesetzt, dann einer anderen Variablen X der Wert des Inhalts von Zelle 100 zugeordnet und (auf Bildschirm oder Drucker) ausgegeben. Das erfolgt rasch hintereinander für N = 100 bis N = 110.

Tabelle 6.5 Grundprogramm zum Auslesen
von Speicherzellen in BASIC

```
LIST                              RUN
                                  0
100   FOR N = 100 TO 110          0
110   X =   PEEK (N)              0
120   PRINT X                     1
130   NEXT N                      8
140   END                        50
                                  8
                                 64
                                  8
                                 64
                                  8
```

[1]) Die Programme sind für den Rechner APPLE IIe geschrieben und auf ihm getestet.

Die Werte erscheinen zwar nicht im Sekundentakt bei unserem einfachen Programm – aber sie bleiben nach Ende des Programms auf dem Bildschirm stehen oder liegen als Ausdruck vor.

Das Programm beginnt mit Zeile 1ØØ. Die Zeilennummern haben eine Schrittweite von 1Ø. Auf diese Art ist es möglich, ein Programm auszuweiten. Jedes Programm schließt mit END ab. Zum Starten des Programms wird die Zeichenfolge RUN (run = Lauf des Programms) eingegeben. Jede Eingabe bzw. eingegebenen Zeile muß durch Druck einer Taste RETURN abgeschlossen werden, was dann den Fortgang auf die nächste Zeile bewirkt.

Im Anschluß an das Programm selbst, das der BASIC-Rechner auf den Befehl LIST hin ausgibt, ist in Tabelle 6.5 auch noch der Ausdruck des Rechners (RUN) angefügt.

Da ein BASIC-fähiges System über PRINT " " auch Text ausgeben kann, wollen wir unser Programm von Tabelle 6.5 etwas komfortabler machen. Der Rechner soll ausdrucken, was er macht, und zudem sollen Anfang und Ende der auszugebenden Speicheradressen frei eingebbar sein.

Dieses Programm ist in Tabelle 6.6 aufgelistet (LIST). Dazu nutzen wir nun die Zeilennummern *vor* 1ØØ aus. Zunächst druckt der Rechner eine Art Programmüberschrift, dann fordert er auf, die Adresse einzugeben, bei welcher das Auslesen der Speicherzellen beginnen soll. Ist dies geschehen, wird die letzte der Adressen verlangt, und dann kommt das uns schon bekannte Ausgabeprogramm.

Tabelle 6.6 Das Programm von Tabelle 6.5 erweitert mit etwas Text

```
LIST

50   PRINT "AUSGABE DER SPEICHERIN
        HALTE ZELLEN A BIS B"
60   PRINT "GEBEN SIE A EIN"
70   INPUT A
80   PRINT "GEBEN SIE B EIN"
90   INPUT B
100  FOR N = A TO B
110  X =  PEEK (N)
120  PRINT X
130  NEXT N
140  END


RUN
AUSGABE DER SPEICHERINHALTE ZELLEN A BIS B
GEBEN SIE A EIN
?547
GEBEN SIE B EIN
?556
78
32
65
32
66
73
83
32
66
34
```

Läuft das Programm (RUN), dann gibt der Rechner seinen Text, und bei den Eingaben erscheint ein ?. Ist die Eingabe mit Drücken der Taste RETURN abgeschlossen, dann wird im Programm fortgefahren. Wenn wir wollten, daß der Rechner unsere Eingabe (Zahlen A und B) bestätigt, dann könnten wir dies mit den zwei eingefügten Programmzeilen

125 PRINT "IHRE EINGABE WAR A = ";A
145 PRINT "IHRE EINGABE WAR B = ";B

erreichen.

Es entsteht so eine Art „Dialog" zwischen Rechner und Benutzer, und dieser wird mit dem Dialog durch das Programm geführt. Denn meist ist ja der Programmbenutzer nicht unbedingt auch der Programm-Autor. Beim Programmieren im Dialog spricht eigentlich der Programm-Autor über den Rechner mit dem Benutzer, und dieser fühlt sich dann ein wenig „angesprochen".

Zum Schluß wollen wir uns ein etwas umfangreicheres BASIC-Programm ansehen, und zwar zu unserer Aufgabe von Abschnitt 6.2.6 „Aussuchen der größten Zahl". Die Anzahl ist nicht auf vier Zahlen beschränkt, sondern frei bis zu zehn Zahlen[1]). (Vgl. dazu Tabelle 6.7).

Das Programm dürfte für uns im Dialogteil sofort verständlich sein. Neu sind nur die Zeilen, in welchen nur PRINT steht; das sind Leerzeilen, damit der ausgegebene Text nicht so eng gedrängt erscheint.

Tabelle 6.7 BASIC-Programm zum Aussuchen der größten von n < 10 Zahlen

```
LIST

100   PRINT "BESTIMMEN DER GROESST
      EN VON N ZAHLEN (MIT N<10)"
110   PRINT
120   PRINT "WIEVIELE ZAHLEN GEBEN
       SIE EIN?"
130   PRINT
140   INPUT N
150   PRINT "GEBEN SIE NUN IHRE ";
      N;" ZAHLEN EIN!"
160   PRINT
170   FOR K = 1 TO N
180   INPUT X
190 X(K) = X
200   NEXT K
210 M = X(1)
220   FOR I = 2 TO N
230   IF M > = X(I) THEN 250
240 M = X(I)
250   NEXT I
260   PRINT "DIE GROESSTE ZAHL IST
      ";M
270   END
```

---

[1]) Das ist die größte Anzahl von Variablen, die der APPLE-Rechner noch aufnehmen kann, ohne daß ein „Variablenfeld" mit einem uns unbekannten Befehl eröffnet werden müßte.

Tabelle 6.8 Rechner-Ausdruck zum Programm von Tabelle 6.7

```
RUN
BESTIMMEN DER GROESSTEN VON N ZAHLEN (MIT N<10)

WIEVIELE ZAHLEN GEBEN SIE EIN?

?5
GEBEN SIE NUN IHRE 5 ZAHLEN EIN!

?45
?66
?237
?0
?238
DIE GROESSTE ZAHL IST 238
```

Das eigentliche Auswahlprogramm beginnt in Zeile 170. Die Anzahl n der Zahlen ist bekannt, sie wurde eingegeben. Der Rechner geht in eine Schleife, in welcher er von K=0 bis K=N jeweils eine Zahl (INPUT X) erwartet, die er dann (Zeile 190, X(K)=X) als Variable x_k interpretiert und führt. Auf diese Weise verwaltet der Rechner die n Zahlen als x_1 bis x_n (für den Rechner X(1) bis X(N)).

Nun wird eine Variable M (M für Maximum) eingeführt, und zunächst M = x_1 gesetzt (Zeile 210). Danach wird in einer Schleife mit allen anderen Zahlen verglichen. Ist M größer als eine der anderen Zahlen, wird die Schleife fortgesetzt. Ist jedoch eine der anderen Zahlen größer als M, so wird diese andere Zahl als neues Maximum übernommen und dann erst die Reihe der Vergleiche fortgesetzt. Das entspricht unserem Verfahren vom strukturierten Programm aus Bild 6.8.

Abschließend wird per Text ausgegeben, welches die größte Zahl war. Tabelle 6.8 zeigt einen Programmlauf (RUN) für n = 5.

6.5 Programm-Test

6.5.1 Stufen der Software-Entwicklung

Die Programmentwicklung läßt sich als eine Reihe von mehreren Schritten darstellen. Wir wollen sie, ausgehend von der uns schon geläufigen Problemanalyse, durchgehen.

a) *Problemanalyse*
Über die Problemanalyse ist in Abschnitt 6.1 schon gesprochen worden. In diesem Schritt muß die Entscheidung fallen, ob überhaupt eine Prozessor- oder Computerlösung und damit Software in Frage kommt. Weiterhin muß hier der Entscheid über das System (die CPU) und die für das Programm verwendete Sprache fallen (ob Maschinensprache oder eine höhere Programmiersprache).

b) *Erstellen des Quellprogramms*

Bislang haben wir uns nur damit befaßt, ein Programm zur Lösung eines Problems auf Papier zu entwerfen. Es muß natürlich auch noch in prozessor- bzw. computergerechter Form auf einem Datenträger entstehen. Dazu bedient man sich normalerweise eines Systems mit geeigneter Eingabe (z.B. Tastatur) und Ausgabe (z.B. Datensichtgerät, Drucker). Dieses System ist bereits ein kleiner Computer und hat die Aufgabe, die eingegebenen Programmausdrucke anzuzeigen und in geeigneter Form festzuhalten. Das Dienstprogramm dazu ist das Editor-Programm (kurz auch Editor). Mit seiner Hilfe läßt sich das Programm eintippen und anzeigen; auch sind Korrekturen möglich, falls man Fehler entdeckt.

Das auf diese Weise entstehende Programm heißt Quellprogramm (source program).

c) *Assemblieren*

Das Quellprogramm wird nun in die betreffende Maschinensprache übersetzt. Der dazu nötige Assembler (oder Compiler bzw. Interpreter) ist auch meist in der Lage, Syntax-Fehler zu erkennen und anzumerken, damit man sie korrigieren kann (vgl. Abschnitt 6.3.3). Das auf einem geeigneten Datenträger festgehaltene, übersetzte Quellprogramm ist nun das Objekt-Programm (object program).

d) *Binden*

In sehr vielen Fällen wird das jeweilige Anwenderprogramm auf schon vorhandene Programme zurückgreifen, die von früheren Aufgaben vorhanden sind und — etwa als Unterprogramme — eingesetzt werden können. Das Zusammenfügen aller Programmteile und Unterprogramme zum endgültigen Objektprogramm wird „binden" (linking) genannt. Auch hierfür gibt es wieder Hilfsprogramme, die das Binden erleichtern (Binder, Linker).

e) *Testen*

Das nunmehr fertige Gesamtprogramm muß getestet werden. Zum Test (debugging, wörtlich übersetzt „Ent-Wanzen") wird das Objektprogramm in den Arbeitsspeicher eines Rechners geladen. Es muß dabei nicht dasselbe System verwendet werden, auf dem das Programm später laufen soll. Mit Testprogrammen (debug programs) werden die Programme geprüft; bei auftretenden Fehlern ist eine direkte Korrektur möglich; bei umfangreichen Fehlern muß auf die Schritte b), c) zurückgegangen werden.

f) *Ablage des Programms*

Nach dem Test ist anzunehmen, daß das Programm nun fehlerfrei ist und auf der vorgesehenen Hardware „läuft" (falls diese fehlerfrei ist!). Dann kann man es in einen Festwertspeicher, also in ein ROM oder EPROM ablegen.

g) *Testlauf*

Das fertige Programm muß nun noch zusammen mit der vorgesehenen Hardware getestet werden, vor allem dann, wenn diese, wie meist bei Mikroprozessorlösungen, eigens für die Problemlösung entworfen wurde. Dazu wird das neu entwickelte System mit einem schon vorhandenen so gekoppelt, daß letzteres — mit entsprechenden Hilfsprogrammen — den Testlauf kontrolliert.

Vor allem der letzte Schritt führt nun darauf, sich mit den Hilfsgeräten zu befassen, die zu solchen Tests notwendig sind.

6.5.2 Entwicklungshilfsmittel

Wir haben schon erwähnt, daß die Prüfung von Programmen nicht auf *dem* System erfolgen *muß*, für das sie geschrieben sind. Der Assemblierer kann auch auf einem anderen System als der Zielmaschine laufen, z.B. auf einem größeren System, das als Gastrechner (host computer) verwendet wird (z.B. cross assembler).

Der Gastrechner muß sich natürlich genau so verhalten, wie dies die Zielmaschine tun würde; er muß diese simulieren können. Dazu dienen dann geeignete Simulationsprogramme. Diese gestatten es, den Ablauf des zu testenden Programms zu starten, an beliebigen Punkten anzuhalten (breakpoints) oder nur bestimmte Programmpassagen abzuarbeiten.

Die zur Simulation nötige Zeit allerdings stimmt dann nicht überein, der Gastrechner wird andere Zeiten benötigen als die Zielmaschine. Echtzeitprogramme können so nicht auf ihr Zeitverhalten geprüft werden. Doch ist der Editor (Eingabe, Anzeige, Korrekturmöglichkeit der Eingabe, Verwendung bequemerer Sprachen) eines „vornehmen" Gastrechners ein nicht unangenehmer Komfort.

Soll für einen Mikroprozessor eine Kleinentwicklung auf dem gleichen System (der gleichen CPU) erfolgen, dann werden meist kleine, kompakte Entwicklungsgeräte benutzt. Sie enthalten einen kompletten Kleincomputer derselben CPU, Tastatur und Datensichtgerät (oder wenigstens Hex.-Anzeigen für Befehle und für die Inhalte verschiedener Register) und ein Gerät zum Programmieren von EPROMs.

Entwicklungssysteme hingegen sind umfangreiche und sehr komfortable Einrichtungen zur Entwicklung und werden in einem weiten Rahmen nach Leistung und Preis angeboten. Bild 6.12 zeigt die Struktur eines solchen Systems.

Wie wir sehen, handelt es sich um ein umfangreiches System mit CPU, Konsole (Tastatur + Datensichtgerät), Programmierer für EPROM, Drucker und viel Speicher (Schreib/Lese-Arbeitsspeicher sowie Massenspeicher wie etwa Floppy).

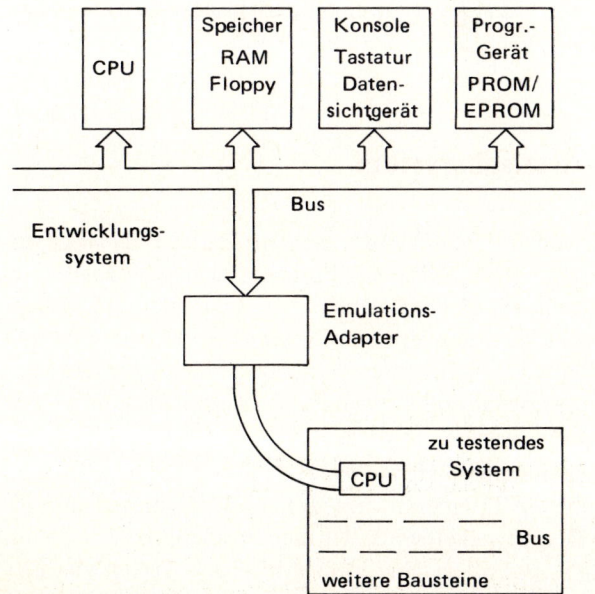

Bild 6.12

Struktur eines größeren Entwicklungssystems mit Emulations-Adapter

Auf einem solchen System kann die gesamte Entwicklung und Prüfung von Programmen erfolgen — auch der Testlauf (vgl. Punkt g) in Abschnitt 6.5.1). Die Vorrichtung für den Testlauf ist der Emulations-Adapter.

Dieser Adapter — für jede Prozessor-CPU ist ein eigener Adapter nötig — wird in dem zu entwickelnden System anstelle der CPU eingesteckt und verbindet es mit dem Entwicklungssystem. Das Entwicklungssystem bildet nun (ob mit der selben CPU oder einem anderen System) die CPU so komplett ab, daß das zu entwickelnde System „meint“, mit „seiner CPU“ zusammenzuarbeiten. Sie wird, wie der Fachausdruck heißt, vom Adapter emuliert.

Auf diese Weise kann die entwickelte Hardware zusammen mit der zugehörigen Software getestet werden; es erfolgt also ein kompletter Testlauf, eine Inbetriebnahme. Die CPU wird dabei vom Entwicklungssystem über den Emulationsadapter abgebildet, die Programme des zu entwickelnden Systems laufen mit Unterstützung der Testprogramme (Emulationsprogramm, Editor, Debug-Programme) des Entwicklungssystems. Somit ist also ein kompletter Probelauf und das Zusammenspiel Hardware+Software möglich, und zwar so, daß man den Ablauf verfolgen und eventuell noch vorhandene Fehler erkennen kann.

Zwei Geräte zur Entwicklungshilfe der Hardware sollten wir hier noch kurz nennen: den Logik-Analysator und die Signatur-Analyse. Der Logik-Analysator dient der Lokalisierung von Hardware- (und Software-) Fehlern. Auf dieser Art Oszilloskop mit sehr vielen Eingangskanälen lassen sich gleichzeitig die Signalpegel darstellen, die an verschiedenen Punkten des digitalen Systems auftreten. Parallel werden die Signale tabellarisch in binärer oder hexadezimaler Form ausgegeben.

Bei der Signatur-Analyse werden an geeigneter Stelle sog. Stimuli in ein System eingegeben, das sind bestimmte Binärfolgen oder Programmschritte. Dadurch wird ein Datenstrom auf dem Bus und in anderen Leitungen erzeugt. Dieser läßt sich an verschiedenen Stellen der Hardware mit Prüfspitzen abnehmen und darstellen. Bei richtiger Reaktion müssen an den Test-Stellen „Signaturen“ auftreten, die charakteristisch sind; wenn nicht, läßt sich daraus auf Fehler schließen.

6.6 Anwenderprogramme – Betriebssystem

Am Anfang dieses Buches waren wir von den Bedingungen der Automatisierung ausgegangen. Wir hatten uns vorgestellt, daß die Mikroelektronik Prozesse für uns bearbeitet, so wie wir das wünschen. Inzwischen haben wir kleine Programme in Assembler und in einer einfachen höheren Programmiersprache kennengelernt und gesehen, in welcher Art und Weise vorzugehen ist, *damit* die Mikroelektronik unsere Aufgabenstellungen bearbeitet. Dabei haben wir festgestellt, wie umfangreich und aufwendig die Automatisierung selbst kleiner Abläufe ist.

Im Kapitel über Programme und Programmieren stand somit das Anwenderprogramm im Vordergrund: Der Anwender schreibt ein Programm, mit dessen Hilfe ein von ihm gewünschter Ablauf per Mikroelektronik abgewickelt wird. Wir mußten allerdings zur Kenntnis nehmen, daß allein zum Erstellen, vor allem aber zum Prüfen und Testen von Programmen (und ggf. der zugehörigen Hardware), eine ganze Reihe anderer Programme nötig sind, die als Dienstprogramme bezeichnet wurden. Zu solchen Programmen, die erst den Ablauf der Anwenderprogramme und die Organisation der Hardware ermöglichen, sollte noch etwas gesagt sein.

Zu seinem Betrieb braucht jedes System eine Anzahl von Betriebsprogrammen. Da muß die Tasteneingabe dekodiert werden, da sind Zeichen auf Datensichtgerät und/oder Drucker auszugeben, da ist ein Diskettenspeicher oder sonstiger Massenspeicher zu verwalten — alles Aufgaben, die der Anwender erledigt haben will und muß, ohne daß sie jedesmal eigens programmiert werden müßten.

Die Summe all dieser Programme ist das Betriebssystem eines Computers. Dabei bedeutet das Wort System, daß es sich um eine umfangreichere Sache handelt, während die Systemteile, also die einzelnen Betriebsprogramme, ihrerseits jeweils recht speziell sein können. Ein abgemagertes, etwas spezielleres Betriebssystem wird auch oft als Monitor bezeichnet.

Betriebssysteme werden meist hierarchisch aufgebaut, wobei oft die Vorstellung verschiedener „Schalen" um einen „Kern" gewählt wird. Dieser Kern ist die Verwaltung der einzelnen Tasks (vgl. Abschnitt 5.3.4), also der einzelnen Aufgaben, wie sie durch die Anwenderprogramme auftreten. Um diesen Kern gruppieren sich dann die Schalen mit abnehmender Priorität, die Aufgaben von Speicherverwaltung, Editor (Zeichen-Ein/Ausgabe), Unterprogrammverwaltung u.a.m.

Bei anwenderbezogenen Systemen wie etwa dem BASIC-Rechner APPLE, ist das Betriebssystem nicht greifbar. Es wirkt im Innern des Systems so, daß der Benutzer nur die gewünschten Auswirkungen erfährt: Er kann dezimal eingeben und ablesen, er kann seine Programme auflisten lassen, sie korrigieren, auf Floppy ablegen und wieder holen usw.

Eine andere Möglichkeit ist die, dem Programmierer das Betriebssystem als eine Art „Funktions-Sammlung" zugänglich zu machen. Dann kann er Teile davon selbst einsetzen, was natürlich die Flexibilität seines Systems wesentlich erhöht.

7 Architektur von Mikroelektronik

7.1 Einchip- und Mehrchip-Prozessoren

Bislang waren wir davon ausgegangen, daß die CPU eines Prozessors, etwa nach Bild 2.28, auf einem Chip integriert und in einem Gehäuse (z.B. der DIL-Form, Dual In Line) mit entsprechender Zahl von Anschlüssen untergebracht ist. Alle anderen, für die Anwendung des Prozessors oder für ein Prozessorsystem nötigen Komponenten wären dann jeweils in einem weiteren, eigenen Gehäuse unterzubringen. Um also ein funktionsfähiges prozessor-gesteuertes System aufzubauen, sind unausweichlich eine ganze Reihe von Integrierten Bausteinen einzusetzen, je nach den verlangten Eigenschaften.

So ist z.B. zum Betrieb eines 8080-Systems nicht nur der Prozessor selbst (die CPU) nötig, es werden darüber hinaus noch weitere Bausteine benötigt — selbst für eine Minimal-Konfiguration. Die 8080-CPU braucht einen Taktbaustein (8224), sie enthält weder Fest-wertspeicher (ROM) noch Arbeitsspeicher (RAM) noch Ein/Ausgabe-Ports. Für alle diese Grundnotwendigkeiten eines Systems müssen entsprechende Bausteine zum eigentlichen Prozessor hinzugefügt werden.

Das 8080-System ist ein sog. Mehrchip-Prozessor, bei dem mehrere Bausteine zusammen-spielen müssen, um ein funktionsfähiges System zu ergeben — selbst bei minimalen An-sprüchen. Das spielt keine große Rolle, wenn das System ohnehin noch externe Bausteine braucht, etwa einen umfangreichen externen Arbeitsspeicher, ein mehr oder minder um-fangreiches Betriebssystem, Ein/Ausgabeeinheiten u.a.m.

Unpraktisch hingegen wird der Mehrchip-Prozessor, wenn kleine, abgemagerte Systeme zum Bearbeiten spezieller Funktionen angestrebt werden. Für die Steuerung eines Meß-geräts oder einer Waschmaschine wird ohnehin nicht ausgeschöpft, was ein „ausgewachse-ner" Prozessor alles leisten könnte. Da ist es besser, die Leistungsfähigkeit der CPU bleibt ein wenig beschränkt, dafür jedoch befinden sich die anderen, grundsätzlich nötigen Funktionen bereits auf dem CPU-Chip. Diesen Überlegungen entsprechen die Einchip-Prozessoren.

Ein typischer Vertreter — wie das System 8080 längst Stand der Technik (bzw. überholt) — ist das Prozessorsystem MCS 8048. Dieser Einchip-Prozessor enthält im Grundbaustein nicht nur die CPU, sondern auch noch ein ROM mit 1k Byte, ein RAM mit 64 Byte, einen 8-Bit-Zähler und 27 Ein/Ausgabeleitungen, organisiert in drei Ports zu je 8 Bit und drei Steuerleitungen. Selbstverständlich befindet sich auch der Taktgenerator auf dem Chip, er muß nur noch mit dem betreffenden Quarz extern beschaltet werden. Ein solcher Ein-chip-Prozessor ist für kleinere Aufgaben praktisch autonom und braucht dann keine weiteren Peripherie-Bausteine.

Verständlicherweise sind die Nachfolge-Prozessoren im Zuge der Entwicklung alle univer-seller geworden. Der Nachfolgetyp des 8080-Systems, der Prozessor SAB 8085, hat den

Taktgenerator auf dem Chip, verfügt über seriellen Ein/Ausgang und weist eine recht umfangreiche Interrupt-Anordnung auf. In gleicher Weise sind natürlich auch die Einchip-Prozessoren weiterentwickelt worden. Die Familie 8021–8051, Nachfolge des 8048-Systems, hat wahlweise ROM oder EPROM auf dem Chip, mehrere Interruptquellen, bis zu vier autonome Zähler und mehrere Analog-Digital-Umsetzer. Alles auf einem Chip, in einem Baustein!

So ist die Grenze zwischen Ein-Chip- und Multi-Chip-Systemen nicht scharf, aber von der Konzeption der Prozessorfamilien her deutlich sichtbar.

7.2 Prozessor-Familien

Unter Prozessorfamilie versteht man zunächst einmal die Gruppe von Bausteinen, die zusammen ein mehr oder minder umfangreiches System ergeben. Unter diesem Aspekt gibt es in einer solchen Familie den CPU-Baustein und die noch nötigen peripheren Bausteine, vom Taktgenerator angefangen über Speicher, Ein/Ausgabebausteine, Zähler und DMA-Controller bis hin zu Serie-Parallel- und Parallel-Serie-Wandlern.

Es gibt aber noch einen weiteren Aspekt, unter dem eine Prozessor-Familie gesehen werden kann. Hat ein Mikroprozessor ein ROM auf dem Chip, dann wissen wir, daß dieses im Herstellungsvorgang des Prozessors selbst per Maske programmiert wird, und dies lohnt sich erst bei höheren Stückzahlen. Zudem müßte der Prozessor nach Hardware und Software getestet worden sein, noch bevor er hergestellt wird. Dies allerdings ist mit einem Entwicklungssystem und einem entsprechenden Emulationsadapter durchaus möglich.

Doch gibt es genügend Fälle, in denen — vor allem kleinere — Entwicklungen nicht über ein umfangreiches Entwicklungssystem laufen, sondern mit kleineren Entwicklungs-Kits erledigt werden müssen; und es gibt Fälle, in denen Einzelstücke oder recht kleine Serien Ziel der Entwicklung sind. In solchen Fällen ist ein Prozessor mit ROM auf dem Chip unbrauchbar.

Deswegen gibt es, vor allem zu Entwicklungszwecken, aber auch für Kleinst-Stückzahlen, ROM-lose Versionen der Prozessorbausteine. Im Zuge der Entwicklung von Bausteinen ist man dazu übergegangen, auch CPU-Bausteine mit EPROM herzustellen und anzubieten.

Die EPROMs sitzen, sofern sie nicht auf dem Chip integriert sind, „Huckepack" (piggyback) auf dem CPU-Baustein. Sie sind somit steck- und auswechselbar, wovon Bild 7.1 einen Eindruck vermitteln soll.

Bild 7.1
CPU im DIL-Gehäuse und Huckepack-EPROM
(piggyback)

Prozessor-Familien umfassen also nicht nur CPU und zusätzliche (periphere) Bausteine, sondern auch sehr verschiedene Varianten der CPU bezüglich der Speicher: Ausführungen mit ROM, mit EPROM oder ohne Festwertspeicher sind verfügbar, und auch die Ausstattung mit Arbeitsspeicher RAM auf dem CPU-Chip variiert.

„Familienzugehörigkeit" bei Prozessorsystemen kann noch über verschiedene Kriterien definiert werden. So z.B. über Bausteine, die entweder in normaler oder in extrem stromsparender CMOS-Technologie verfügbar sind. Auch die Weiterentwicklung innerhalb von Familien, etwa vom 8-Bit- zum 16-Bit-Prozessor, ist ein mögliches Kennzeichen.

Insgesamt ist die Vielfalt kaum übersehbar, weswegen wir uns hier auf einige wenige Merkmale beschränkt haben.

7.3 Analog- und Arithmetik-Prozessoren

Bislang war der Prozessor für uns ein Baustein, der binäre Größen digital bearbeiten kann. Sollten je analoge Größen zu verarbeiten sein, so läßt sich dies durch den Einsatz von A/D-Umsetzern und D/A-Umsetzern ermöglichen. Für mehrere Analog-Kanäle und im Echtzeitbetrieb wird der Aufwand jedoch sehr groß.

Deswegen sind „Analog-Prozessoren" aufgekommen, die als Subsysteme im analogen Bereich der Datenverarbeitung (z.B. Echtzeitbearbeitung von Prozeßdaten) eingesetzt werden können. Das stark vereinfachte Blockbild eines solchen Signalprozessors (angelehnt an die Type 2920) zeigt Bild 7.2. Vier analoge Eingänge werden von einem Multiplexer (MUX) abgetastet und von einem Analog-Digital-Umsetzer digitalisiert.

Die Datenverarbeitung und -verknüpfung erfolgt rein digital. Ein EPROM auf dem Chip trägt das Programm, ein RAM stellt jeweils zwei Größen (Operanden) A und B zur Verfügung, die dann verknüpft werden können. Außer Addition, Subtraktion und logischen Verknüpfungen kann die Größe A auch noch mit einem Skalierungsfaktor multipliziert werden. Im EPROM sind Konstanten ablegbar, so daß Funktionsbildung (Quadrat, Wurzel u.a.) oder auch Linearisierung von Sensorfunktionen möglich wird.

Nach der digitalen Datenaufbereitung folgt im Digital-Analog-Umsetzer die Analogisierung, so daß am Ausgang über einen Demultiplexer (DEMUX) analoge Signale verfügbar sind. Von außen betrachtet, ist der Signal- oder Analog-Prozessor ein komplexer analoger Baustein; im Innern jedoch erfolgt die Signalverarbeitung und -verknüpfung digital. Der Analogprozessor kann Eingangsdaten bis 10 kHz im Echtzeitbetrieb verarbeiten, eine Geschwindigkeit, die für sehr viele Fälle ausreichend ist.

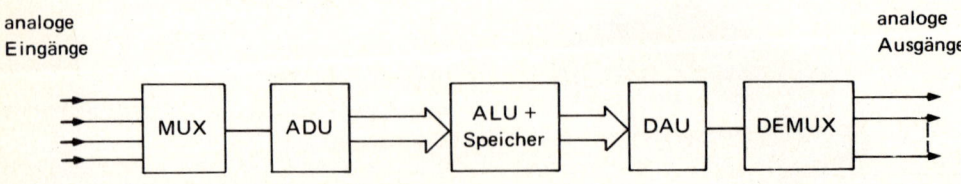

Bild 7.2 Grobstruktur eines Analog-Prozessors

Die Addition ist bei allen Prozessoren kein Problem und kann direkt mit einem Befehl veranlaßt werden. Schon bei der Subtraktion jedoch gibt es Schwierigkeiten, weil viele Prozessoren hierfür keine direkten Befehle aufweisen, sondern die umständliche Abhandlung einer Subtraktion über die Dual-Arithmetik (vgl. Abschnitt 1.4.1) verlangen.

Duale Multiplikation und Division mit dualen Faktoren können durch Stellenverschiebung nach rechts oder links erledigt werden. Bei der Multiplikation und Division zweier (dualer) Zahlen hingegen ist der Aufwand schon recht hoch: Das Ergebnis kann bis zur doppelten Stellenzahl beanspruchen. Bei einem 8-Bit-Prozessor ist aber das Bilden und Behandeln von 16 Bit breiten Zahlen ein nicht unerheblicher Programmaufwand.

Je länger ein Programm, um so höher der Zeitaufwand zu seiner Abwicklung: Multiplikation und Division beanspruchen nicht nur viel Programmspeicherplätze, sie brauchen auch viel Zeit, was oft recht störend ist. Deswegen gibt es eigene sog. Arithmetik-Prozessoren, welche auf binäre rechnerische Verknüpfungen eingerichtet sind und vor allem Multiplikationen und Divisionen rasch und mit entsprechendem Stellenumfang erledigen. Sie werden wie periphere Bausteine angeschlossen und arbeiten dann mit dem Prozessor zusammen.

Da wir hier das Problem von Stellenzahl und Rechengeschwindigkeit ansprechen, sollte die Konfiguration der Bit-Slice-Elemente erwähnt werden. Das sind Bausteine, welche eine ALU und die zugehörigen Register (meistens mit 4 Bit Breite) enthalten und die parallel geschaltet werden können. Zusammen mit entsprechenden Steuerbausteinen (controller) lassen sich so Mikroprozessoren größerer, eigentlich beliebiger Wortlänge aufbauen, die dann rascher sind als herkömmliche Prozessoren. Der Systementwurf mit Bit-Slice-Prozessoren ist jedoch eine Sache für sich und übersteigt den hier vorgesehenen Inhalt.

7.4 Mikro- und Mini-Computer

Ein Mikroprozessor-System mit entsprechender Peripherie (EPROM, RAM, Ein/Ausgabe) und einem kleinen Betriebssystem (Monitor) ist in der Lage, kleine Aufgaben im Bereich des Rechnens und Steuerns durchzuführen. Diese Systeme enthalten auf einer Leiterplatte (Karte) alle notwendigen Bausteine und heißen dann Einplatinen-Rechner.

Daneben gibt es auch Systeme, bei denen CPU und Hilfsbausteine auf einer Karte das Minimalsystem enthalten, das dann mit weiteren Karten (Speicherkarten, Ein/Ausgabekarten usw.) mehr oder minder beliebig erweiterbar ist. Solche Mehrkarten-Computersysteme sind recht vielseitig einsetzbar und sehr variabel, und deswegen erlauben sie manchem Anwender, auf Hardware-Entwicklung zu verzichten und sich nur der speziellen Anwender-Software zuzuwenden.

Je nach Ausbau und Komfort enthalten solche Ein- oder Mehrkarten-Mikrorechner eine Anzahl von Monitorbefehlen, welche dem Anwender die Arbeit erheblich erleichtern. Das beginnt mit einem Editor, der Eingaben annimmt und anzeigt, Register- und Speicherinhalte verändern läßt, Peripheriegeräte wie Drucker ansteuert u.a.m. Dazu kommen dann noch Befehle zum einfacheren Arbeiten mit dem Speicher, Unterprogramme zur Dualarithmetik, Verkehr mit Massenspeichern (z.B. Magnetband-Casette) — bis hin zu einfachen Fehlermeldungen, Einzelschrittschaltung und Debug-Hilfen.

Ob Ein- oder Mehrkarten-Rechner, all diese Systeme sind Mikro-Rechner und dadurch gekennzeichnet, daß ihre Wortbreite viele Jahre auf 8 Bit standardisiert war. Mini-Rechner hingegen sind ähnliche Systeme, bei denen jedoch die Wortbreite größer (ab 16 Bit) und das Betriebssystem umfassender ist.

Weitere — und vor allem schärfere — Kriterien zum Unterschied Mikro/Mini-Rechner sind kaum aufzuführen. Dazu kommt, daß es heute 16-Bit- und 32-Bit-Prozessoren gibt. Damit werden aber die Grenzen vom Mikro-Rechner zum Mini-Computer noch fließender und verwaschener: Der Mikro-Rechner dringt in den Bereich des Mini-Computers ein. Und dessen komfortableres Betriebssystem braucht nicht für alle Zeiten sein Kennzeichen zu sein.

7.5 Prozeßrechner

Systeme zur numerischen Bearbeitung von Aufgaben können sich die zum Rechnen nötige Zeit nehmen. Bei größeren Datenmengen oder komplizierteren Verknüpfungen von Daten benötigt der Rechner eben etwas mehr Zeit. Anders liegt die Situation, wenn ein Rechner direkt (on-line) mit einem Prozeßablauf verbunden ist und somit als Prozeßrechner (process controll computer) zu arbeiten hat.

Nach Bild 7.3 kann man sich vorstellen, daß der Prozeßrechner als Regler wirkt, der die gemessenen Regelgrößen und die Führungsgrößen eingegeben bekommt und nach einem Regelalgorithmus die Reglerausgangsgrößen erzeugt und in den Prozeß eingibt. Somit ist ein Prozeßrechner zunächst einmal durch seine Peripherie gekennzeichnet. Gegenüber anderen Rechnern sind analoge Eingänge und auch Ausgänge nötig, meist in erheblichem Umfang.

Weiteres Kennzeichen des Prozeßrechners ist es, daß er seine Aufgabe in Echtzeit verarbeiten muß, also jeweils in einer an den betreffenden Prozeß angepaßten Geschwindigkeit. Die Programmierung erfolgt, weil rasch, auf Maschinenebene (oder in speziellen Prozeßsprachen wie z.B. Prozeß-BASIC, PEARL u.ä.). In Prozessen gibt es sehr viele Vorgänge, die unvorhergesehen eintreten und auf die sofort reagiert werden muß. Der Prozeßrechner

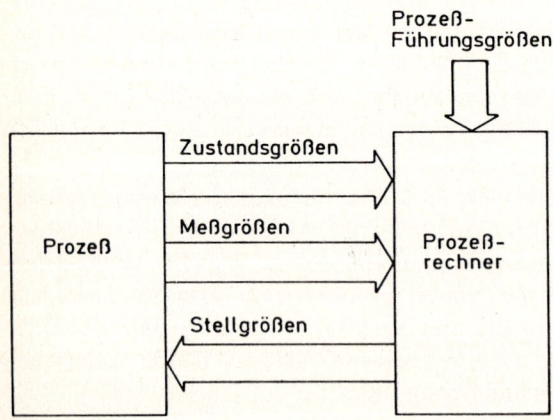

Bild 7.3
Prozeßrechner und Prozeß

wird also eine aufwendige Interruptstruktur aufweisen müssen (vgl. Abschnitte 5.3.2 bis 5.3.4) und sehr häufig interruptgesteuert sein. Die Orientierung auf das Bearbeiten verschiedener Aufgaben (tasks) wirkt sich dann bis auf Monitor und Betriebssystem aus.

7.6 Zusammenfassung

Nach diesem abschließenden Überblick über die Architektur von Mikroelektronik wollen wir uns an Abschnitt 1.1 erinnern: Mikroelektronik im Maschinenbau. Haben wir die dort genannten *Stichworte* weiter verfolgt, können wir die dort genannten *Anwendungen* von Mikroelektronik jetzt besser verstehen? Was ist aus dem erwähnten Industrie-Roboter geworden, wo wurde CAD (Computer Assisted Design) besprochen?

In der Tat, auf diese Stichworte ist nicht weiter eingegangen worden. Wir haben Prozessor und Computer in ihrer Hardware beschrieben, wir haben die Grundzüge des Erstellens der Software besprochen. Alles aber nicht unter direktem Anwendungsaspekt — die Beispiele waren mehr aus der Numerik genommen. Deswegen sind jetzt noch ein paar Anmerkungen zu machen, die zeigen, daß wir mit unserem Wissen durchaus auch den Anwendungen der Mikroelektronik näher gekommen sind.

Bei CAD wird Mikroelektronik benutzt, um Mithilfe in Entwurf und Konstruktion zu haben. Also muß der Prozessor oder Computer in der Lage sein, auf Bildschirm und/oder Plotter Graphik auszugeben. Daß dies möglich sein muß, wenn die Ausgabe einzelner Bildpunkte keine Schwierigkeiten macht, ist klar. Wenn jedoch Punkte und Punktfolgen, z.B. Linien und Kurven, dargestellt werden können, dann kann dies auch über entsprechende Regeln, z.B. diejenigen der perspektivischen Darstellung oder der analytischen Geometrie, geschehen.

Dann läßt sich im Prinzip verstehen, daß mit dem Computer graphische Darstellungen verändert, räumlich gedreht oder sonstwie beeinflußt werden können, und daß die Bildpunkte wie auch die echten Koordinaten der Raumpunkte im Speicher verfügbar sind. Schon eine einfache Sprache wie BASIC verfügt über Graphik-Befehle. So bedeutet z.B. der Befehl DRAW 5Ø,1ØØ, daß die Schreibmarke von ihrer derzeitigen Lage auf Bildschirm und/oder Plotter zum Punkt mit den Koordinaten 5Ø in x- und 1ØØ in y-Richtung fahren und dabei eine Gerade erzeugen soll. Der Bildschirm ist dabei in eine definierte Anzahl ansteuerbarer x-y-Punkte aufgeteilt. ROTATE 45 dreht eine mit dem Rechner erzeugte Graphik um 45°, wenn vorher für die Angabe 45 auch Winkelgrade (Befehl SET DEGREES) vereinbart worden sind.

Ohne nun CAD-Kenntnisse erworben zu haben, können wir uns sehr gut vorstellen, daß CAD mit Hilfe der Mikroelektronik möglich ist. Ähnlich verhält es sich mit dem Roboter. Wir wissen, daß mit Ausgabe-Ports sehr wohl die Befehle zum Ansteuern von Schrittmotoren ausgegeben werden können. Der Antrieb dieser Motore muß selbstverständlich über entsprechende Leistungsglieder erfolgen. Damit ist es für uns gut vorstellbar, daß und wie eine Positionierung von Roboterarmen zustandekommt. Wir können uns ebensogut denken, daß ein Roboterarm zunächst von Menschenhand bewegt und dabei die Bewegung — durch Sensoren abgenommen — in einem Speicher abgelegt wird. Nach diesem „Lernvorgang" (teach-in) ist der Roboter in der Lage, denselben Bewegungsablauf immer wieder zu reproduzieren.

Der Übergang von unserer Grundkenntnis zur Anwendung ist nicht allzu schwierig. Es wird auch nicht schwer sein, sich Steuerungen mittels Mikroelektronik vorzustellen. Im Gegenteil, da Steuerungen sehr oft nur Schaltvorgänge zu erledigen haben, werden wir von unseren 8 Bit auf 1 Bit zurückgeführt. Da Steuerungen jedoch im Maschinenbereich eine große Rolle spielen, soll die Steuerungstechnik im nächsten Kapitel behandelt werden.

8 Speicherprogrammierbare Steuerungen

8.1 Steuerungstechnik

Die geschlossene Schleife von Regelkreisen war uns in Bild 7.3 begegnet und kurz ange-sprochen worden. Bei der Steuerungstechnik handelt es sich um ein offenes Eingriffs-system (open loop control); sie dient der gezielten Beeinflussung einer Steuergröße x durch eine Führungsgröße w. Ein Stellglied übernimmt auch hier die ggf. notwendige energetische Anpassung. Störgrößen z können sich voll auswirken, weil keine Rückmel-dung erfolgt, die Schleifenstruktur also fehlt. Steuerungen haben eine kettenartige Struk-tur, man spricht — analog zur Meßkette (vgl. Abschnitt 4.1.2, Bild 4.2) — von der Steuer-kette. In Bild 8.1 ist sie, zusammen mit dem Regelkreis, skizziert.

Die meisten Steuerungen haben nur binäre Signale zu verarbeiten: Die Eingangssignale sind Schalter, die Ausgangsgrößen meistens Antriebe (Motor läuft / Motor läuft nicht) oder sonstige zweiwertige Größen wie Meldelampen, Hupen u.ä. Die Verknüpfung von Ein- und Ausgangsgrößen erfolgt ebenfalls zweiwertig mit Kontakten. All diese Dinge sind dem Maschinenbauer aus dem Bereich „Elektrotechnik für Maschinenbauer" bekannt. Wir brauchen also hier nur noch die Verbindungsbrücke zur Mikroelektronik zu schlagen.

Trotzdem dürfte es gut sein, wenn wir uns ein paar Dinge aus dieser Technik in Erinne-rung zurückrufen, am besten mit einem einfachen Beispiel. Dafür soll die Ein/Aus-Steue-rung für einen Drehstrommotor genommen werden (Bild 8.2).

In diesem Stromlaufplan wird der Motor über ein Schütz K1 an die drei Phasen (L1, L2, L3) angeschaltet. Die Hauptkontakte des Leistungsschützes K1 sind wie üblich durch-numeriert, 1—2, 3—4, 5—6. Der Motor ist mit den Sicherungen F1 geschützt. Mehr Ele-mente sind in diesem einfachen Hauptstromkreis nicht enthalten.

Der Steuerstromkreis ist etwas komplexer.[1] Wird die Ein-Taste S2 betätigt, dann erhält die Spule (Anschlüsse A1—A2) vom Schütz K1 Strom, das Schütz kann anziehen. Über den Hilfskontakt 13—14 des Schützes K1 hält sich dieses selbst. Der Ausschalter S1 unter-bricht mit dem Ruhekontakt (S1, 11—12) das Schütz, so daß dieses abfällt und auch die Selbsthaltung wieder zurückgestellt wird. Bild 8.2 zeigt nochmals kurz die Bezeichnungen der Hilfskontakte: Die erste Nummer ist eine Ordnungszahl entsprechend der Anzahl der Hilfskontaktebenen. Die zweite Ziffer kennzeichnet die Art des Kontakts; 1—2 steht für Öffner, 3—4 für Schließer.

Die Steuerstromkreise lassen sich in vier Ebenen aufteilen. Die erste davon ist der Schutz, in unserem Beispiel die Sicherung F1. Danach kommt die Ebene der Befehle, hier die Kontakte der Schalter und der Selbsthaltekontakt. Danach würde die Logik (z.B. Verrie-

---

[1] Die Darstellung erfolgte nach DIN 40713/Apr. 73

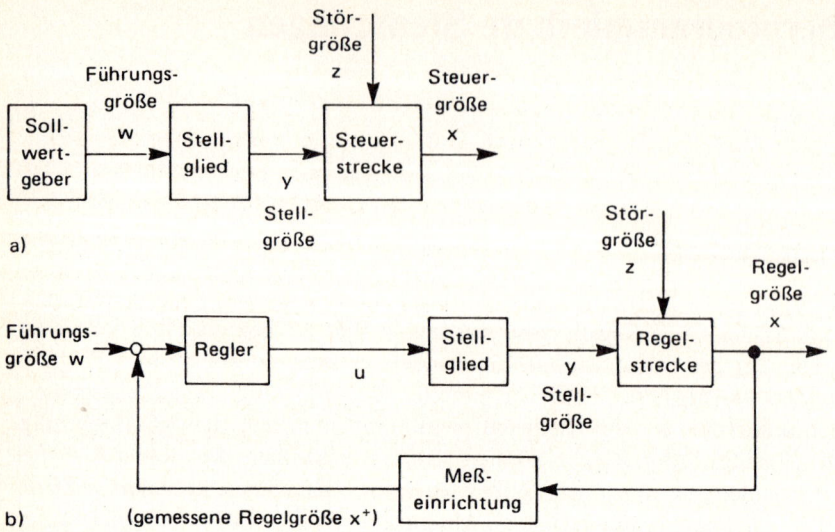

Bild 8.1 Steuerkette und Regelkreis

a) Eine Steuer-Einrichtung zeigt kettenartige Struktur, die Rückführung fehlt.
b) Typisch für den Regelkreis ist die Rückführung, durch welche eine geschlossene Schleife entsteht.

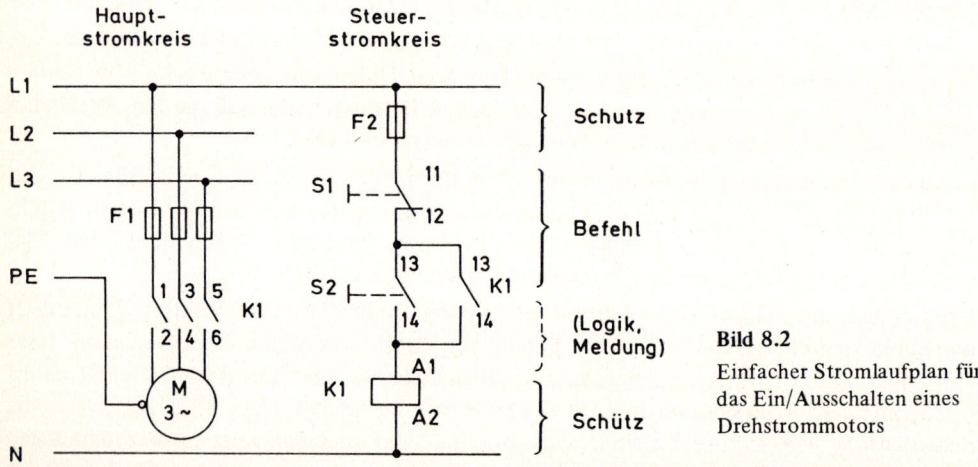

Bild 8.2

Einfacher Stromlaufplan für
das Ein/Ausschalten eines
Drehstrommotors

gelungen) samt den zugehörigen Anzeigen (z. B. Meldelampen) folgen; unser Beispiel
enthält dies aber nicht. Schließlich folgt das Schütz mit seiner Antriebsspule (A1–A2).

Wir werden uns weiterhin nicht mehr mit Hauptstromkreisen und mit der Schutzebene
befassen, sondern beide weglassen. Es interessiert nur noch die Steuerung selbst mit den
Ebenen „Befehl" (das sind dann die Eingänge) und „Schütz" (die Ausgänge) sowie der
Verknüpfung dazwischen, der Logik. Auf diese Weise kann die kleine Rückblende in den
Stromlaufplan anhand unseres Beispiels mithelfen, den Interessensbereich klar abzugren-
zen, wenn es in diesem Kapitel um speicherprogrammierbare Steuerungen geht.

8.2 Arten von Steuerungen

In der Steuerungstechnik lassen sich insbesondere zwei große Gruppen verschiedenartiger Steuerungen unterscheiden: Die herkömmlichen verbindungsprogrammierten und die (elektronischen) speicherprogrammierbaren Steuerungen. Mit diesen beiden wollen wir uns nun etwas befassen, um Unterschiede, Vor- und Nachteile herausstellen zu können.

Verbindungsprogrammierte Steuerungen sind aufgebaut, wie es in Bild 8.3 skizziert ist. An der zu steuernden Anlage, z.B. einer Maschine, befinden sich die Schalter u.ä. als Eingabe-Elemente sowie die Ausgabe-Elemente wie Motoren, Ventile u.a.m. Im Steuerschrank werden die Verknüpfungen zwischen beiden hergestellt, nach den logischen Bedingungen des Steuerprogramms. Der Steuerschrank enthält somit das „Programm" in Form fest verdrahteter Verbindungen, wobei ein wechselnder Zustand dieser Verbindungen über Hilfskontakte erfolgt. Da aber auch diese fest angeschlossen sind, steckt das Steuerpro-

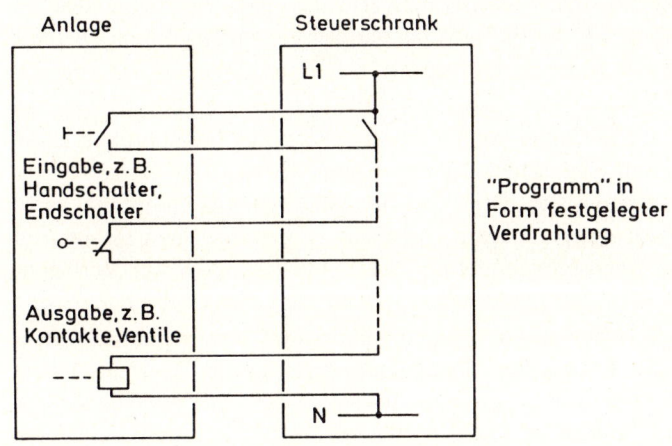

Bild 8.3

Aufbau einer verbindungs-
programmierten Steuerung

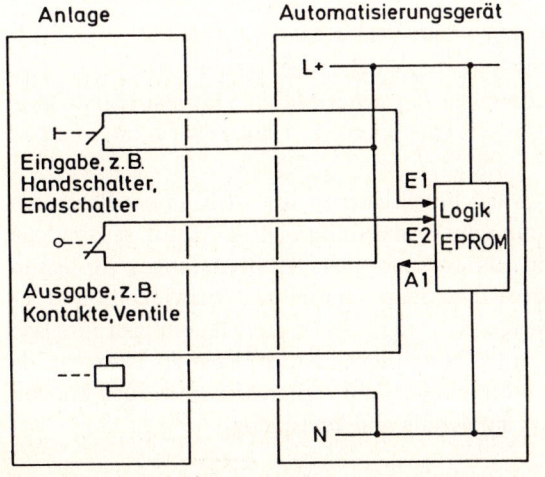

Bild 8.4

Aufbau einer speicherprogram-
mierten Steuerung in derselben
Art wie Bild 8.3. Die Schaltung
der Eingänge und Ausgänge
erfolgt logik-kompatibel.

gramm ausschließlich in der Anordnung der Verbindungsleitungen, in der Verdrahtung des Steuerschranks. Wir können uns gut vorstellen, wie unser einfaches Beispiel von Bild 8.2 auf Anlage und Steuerschrank verteilt werden könnte.

Bei den speicherprogrammierbaren Steuerungen nach Bild 8.4 sind die Elemente der Anlage in gleicher Weise mit dem Automatisierungsgerät verbunden. Das Wort Automatisierungsgerät wird hier bewußt an die Stelle des seitherigen Ausdrucks Steuerschrank gesetzt um anzudeuten, daß es sich dabei um ein universelles, für die verschiedensten denkbaren Steuerungen einsetzbares Gerät handelt. In seinem Programmspeicher, einem EPROM, ist die Anweisung für die Verknüpfung zwischen Ein- und Ausgängen abgelegt. Mit entsprechenden Hilfsgeräten, ähnlich den Entwicklungssystemen für Mikroprozessoren, wird das Programm zunächst einmal mit einem RAM erstellt, dann getestet und danach im EPROM abgelegt. Dieses Verfahren ist uns bekannt.

Für die speicherprogrammierbare Steuerung werden die Eingänge, wie Bild 8.4 andeutet, an positive Spannung (L+) angeschlossen, so daß sofort Signale in positiver Logik greifbar sind: Kontakt offen bedeutet keine Spannung (Spannung 0), Kontakt geschlossen gibt die Spannung an L+, was dann der logischen 1 (HIGH-Pegel) entspricht. Die Spannungen für die Eingabekontakte liegen höher als die Betriebsspannungen der für Logik und Speicher verwendeten Elektronik. Benutzt letztere normalerweise 5 V, so sind 24 V eine der üblichen Spannungen für L+.

Die Ausgangssignale werden entsprechend geschaltet, die Ausgänge können dann soviel Strom liefern, daß Hilfsrelais und Kleinschütze direkt ansprechbar sind. In einigen Fällen ist die Ausgangsspannungsversorgung von derjenigen der Eingänge völlig getrennt. Es ist auch möglich, mit den d.c.-Ausgangsspannungen Hilfsrelais zu betätigen und für die Ausgänge dann direkt geschaltete Wechselspannung (a.c.) der üblichen 220 V zur Verfügung zu stellen.

Eingänge und Ausgänge brauchen bei speicherprogrammierbaren Steuerungen nicht mehr die bei Kontakten übliche (und notwendige) Doppelbezeichnung (z.B. 1−2 für Öffner, 3−4 für Schließer, vgl. z.B. Bild 8.2). Deswegen werden sie einfach mit Buchstaben und Ziffern in Form logischer Variablen geführt: E1, E2.7 usw. für Eingänge, A0, A1.5 usw. für Ausgänge. Damit ist aber schon eine erhebliche Anpassung an das Arbeiten mit Mikroelektronik getan. Stromlaufpläne indes können nicht mehr verwendet werden, weil alle Eingänge und Ausgänge „parallel" an der (logischen) Speisespannung arbeiten.

Mithin braucht man weitere Darstellungsweisen, die zwischen den verschiedenen Entwurfsarten sozusagen vermitteln, Übergänge zwischen der altvertrauten Stromlaufdarstellung, den logischen Zusammenhängen und der Programmierung. Darauf wird im nächsten Abschnitt eingegangen.

Verknüpfungsprogrammierte Steuerung in der beschriebenen Art ist in ihrem Programm starr. Jede Änderung zieht eine Änderung der Verdrahtung und die damit verbundene, meist umfassende Änderung der Dokumentation, nach sich. Bei Steuerungen für Serienanlagen ist dies kein großer Nachteil, denn hier kann eine einmal entwickelte und auf Fehlerfreiheit gebrachte Steuerung nachgebaut werden. Bei Einzelsteuerungen hingegen sind zwischen Planung und endgültiger Ausführung immer Änderungen zu erwarten, die erst durch Testläufe als notwendig erkannt und kaum alle vorhergesehen werden können. Die dann nötige Verdrahtungsänderung ist aufwendig und kostspielig.

Deswegen gibt es die Form der umprogrammierbaren, verknüpfungsprogrammierten Steuerungen. Die Möglichkeit zum Umprogrammieren wird konstruktiv mit Elementen wie Steckverbindern, Kreuzschienenverteiler, Diodenmatrizen u.ä. erreicht.

Bei den speicherprogrammierbaren Steuerungen gibt es ähnliche Varianten. Da wäre die mit einem RAM völlig frei programmierbare Steuerung, welche aber den Nachteil hat, daß RAMs ihre Information bei Ausfall der Speicherspannung verlieren, so daß eine Puffer-batterie vorgesehen sein muß. Austauschprogrammierbarkeit liegt dann vor, wenn ein fertiges (und getestetes) Programm in einem ROM, PROM oder EPROM abgelegt ist. Bei Austausch dieser Programm-Module wird mit demselben Automatisierungsgerät die Mög-lichkeit geschaffen, völlig verschiedene Steuerprogramme abzuwickeln. In dieser ungeheu-ren Flexibilität liegt der Hauptvorteil der speicherprogrammierbaren Steuerungen, die allgemein mit SPS abgekürzt werden (in der Steuerungstechnik finden sich deutsch-sprachige mnemotechnische Ausdrücke in großer Zahl).

Bei Verknüpfungssteuerungen werden die Ausgangssignale durch logische Verknüpfungen (wie UND, ODER, NICHT, vgl. auch Abschnitt 1.4.3 bzw. Anhang A1) der Eingangs-signale gewonnen. Es wird also ausschließlich mit ruhender Logik gearbeitet. Bei Ablauf-steuerungen hingegen hängt jeder folgende Schritt von den Kombinationen der vorher-gegangenen Steuerschritte ab, die Weiterschaltbedingungen können auch zeitabhängig sein. Hier spielt also die sequentielle Logik mit herein.

Die Entscheidung für verknüpfungsprogrammierte Steuerungen mit Relais und Schützen oder für eine speicherprogrammierbare Steuerung hängt nicht nur an der Flexibilität, son-dern auch am Preis. Fachleute meinen, bis zu 40...50 Relais/Schütze sei die übliche Kontaktsteuerung billiger, darüber jedoch neige sich die Preiswürdigkeit zur speicher-programmierbaren Steuerung hin. Denn bei dieser ist ja außer dem Steuergerät (wir haben es bisher Automatisierungsgerät genannt) auch noch das Programmiergerät zur Entwick-lung und Erstellung des Programms nötig. Und dieses ist teuer, auch wenn es nur gemietet und nicht gekauft wird.

Bei speicherprogrammierbaren Steuerungen werden marktgängige Geräte zu Steuer-zwecken eingesetzt, und dies wirkt sich im Preis auf die Entscheidung aus. Beim sonstigen Einsatz von Mikroelektronik oder Mikroprozessoren ist der Preis der Hardware klein gegenüber den Softwarekosten.

Ein Wort noch zur Frage der Sicherheit. Aus der Erfahrung gelten Kontaktsteuerungen als sicherer, und NOT-AUS-Schaltung darf nicht in die speicherprogrammierte Steuerung einbezogen werden, sondern muß über mechanische Kontakte betätigt werden. Inzwi-schen ist jedoch die Zuverlässigkeit der Mikroelektronik bezüglich Ausfall und Störungen von außen so groß geworden, daß sie sich im Steuerungsbereich voll durchsetzt und die oben erwähnte Entscheidungsgrenze (40...50 Relais) sicherlich nach unten rutscht.

8.3 Darstellungsarten in der (speicherprogrammierbaren) Steuerungstechnik

8.3.1 Der Kontaktplan

Der Übergang von einer Steuerungstechnik, welche Stromlaufpläne benutzt und nach Bild 8.3 fest oder auch austauschbar verdrahtet ist, zu einer mit ruhender oder sequentieller Logik arbeitenden Technik ist nicht einfach. Denn gerade die Stromlaufpläne sind ein altbewährtes und tradiertes Handwerkszeug, das schon zu einer gewissen Denk-Kategorie geworden ist und nicht einfach abgeschafft werden kann.

Das ist einer der Gründe, weswegen der Kontaktplan KOP eingeführt wurde. Er symbolisiert den ursprünglichen Stromlaufplan, und das ausschließlich mit Schrägstrich /, runden ( ) und eckigen [ ] Klammern, die uns als im ASCII-Zeichenvorrat enthalten bekannt sind. Als Kontaktsymbole verwendet, können diese Zeichen leicht auch auf Bildschirmen angezeigt oder von Druckern ausgegeben werden. Verbindungslinien als Punktfolgen oder Folgen von anderen ASCII-Zeichen sind ebenfalls ohne großen Aufwand generierbar, z.B. Bindestriche als waagerechte Linie --- oder der Buchstabe I übereinander als senkrechte Linie $\frac{I}{I}$.

In Bild 8.5 sind die Zeichen des Kontaktplans KOP (DIN 19 239) neben diejenigen der Stromlaufpläne gestellt, und zwar für die Steuer-Grundfunktionen Schließer, Öffner und Schützspule, mithin für die hauptsächlichsten Eingänge und Ausgänge. Mit eingezeichnet ist die Darstellung als Eingang bzw. Ausgang an einem Schaltungssymbol für logische Verknüpfungen (vgl. Anhang A1). Daß die Eingänge mit E, Ausgänge mit A bezeichnet werden, wissen wir ja schon. Die Logiksymbole sind Bestandteil der logischen Zusam-

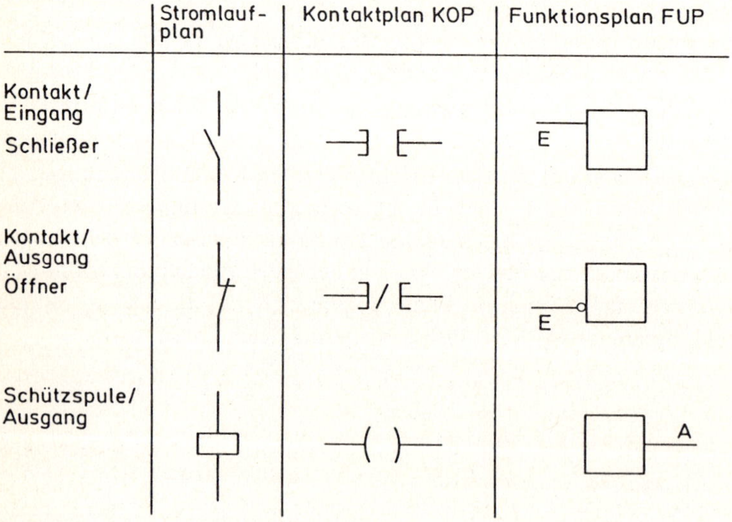

	Stromlauf-plan	Kontaktplan KOP	Funktionsplan FUP
Kontakt/Eingang Schließer			
Kontakt/Ausgang Öffner			
Schützspule/Ausgang			

Bild 8.5 Die Grundsymbole des Kontaktplans, zusammengestellt mit den Entsprechungen aus dem Stromlaufplan und dem Funktionsplan

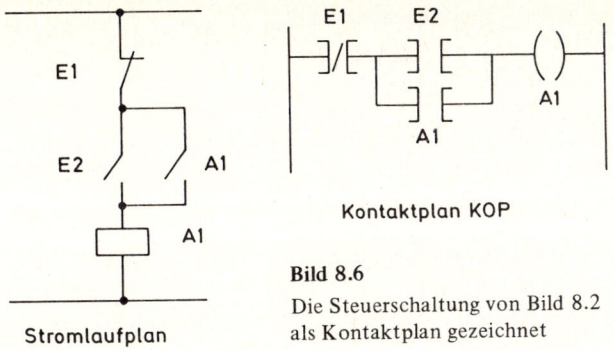

Kontaktplan KOP

Bild 8.6
Die Steuerschaltung von Bild 8.2
als Kontaktplan gezeichnet

Stromlaufplan

menhänge einer Steuerung (sog. Logik-Schaltung) und gehören somit zum Funktionsplan FUP. Der Schließer erscheint hier als direkter, der Öffner als invertierter Eingang nach DIN 40 700.

Versuchen wir doch gleich, die Motor-Ein/Ausschaltung vom Stromlaufplan nach Bild 8.2 in den Kontaktplan KOP zu übertragen, wie es Bild 8.6 zeigt. Das uns interessierende Gerippe des Stromlaufplans ohne die Schutzebene ist nochmals mitgezeichnet, die Elemente werden aber schon als Ein- bzw. Ausgänge mit den entsprechenden Bezeichnungen eingetragen. Das Umzeichnen in den Kontaktplan KOP ist kein Problem, es sind lediglich die anderen Symbole zu benutzen, außerdem wird der Kontaktplan von links nach rechts und nicht von oben nach unten gezeichnet. Der Kontaktplan ist eine Art Nachbildung des Stromlaufplans, eine stromlaufplan-ähnliche Darstellung.

Der Selbsthaltekontakt, von der Schützspule — also dem Ausgang A1 — betätigt, erscheint mit derselben Bezeichnung als Eingangsgröße. Auch das ist eine Art Vorbereitung auf die Programmierung solcher Steuerungen: Die Elektronik kann binäre Eingangssignale genauso abfragen wie die Ausgangssignale. Was sie nicht kann, ist das Unterscheiden zwischen Öffnern und Schließern. Denn dazu müßte sie wissen, welche Lage der Kontakt normalerweise, also vor Betätigung, hatte. Die Abfrage selbst kann also nur ermitteln, ob der Kontakt geschlossen ist oder nicht.

8.3.2 Der Funktionsplan

Die Kontaktanordnung läßt sich in eine logische Struktur überführen, in eine logische Schaltung, welche in der Steuerungstechnik als Funktionsplan bezeichnet wird. Wie wir wissen (vgl. Abschnitt 1.4.3), bewirkt die Reihenschaltung zweier Kontakte eine UND-Verknüpfung, die Parallelschaltung eine ODER-Verknüpfung, wenn ein geschlossener Kontakt mit der logischen (bzw. binären) Eins 1 belegt wird. Ruhekontakte werden mit der Negation, der NICHT-Verknüpfung, beschrieben.

Die Übersetzung zwischen Kontaktplan KOP und Funktionsplan FUP weist keine großen Probleme auf. In Bild 8.7 sind die Grundfunktionen UND, ODER, NICHT aufgezeichnet, was eigentlich eine Wiederholung von Bild 1.7 darstellt; nur wurde jetzt nicht die Schalterdarstellung für Stromlaufpläne, sondern diejenige von Kontaktplan KOP und Funktionsplan FUP gewählt.

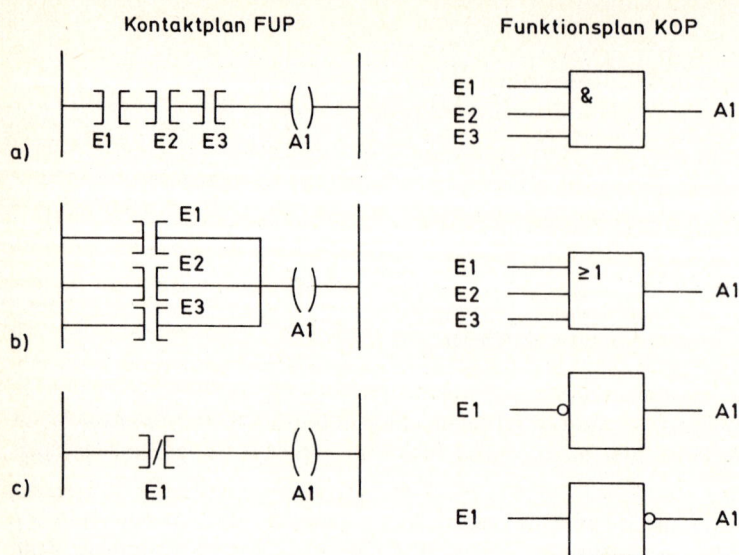

Bild 8.7 Die drei logischen Grundfunktionen in der Darstellungsform von Kontaktplan und Funktionsplan

a) UND-Verknüpfung   b) ODER-Verknüpfung   c) NICHT-Verknüpfung

Bild 8.8 Ein invertierter Eingang im Funktionsplan läßt sich auch im Kontaktplan einfach darstellen (mit einem Ruhekontakt).

Bei der UND-Verknüpfung nach Bild 8.7a wird der Ausgang A1 dann und nur dann betätigt (=1), wenn Kontakt E1 *und* Kontakt E2 *und* Kontakt E3 betätigt (=1) sind. Bei der ODER-Verknüpfung (Bild 8.7b) hingegen wird der Ausgang A1 betätigt, wenn der eine *oder* der andere (*oder* mehrere) der Eingänge betätigt sind.

Die Negation nach Bild 8.7c wird nach den Regeln des KOP ausschließlich über den Ruhekontakt E1 abgebildet. Bei der Logikdarstellung des FUP hingegen kann die Invertierung im Eingang oder im Ausgang wirksam sein, im Symbol durch den kleinen Kringel ausgewiesen. Das rührt daher, daß sich der Kontaktplan am Stromlaufbild und damit an der Praxis der Relaissteuerungen orientiert. Diese kennt aber keine Schütze, die ohne Strom anziehen, und keine Meldelampen, die im ausgeschalteten Zustand leuchten. Der an der Elektronik orientierte Funktionsplan hingegen übernimmt die bei (eingeschalteter) Logik sehr wohl mögliche Invertierung im Ausgang, z.B. durch einen Ausgangstransistor mit Pull-up-Widerstand (vgl. z.B. Bild 3.3).

Es entsteht also die Frage, wie ein invertierender Ausgang in der Darstellungsweise des KOP aussehen könnte. Nehmen wir einmal eine UND-Schaltung an, die nach Bild 8.8

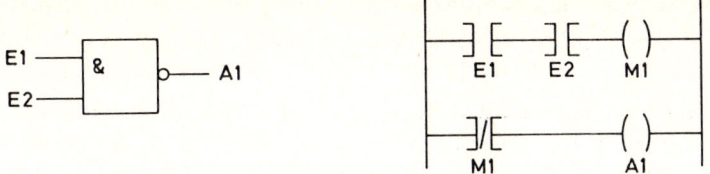

Bild 8.9 Ein invertierender Ausgang im Funktionsplan führt im Kontaktplan auf einen Hilfskontakt, auf einem „Merker" M.

einen invertierenden und einen nicht invertierenden Eingang aufweist. Dann ist der zur Funktionsdarstellung FUP gehörende Kontaktplan KOP leicht zu zeichnen.

Eine UND-Schaltung mit invertierendem Ausgang hingegen wird im Kontaktplan dann darstellbar, wenn man sich einer Art Hilfskontakt bedient, der als Merker M1 bezeichnet ist. Ein solcher Merker kann als Eingang und als Ausgang erscheinen und ist in unserem Beispiel nichts anderes als ein Hilfsrelais, dessen Ruhekontakt den invertierenden Ausgang darstellt, wie das aus Bild 8.9 zu entnehmen ist. So hat uns nun die Frage des invertierenden Ausganges auf den Begriff Merker geführt, auf die Darstellung von Hilfsrelais mit Hilfskontakten im Kontaktplan.

8.3.3 Die Anweisungsliste

Ein Steuerungsvorgang läuft ab, indem nacheinander die nötigen Steuer-Anweisungen ausgeführt werden. Diese Anweisungen verknüpfen den jeweiligen Zustand von Ein- und Ausgängen und ggf. von Merken. Das Steuerungsprogramm ist nichts anderes als die zum Steuerungsablauf gehörende Liste von Anweisungen. Diese Liste heißt Anweisungsliste AWL.

Mit unserer seitherigen Kenntnis der Prozessorprogrammierung ist uns klar, daß die Anweisungsliste eng mit dem Programm zusammenhängt, vielleicht sogar mit ihm identisch ist; und eine Steuer-Anweisung ist nichts anderes als ein (Programm-)Befehl. Damit hat jede Steueranweisung die Struktur eines Befehls, die wir aus den Abschnitten 2.5.3 und 5.1 bereits kennen. Der Unterschied besteht lediglich darin, daß in der Steuerungstechnik keine allzugroße Vielfalt von Operationen besteht und daß auch die Operanden begrenzt sind.

Eine Steuerungsanweisung besteht nach Bild 8.10 aus einem Operationsteil, der vier Zeichen (zu je 1 Byte) umfassen darf. Danach folgt der Operandenteil mit zwei Zeichen

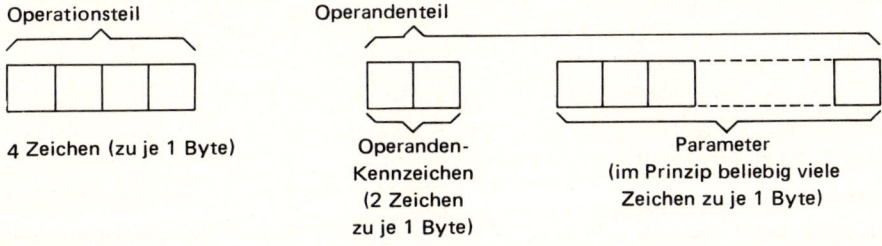

Bild 8.10 Aufbau von Steueranweisungen

(Bytes) als Operandenkennzeichen und einer unbeschränkten Anzahl von Zeichen (Bytes) zur Parameterangabe. Der gesamte Operandenteil kann auch durch eine Adresse ersetzt sein, außerdem gibt es Steuerungsanweisungen, die nur aus dem Operationsteil bestehen.

Die Liste der möglichen Steuerungsanweisungen (also in unserem Prozessor-Sprachgebrauch: die Befehlsliste) ist nicht allzu umfangreich. In Tabelle 8.1 sind die wichtigsten Anweisungen samt ihrer mnemotechnischen Abkürzung zusammengestellt. Die erste Gruppe von Anweisungen bezieht sich auf die Verarbeitung von Signalen, die zweite Gruppe enthält einige typische Anweisungen zur Programmorganisation. Dabei zeichnet sich ab, daß die Verwendung der mnemotechnischen Abkürzungen zu einer Programmsprache führt, die etwa dem uns schon bekannten BASIC (vgl. Abschnitt 6.4.2) entspricht, nur eben auf die Belange von Steuerungen zugeschnitten. Eine solche Sprache ist einfach erlernbar, weil der Anweisungsvorrat begrenzt bleiben kann.

Es ist nicht schwierig, für einen einfachen Zusammenhang die Anweisungsliste AWL aufzustellen. Als Beispiel sei Bild 8.9 herangezogen, in welchem der Kontaktplan für eine UND-Verknüpfung mit invertierendem Ausgang aufgestellt wurde. Die Anweisungsliste ist in Tabelle 8.2 aufgelistet, nur sehr kurz und leicht zu lesen. Aufgeführt sind die drei Spalten für Operationsteil und Operandenteil, letzterer gegliedert in Kennzeichen und Parameter.[1])

Tabelle 8.1 Einige Steuerungsanweisungen

Benennung	mnemotechnische Abkürzung	Bemerkungen
UND ODER NICHT	U O N	die drei „logischen Grundfunktionen"
Zuweisung	=	Zuordnung, entspricht dem Gleichheitszeichen
Setzen, Starten	S	z.B. Flipflop setzen
Rücksetzen	R	rücksetzen
Zählen vorwärts	ZV	Befehl für einen Zähler
Größer	GR	Vergleich
Nulloperation	NOP	identisch mit NOP im Assembler
Laden	L	Laden eines Registers
Sprung unbedingt	SP	entspricht JP (jump)
Baustein-Ende	BE	Ende eines Programmbausteins
PE	Programmende	entspricht z.B. END in BASIC

---

[1]) Am besten liest man die Anweisungsliste: „UND E1 UND E2 ist gleich M1; NICHT M1 ist gleich A1." Dann lassen sich die logischen Anweisungen leichter verstehen, die bei jedem Operanden (auch beim jeweils ersten Operanden) stehen.

Tabelle 8.2 Anweisungsliste für die Steuerung nach Bild 8.9

	Operandenteil	
Operationsteil	Operanden-Kennzeichen	Parameter
U	E	1
U	E	2
=	M	1
N	M	1
=	A	1

Die nahe Verwandtschaft der Anweisungsliste zur mathematischen Darstellung der Booleschen Algebra (Schaltalgebra, vgl. auch Abschnitt 1.4.3 und Anhang A 2) springt sofort ins Auge. Hier würden die beiden logischen Gleichungen mit E1 & E2=M1, $\overline{M1}$=A1 geschrieben werden; in der Anweisungsliste steht der Operator U für UND bzw. N für NICHT vor den betreffenden Operanden, den Eingängen bzw. dem Merker. Es ist somit auch einfach, von der Schaltalgebra und ihrer Schreibweise in die Anweisungsliste überzuwechseln. Sie ist ja nur eine listenmäßige schreibbare, verbale Übersetzung der logischen Formeln bzw. der Kontaktanordnung (ob nun als Stromlaufplan oder als Kontaktplan). Wir können also die Anweisungsliste als eine Art Pseudocode (vgl. Abschnitte 6.2.4 und 6.2.5) auffassen.

8.3.4 Beispiel

Zum Schluß dieses Abschnitts über die Darstellungsarten in der Steuerungstechnik sollen diese in einem kleinen Beispiel zusammengestellt werden. Gewählt wird eine einfache Folgeschaltung (ohne Speicherwirkung wie z.B. Selbsthaltungen), wie sie Bild 8.11 zeigt. Das Zusammentreffen der Kontaktgabe zweier Schließer E1.0 und E.1.1 läßt zunächst eine Alarmlampe A1 aufleuchten. Kommt dann noch das Signal E2 dazu, ertönt zur weiteren Alarmierung eine Hupe A2.

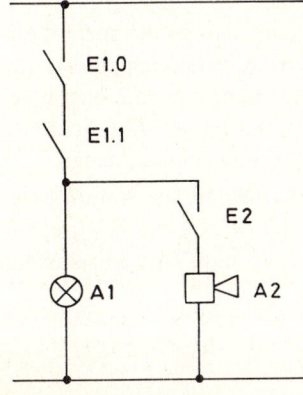

Bild 8.11
Einfache Alarmschaltung

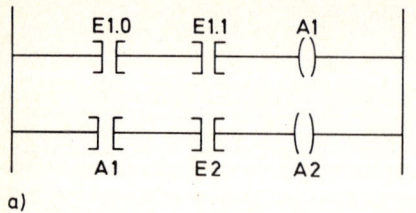

a)

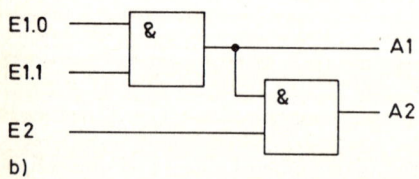

b)

Operations-	Operandenteil	
Teil	Kennzeichen	Parameter
U	E	1.0
U	E	1.1
=	A	1
U	A	1
U	E	2
=	A	2

c)

Bild 8.12 Darstellungsarten des Beispiels von Bild 8.11

a) Kontaktplan KOP
b) Funktionsplan FUP
c) Anweisungsliste AWL

Die Schaltung ist ohne Schwierigkeit umzeichenbar in den Kontaktplan und den Funktionsplan, auch die Anweisungsliste ist einfach zu erstellen. Diese drei Darstellungsarten für das gewählte Beispiel sind in Bild 8.12 zusammengefaßt. Alle diese Darstellungsarten beschreiben dieselbe Steuerung und sind ineinander überführbar. Dabei liegt der Kontaktplan KOP zunächst am konventionellen Stromlaufplan, die Anweisungsliste AWL ist einem Steuerungsprogramm sehr nahe.

8.4 Aufbau einer speicherprogrammierbaren Steuerung

8.4.1 Die Aufbaustruktur

Es gibt auf dem Markt eine Fülle von Angeboten über speicherprogrammierbare Steuerungen, von einfachen Geräten bis hin zu sehr umfangreichen und aufwendigen Anlagen. Es scheint deswegen sinnvoll, den Aufbau eines solchen Geräts[1]) zu schildern und die Zusammenhänge an ihm aufzuzeigen. Dann können am konkreten Fall auch Programmierbeispiele aufgezeigt (und mit dem entsprechenden Gerät getestet) werden.

Ein stark vereinfachtes Blockschaltbild ist in Bild 8.13 dargestellt. Was sofort auffällt, ist der Bus, der in bekannter Weise aus Daten-, Adreß- und Steuerbus zusammengesetzt ist. Mit ihm verkehren in ebenfalls gewohnter Weise die Einheiten für Eingänge und Ausgänge. Der Bus ist über entsprechende Treiber nach außen geführt, so daß weitere Ein/Ausgabe-Einheiten angeschlossen werden können, im vollen Ausbau je 256 Ein- und Ausgänge.

Mit dem Bus korrespondieren auch die 64 Zeitglieder und die 16 Zähler. Die Anfangswerte von beiden werden über ein eigenes Bedienfeld eingegeben, das Setzen und Rücksetzen erfolgt vom Programm aus. Die Zähler sind vorwählbare, also auf eine Vorwahl einstellbare, Rückwärtszähler mit je drei Dekaden Zählumfang. Die Zählfrequenz beträgt 50 Hz

---

[1]) Hier wurde das Gerät S5-130 (Siemens) gewählt.

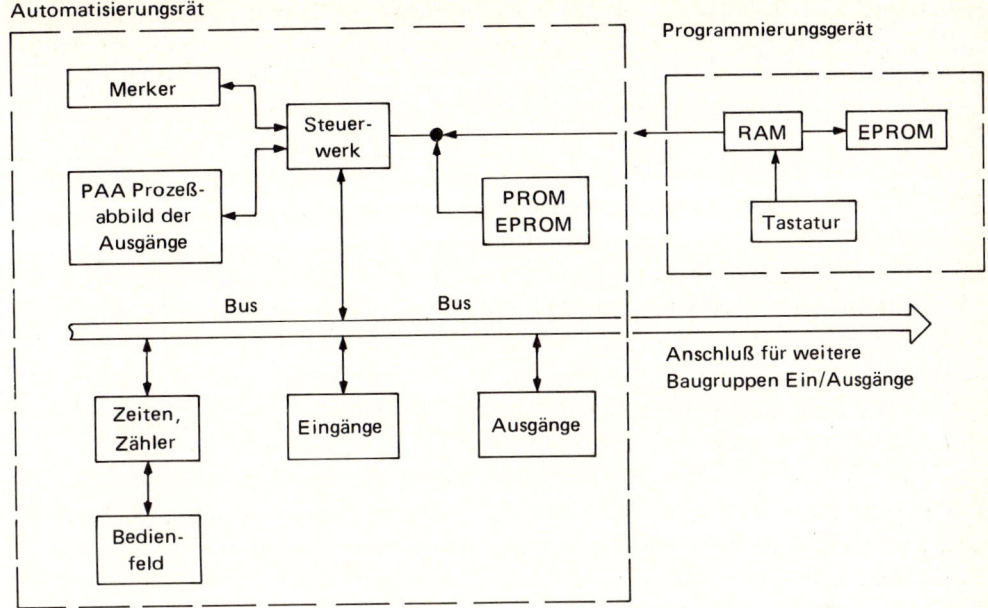

Bild 8.13 Stark vereinfachtes Blockschaltbild einer speicherprogrammierbaren Steuerung

oder weniger, ist also gering. Mit den Zeitgliedern können Ein- bzw. Ausschaltverzögerungen und Impulsverkürzungen bzw. -verlängerungen erreicht werden.

Das Programm ist in einem EPROM (oder PROM) abgelegt. Das Steuerwerk entspricht unserer seitherigen CPU. Als Arbeitsspeicher wird nur ein RAM benötigt, das die Stellung der 512 möglichen Merker aufnimmt. Andere Größen mit der Notwendigkeit einer Zwischenspeicherung kommen in der Steuerungstechnik nicht vor.

Neu für uns ist ein Baustein PAA, das Prozeßabbild der Ausgänge. Mit ihm hat es folgende Bewandtnis: Ist nach Abfrage der entsprechenden Größen (wie Eingänge, Merker) laut Programm eine Verknüpfung erfolgt, die das Ergebnis „1" bringt, dann muß der entsprechende Ausgang gesetzt werden. Dies geschieht aber nicht für jeden Ausgang einzeln. Ist ein Verknüpfungsergebnis (VKE) dergestalt zustandegekommen, daß ein Ausgang zu betätigen wäre, so wird dies zunächst im PAA (ebenfalls einem RAM) abgespeichert. Erst am Ende des Programms bzw. eines Programm-Zyklus wird der Inhalt des PAA nach außen gegeben, also ausgeführt. Auf diese Weise wird mehrfaches Schalten von Ausgängen während der Programmbearbeitung vermieden.

Von der Zeit her gesehen reicht dies auch völlig aus. Die Bearbeitungszeit für eine Anweisung (einen Programmschritt) beträgt ca. 4 µs; die Bearbeitung von 1k Schritten ist in 4 ms erledigt. Solche Zeiten spielen aber als Verzögerungszeit für das Betätigen von Ausgängen keine Rolle.

Das Steuer- oder Automatisierungsgerät arbeitet mit seinem EPROM als Programmspeicher natürlich nur einwandfrei, wenn vorher ein fehlerfreies Programm entwickelt worden ist. Dazu dient das Programmierungsgerät. Über eine Tastatur kann ein Programm in ein RAM geschrieben werden, und das Automatisierungsgerät arbeitet dann mit diesem im RAM befindlichen Programm. Bei einem solchen On-line-Betrieb werden überwiegend vor-entwickelte Programme getestet und erprobt. Wir haben also sozusagen den Emulator-Zustand.

Die Erstentwicklung eines Programms erfolgt Off-line: Ein auf Papier entworfenes Programm wird per Tastatur in das RAM geschrieben. Die Kontrolle erfolgt über Bildschirm (wie beim Datensichtgerät) oder auf entsprechend einfacheren LCD-Displays. Hier erscheint dann außer der Anweisungsliste z.B. auch noch der Kontaktplan, ggf. sogar der Funktionsplan, so daß auch umfangreiche Programme rasch und komfortabel entwickelt werden können.

Das Programmierungsgerät ist also eine Art Entwicklungssystem. Es ist weiterhin fähig, ein im RAM stehendes (fertiges oder fast fertiges) Programm in ein EPROM zu übernehmen, das dann im Steuergerät eingesteckt wird.

Die Struktur von Rechner/Prozessor bzw. Steuerung ist nicht allzu unterschiedlich. Die binäre Arbeitsweise von Steuerungen bringt eine gewisse Vereinfachung, die Besonderheiten der Steuerungen bedingen zusätzlichen Aufwand, wie etwa beim PAA (Prozeßabbild der Ausgänge). Die Programmentwicklung samt der dazu verwendeten Hardware orientiert sich an den Gegebenheiten der Steuerungstechnik.

8.4.2 Zur Arbeitsweise

Die Arbeitsweise des Steuergeräts hält sich weitgehend an das uns schon bekannte Arbeiten einer CPU. Wie in Bild 8.14 skizziert, ist das Programm, nach Adressen geordnet und beginnend mit Adresse 0, im Programmspeicher abgelegt. Ein Adreßzähler (ADZ) wird

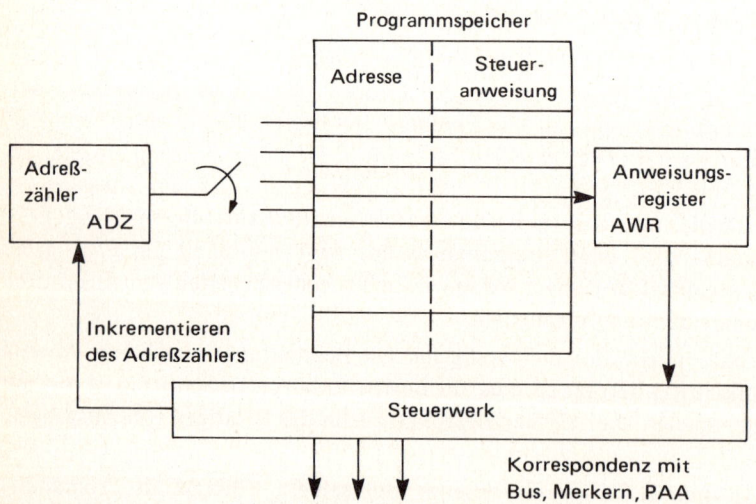

Bild 8.14 Bearbeitung der Programm-Anweisungen

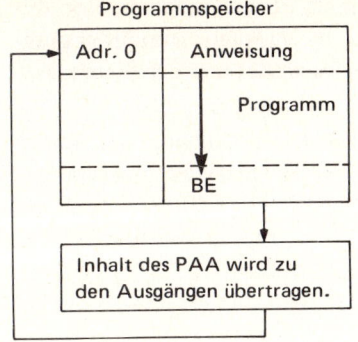

Bild 8.15 Zyklischer Programm-
ablauf einer Steuerung

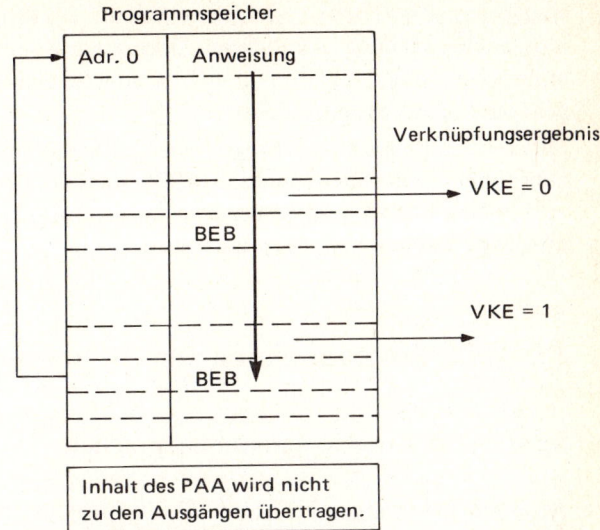

Bild 8.16 Durch die Anweisung eines bedingten Baustein-
endes (BEB) springt das Programm schon auf den Anfang
zurück, falls ein Verknüpfungsergebnis VKE=1 aufgetreten
ist.

vom Steuerwerk inkrementiert und zählt die Adressen hoch. Im Anweisungsregister (AWR),
dem Befehlsdecoder, wird die auf einer Adresse im Programm stehende Steueranweisung
in den Operationsteil und in den Adreßteil zerlegt. Daraus bezieht das Steuerwerk seine
Befehle, welche Operation mit welchen Operanden durchzuführen ist. Entsprechend
werden Signale (Eingänge, Merker, Ausgänge, Zähler usw.) abgefragt, Verknüpfungen
erzeugt und im Prozeßabbild der Ausgänge PAA abgelegt.

Anders als beim Prozessor kann der Adreßzähler nicht auf beliebige Werte geladen werden;
es gibt also keine Sprünge im Programm, dieses läuft rein zyklisch ab, wie dies Bild 8.15
darstellt. Von der Adresse 0 angefangen, wird das Programm abgefahren, bis beim Pro-
gramm-Ende (Baustein-Ende BE, eine Anweisung, die nicht eigens programmiert zu werden braucht) der Inhalt des Prozeßabbilds PAA zu den Ausgängen übertragen, dort ausgeführt und sodann das Programm erneut durchlaufen wird.

Es gibt jedoch eine Anweisung, die einen Sprung auslöst: die Operation „Baustein-Ende
bedingt" (BEB). Sie wird wirksam, wenn das zuvor im Programm erreichte Verknüpfungsergebnis eine (logische) „1" ist, also für VKE=1; bei VKE=0 bleibt BEB ohne Wirkung.

Bild 8.16 zeigt den Einfluß von BEB. Im Laufe des Programms ist an zwei Stellen ein
bedingtes Baustein-Ende eingefügt worden. Da jedoch bei der ersten BEB-Anweisung ein
Verknüpfungsergebnis VKE=0 erzielt wird, läuft das Programm ungehindert weiter. Beim
nächsten BEB jedoch wird das Programm abgebrochen, weil das zuvor erreichte Verknüpfungsergebnis VKE=1 gewesen ist. Der Programmzähler springt auf die Anfangsadresse zurück, der Inhalt des PAA wird nicht auf die Ausgänge übertragen. Auf diese Art
und Weise ist es möglich, abhängig vom Zustand der Steuerung einen Programmzyklus ab-
zubrechen und das Programm — ohne vorherige Ausgabe der PAA-Inhalte auf die Ausgänge — erneut zu starten.

Wegen des grundsätzlich zyklischen Ablaufs der Programme ist es auch möglich, eine Zykluszeitüberwachung einzuführen. Dauert ein Zyklus (also die Rückkehr zum Programmanfang bei Adresse 0) länger als 10 ms, so wird eine Störung vermutet und das Steuergerät geht über in den Stop-Betrieb.

Mit der Beschreibung des Programmablaufs, der zyklischen Wiederholung und der Abkürzungssprünge über die Operation BEB sind wir so nahe an die Frage des Programmierens gekommen, daß sie jetzt besprochen werden soll. Die Programmierung hält sich eng an die uns schon bekannte Anweisungsliste und ist in vielen Fällen sogar mit ihr identisch.

8.5 Zum Programmieren von Steuerungen

8.5.1 Ablauf und Programmiersprachen

Auch bei Steuerungen bildet eine Problemanalyse den Anfang aller Aktivitäten. In vielen Fällen wird man von einem Technologie-Schema ausgehen, einer einfachen Skizze, in welcher die grundsätzlichsten Zusammenhänge und Anordnungen der zu steuernden Anlage enthalten sind.

In vielen Fällen sind die gewünschten Zusammenhänge mit Gleichungen aus der Schaltalgebra oder mit einem Funktionsplan bereits vorgegeben. Es kann auch sein, daß ein Stromlaufplan einer schon vorhandenen, verbindungsprogrammierten (Kontakt-)Steuerung vorliegt, so daß der Kontaktplan den Einstieg in die Programmierung darstellt. Die Darstellungsarten in der Steuerungstechnik liefern auf jeden Fall einen gangbaren Weg, um zu einer Anweisungsliste zu kommen, und diese ist Grundlage für das Programm.

Das Programm selbst könnte, da das Steuer- oder Automatisierungsgerät prozessor-ähnlich aufgebaut ist, in Maschinensprache, also Assembler, geschrieben werden. Prinzipiell stünden die höheren Programmiersprachen ebenfalls zur Verfügung. Letztere scheiden jedoch — bis auf spezielle Sprachen zur Prozeßsteuerung — aus, weil sie auf völlig andere Probleme zugeschnitten sind. Es ist in jedem Fall empfehlenswert, auf eigene, für die Belange der Steuerungstechnik zugeschnittene höhere Programmiersprachen zu gehen. Dies zeigt sich auch beim Zeitaufwand für Programme.

Der Vergleich zwischen Assembler, höherer Programmiersprache und spezieller Steuerungssprache fällt für den Assembler schlecht aus: Er braucht den 3,5-fachen Zeitaufwand für das Programmieren gegenüber höheren Programmiersprachen. Die spezielle Steuerungssprache liegt vor allem deswegen vorn, weil bei ihr die begleitende Darstellung als Kontaktplan bzw. Funktionsplan vorgesehen ist, was bei den anderen höheren Programmiersprachen einen kaum vertretbaren Aufwand bedeuten würde. In der reinen Angabe für den Zeitaufwand der Programmerstellung liegt die spezielle Steuerungssprache nicht eindeutig vorn, überlegen ist sie aber im Hardwarebedarf und in der Möglichkeit, Programmtest und Programmänderung vor Ort, also an der zu steuernden Anlage selbst, durchzuführen. Darauf haben wir aber schon mit Bild 8.13 hingewiesen.

8.5.2 Die Sprache STEP

Die Sprache STEP ist eine höhere Steuerungssprache, die sich direkt an die Darstellung der Anweisungsliste (nach DIN 19 239) anlehnt. Mit dem Aufstellen dieser Anweisungsliste AWL ist das Programm nahezu fertig. Um die Grundelemente dieser Sprache kennenzulernen, genügte fast unsere Tabelle 8.1. Doch ist es besser, die wesentlichsten Elemente von STEP eigens zusammenzustellen, was in Tabelle 8.3 geschehen ist.

Die logischen Verknüpfungen UND, ODER, NICHT entsprechen der Norm; die Zuweisung (das Gleichheitszeichen =) sowie Setzen/Rücksetzen ebenfalls. Da im hier zugrundegelegten Steuerungsgerät nur programmierbare Rückwärtszähler verfügbar sind, ist der Befehl ZR (zählen rückwärts) wichtig. Eine Zeit wird mit SI für Impulse, mit SV für Verzögerungen gestartet. Die Operationen BE (Baustein-Ende, muß nicht eigens programmiert werden) und BEB (bedingtes Bausteinende) sind uns bereits bekannt. Die Klammer ( ) ist ein Hilfsmittel, um die Funktionen UND bzw. ODER sauber in ihrer Abfolge darstellen zu können. Das Gerät selbst gibt der UND-Verknüpfung die Priorität.

Die Parameterwerte werden für die Eingänge E, die Ausgänge A und die Merker M mit zwei Zahlen gekennzeichnet. Diese laufen von 00.0 ...31.7, umfassen also $32 \cdot 8 = 256$ Werte. Bei den Zählern wird von 0...15 numeriert, bei den Zeiten von 0...63.

Mit diesen wenigen Angaben ist es schon möglich, abschließend ein Beispiel einer kleinen Steuerung zu beschreiben.

8.5.3 Ein Beispiel in STEP

Als Beispiel für eine einfache Verknüpfungssteuerung soll der Antrieb einer Ofentür dienen. Bild 8.17 zeigt dazu das Technologie-Schema, also eine vereinfachte Skizze der Anordnung.

Tabelle 8.3 Steueranweisungen der Sprache STEP 5 (Für Steuergerät S5-130 von Siemens)

Steuer-Anweisungen				
Operationsteil		Kennzeichen		Parameter
UND, ODER, NICHT	U, O, N	Eingang	E	für E, A, M
Zuweisung	=	Ausgang	A	00.0...31.7
Setzen, Rücksetzen	S, R	Merker	M	
Zeit starten	SI, SV	Zeit	T	für Zeit 0...63
Rückwärts zählen	ZR	Zähler	Z	für Zähler 0...15
Bausteinende	BE			
Bausteinende bedingt	BEB			
Klammer auf, zu	( )			

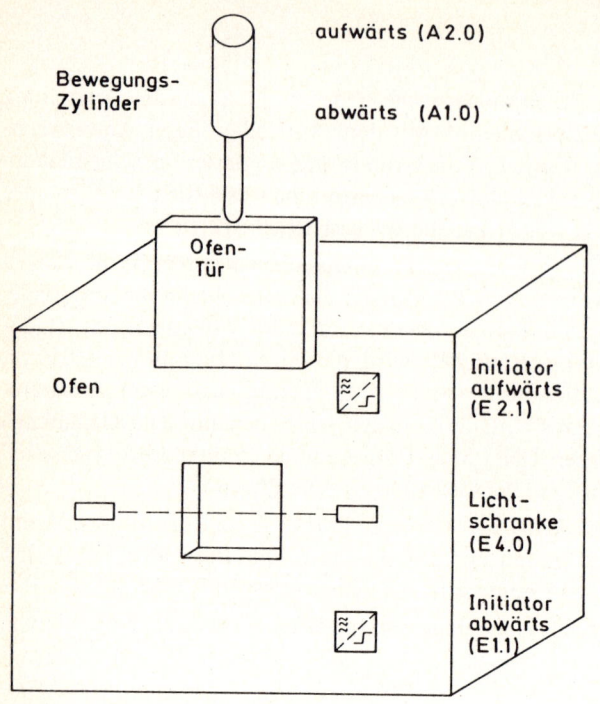

Bild 8.17

Technologieschema zum Beispiel
„Steuerung einer Ofentüre"

Die Ofentüre werde durch einen Zylinder (hydraulisch oder pneumatisch) bewegt. Ein Signal A 1.0 soll die Bewegung abwärts, ein Signal A 2.0 diejenige aufwärts in Gang bringen. Mit (nicht in Bild 8.17 eingetragenen) Handtastern E 3.0 soll die Bewegung jederzeit angehalten werden können; nach einer solchen Unterbrechung ist aber ein erneuter Start des betreffenden Bewegungsvorgangs nötig. Dafür gibt es die Starttasten „abwärts" E 1.0 und „aufwärts" E 2.0. Auch diese Tasten sind im Technologieschema nicht eingezeichnet.

In der unteren Endlage beendet ein Initiator E 1.1 den Bewegungsvorgang abwärts, ein weiterer Initiator E 2.1 beendet die Aufwärtsbewegung in der oberen Endlage der Tür. Eine Lichtschranke E 4.0 vor der Ofentür soll verhindern, daß jemand durch den Bewegungsvorgang gefährdet wird. Ist der Lichtstrahl unterbrochen, dann soll der Bewegungsvorgang gestoppt, jedoch sofort wieder freigegeben werden, sobald auch der Lichtstrahl keine Unterbrechung mehr erfährt. Schließlich sei verlangt, daß Aufwärts- und Abwärtsbewegung nicht gleichzeitig veranlaßt werden können (gegenseitige Verblockung).

Wir wollen nun beim Bearbeiten des Beispiels ganz bewußt vom Stromlaufplan ausgehen. Denn mit diesem ist der Maschinenbauer normalerweise vertraut. Außerdem soll die Kontaktanordnung der einzelnen Betätigungselemente so erstellt werden, wie dies in Stromlaufplänen der Fall ist; so sollen etwa Unterbrechungen einer Selbsthaltung durch Öffnerkontakte erfolgen. Letztlich werden wir davon ausgehen, daß die Bewegungen „abwärts" und „aufwärts" in gleicher Weise betätigt werden, und dann wird der Stromlaufplan von Bild 8.18 symmetrisch (es genügt, jeweils eine Hälfte davon näher zu betrachten).

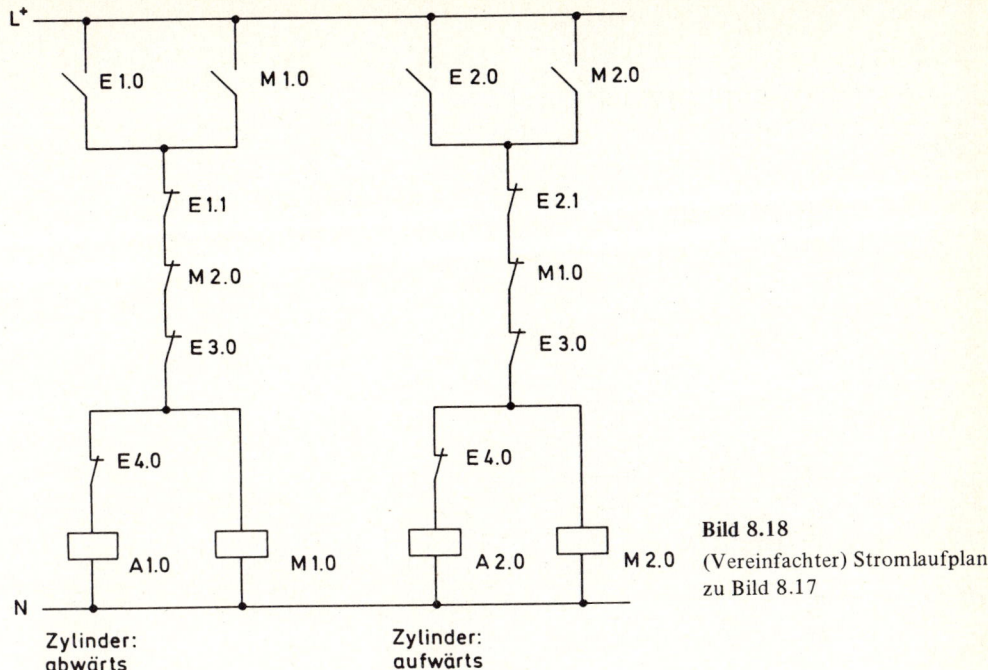

Bild 8.18
(Vereinfachter) Stromlaufplan
zu Bild 8.17

Bei Betätigen der Taste „abwärts" (E 1.0) zieht das Hilfsrelais M 1.0 (ein Merker) an und hält sich über den Kontakt M 1.0 selbst. Das Einschalten der Abwärtsbewegung wird verhindert, wenn die Aufwärtsbewegung läuft und somit M 2.0 angezogen hat (der Merker auf der Seite „aufwärts"); denn dann würde der Öffnerkontakt M 2.0 auf der „Abwärts"- Seite den Stromkreis unterbrechen.

Unterbrochen wird der Stromkreis für die Abwärtsbewegung auch durch die Stoptaste E 3.0 sowie durch den Initiator E 1.1 für die Endlage „unten".

Ist das Hilfsrelais M 1.0 angezogen, dann bekommt der Ausgang A 1.0 Strom, der Bewegungsvorgang „abwärts" kann laufen. Er wird unterbrochen durch den Ruhekontakt der Lichtschranke E 4.0, läuft aber ungehindert weiter, sobald die Lichtschranke nicht mehr unterbrochen ist und der Öffner E 4.0 in seine Ruhelage zurückgeht.

Für die Aufwärtsbewegung gilt derselbe Ablauf: Start mit E 2.0, Selbsthaltung über M 2.0, falls weder die Abwärtsbewegung (M 1.0) läuft, noch die Aufwärtsbewegung durch Handschalter E 3.0 oder Endlageninititiator E 2.1 („oben") gestoppt ist. Die Lichtschranke E 4.0 unterbricht auch hier nur die Bewegung, ohne die Selbsthaltung abzuwerfen.

Der Stromlaufplan von Bild 8.18 läßt sich recht einfach in einen Kontaktplan (KOP) umzeichnen, ist dieser doch, wie wir schon wissen, nur eine andere Art zum Darstellen derselben Zusammenhänge. Bild 8.19 zeigt den Kontaktplan, wobei es ausreicht, eine Hälfte des symmetrischen Stromlaufplans zu übernehmen.

Der Funktionsplan schließlich (vgl. Bild 8.20) nimmt nun die großteils in Serie liegenden Eingänge und verwendet sie parallel, wobei Ruhekontakte durch invertierte Eingänge dargestellt sind.

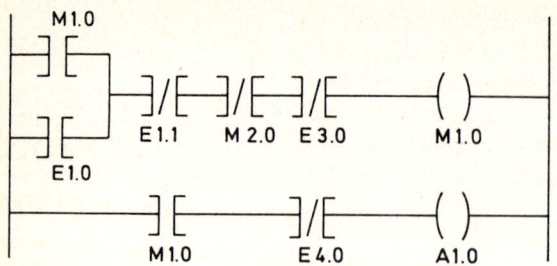

Bild 8.19
Kontaktplan zu Bild 8.17

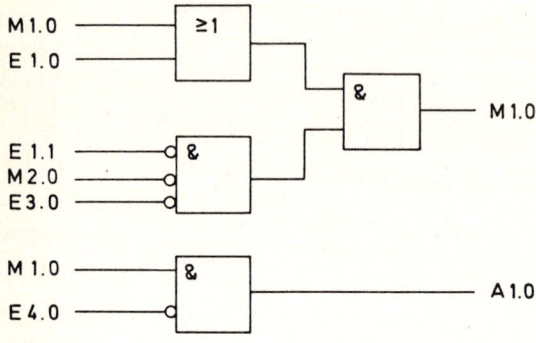

Bild 8.20
Funktionsplan (ohne direkte
Erkennbarkeit der Speicher-
funktion)

Tabelle 8.4 STEP – Programm für das Beispiel
„Steuerung einer Ofentür"

Operationsteil	Operandenteil	
	Kennzeichen	Parameter
(		
O	E	1.0
O	M	1.0
)		
U	E	1.1
U	M	2.0
U	E	3.0
=	M	1.0
U	M	1.0
U	E	4.0
=	A	1.0

Mit dem Aufstellen der Anweisungsliste AWL – unter Berücksichtigung der möglichen
Befehle nach Tabelle 8.3 – entsteht nun sofort das STEP-Programm, abgeleitet vor allem
aus dem Funktionsplan FUP. Das Programm ist in Tabelle 8.4 aufgeführt.

Nach dem Schema von Stromlaufplan und Kontaktplan wird zuerst die Parallelschaltung
der „Kontakte" E 1.0 und M 1.0 als ODER-Verknüpfung programmiert, welche in Klam-

mer gesetzt wird. Danach folgt die UND-Verknüpfung der drei in Reihe liegenden Ruhekontakte. Im Programm steht nur das U für UND, die wegen der Ruhekontakte evtl. er-
wartete Negierung (UN, UND NICHT) darf nicht verwendet werden. Das programmierbare Steuergerät „weiß nicht", daß es sich hier um Ruhekontakte handelt. Es kann nur
die Kontaktstellung abfragen, stellt bei nicht betätigten Ruhekontakten die „1" fest und
kommt damit zum richtigen Verknüpfungsergebnis bei der Bildung des Werts M 1.0.

Der zweite Teil des Programms bildet die UND-Verknüpfung der Lichtschranke mit dem
Merker M 1.0 und steuert den Zylinder in Richtung „abwärts".

Was bei der bisherigen Darstellung nicht beachtet wurde, ist das durch die Selbsthaltung
bedingte Speicherverhalten der Anordnung. Nur im Funktionsplan Bild 8.20 kann man
erkennen, daß die Logik zwei Rückführungen vom Ausgang M 1.0 auf zwei Eingänge gleicher Bezeichnung aufweist. Damit ist es keine ruhende Logik mehr, sondern eine sequentielle Logik mit Speicherverhalten.

Diese Erkenntnis legt es uns natürlich nahe, dieses Verhalten direkt mit einem RS-Flipflop
zu programmieren. Der zugehörige Funktionsplan ist in Bild 8.21 dargestellt. Das Flipflop
wird allein durch den Eingang (Tastschalter mit Arbeitskontakt) E 1.0 gesetzt (S) und
bringt dann die logische „1" als Ausgang A 0.1, welche, mit dem Ruhekontakt E 4.0
durch UND verknüpft, die Abwärtsbewegung A 1.0 einleitet.

Wie seither der Abwurf der Selbsthaltung erfolgt nun das Rücksetzen des RS-Speichers
dann, wenn einer der Ruhekontakte E 1.1 (Initiator Endlage „unten"), M 2.0 (Verblok-
kung von der Aufwärtsbewegung) oder E 3.0 (Handtaste für Stop) betätigt ist. Dieses
Rücksetzen soll dominierend sein, d.h. beim gleichzeitigen Auftreten von Setz- und
Rücksetz-Befehl soll allein der letztere wirken. Das ist durch die kleine Tabelle im Innern
des RS-Speichersymbols ausgedrückt.

Das Programm für die Variante mit RS-Speicher steht in Tabelle 8.5 (vereinfacht und
ohne die Angabe von Operations- und Operandenteil). Mit dem Befehl U E 1.0 wird das

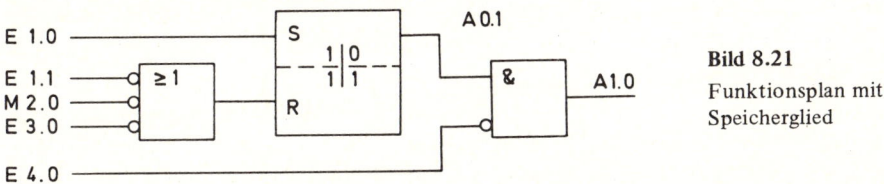

Bild 8.21
Funktionsplan mit
Speicherglied

Tabelle 8.5 Variante zum Programm
von Tabelle 8.4

U	E	1.0
S	A	0.1
(		
ON	E	1.1
ON	M	2.0
ON	E	3.0
R	A	0.1
U	E	4.0
U	A	0.1
=	A	1.0

Speicherglied gesetzt, danach sind die Rücksetzbedingungen programmiert. Und zwar soll das Verknüpfungsergebnis R = 1 dann entstehen, wenn einer der oben genannten Kontakte betätigt wird, wenn sich einer dieser Öffner wirklich öffnet und bei der Abfrage das Signal 0 liefern würde. Dieser Zustand läßt sich erreichen, wenn die betreffenden Eingänge negiert und mit ODER verknüpft werden. Ein einziges Signal 0 am Eingang liefert – invertiert – das Signal R = 1 Ausgang, das wir zum Rücksetzen brauchen.

Das dominierende Rücksetzen ist dadurch erreicht, daß es im Programm *nach* dem Setzen programmiert wird. Das Programmiergerät gibt der jeweils zuletzt programmierten Anweisung die erste Priorität.

Die beiden Varianten unseres Beispiels haben deutlich gezeigt, wie sorgfältig überlegt werden muß, wenn eine Abfrage von Kontakten zum gewünschten Verknüpfungsergebnis führen soll. Das rührt vor allem daher, daß die Abfrage nur die Signale 0 oder 1 (Kontakt offen oder nicht offen), nicht aber Schließer und Öffner unterscheiden kann.

8.5.4 Weiterführung des Beispiels[1])

Unser Beispiel vom vorausgehenden Abschnitt war am Stromlaufplan entwickelt worden. Deswegen wurden mehrere Ruhekontakte (Öffner) verwendet, und das gab einige Schwierigkeiten bei der Programmierung: Es mußte immer überlegt werden, was bei der Abfrage der Kontakte herauskommt und wie das gewünschte Verknüpfungsergebnis erreicht werden kann. Nachfolgend wird gezeigt, wie dasselbe Beispiel auch anders angegangen werden kann, und zwar direkt aus den Gegebenheiten von speicherprogrammierbaren Steuerungen.

Bei diesen stehen vorhandene Eingangssignale auch zur mehrfachen Verwendung zur Verfügung, ohne daß dies großen „Verdrahtungsaufwand" bedingt. Weiterhin sind Merker in großer Zahl vorhanden, so daß mit geeignet gewählten Zwischengrößen das Programm übersichtlicher wird. Und letztlich kann über die Kontaktart frei verfügt werden. Wie Tabelle 8.6 zu entnehmen ist, sind ausschließlich Schließerkontakte angenommen und weitere Merker für „Taster aufwärts/abwärts wirksam" eingeführt worden.

Der Funktionsplan ist in Bild 8.22 dargestellt. Auf den ersten Blick wirkt er unsymmetrisch für Aufwärts- und Abwärtsbewegung. Wir wollen ihn aber nun, den Eingängen von oben nach unten folgend, etwas durchgehen. Zunächst werden die neuen Merker gebildet, M 1.2 für „Taster aufwärts wirksam" und M 1.3 für „Taster abwärts wirksam". Da beide Male die Lichtschranke E 4.0 mit einbezogen ist, bedeutet dies, daß bei deren Unterbrechung (Lichtschranke belegt = 1, Schließer) weder die Aufwärts- noch die Abwärtsbewegung überhaupt ansprechen kann.

Danach folgt eine UND-Verknüpfung, die den Taster Stop (E 3.0) nur wirken läßt, wenn die Ofentüre ohnehin nicht in ihrer oberen Endlage steht. Und schließlich kommt eine ODER-Verknüpfung, welche den Einfluß der Lichtschranke in der oberen Endlage ausschaltet. Die weiteren Verknüpfungen zum Bilden des Signals Ventil aufwärts (A 2.0) über ein SR-Speicherglied M 1.0 entsprechen der seitherigen Lösung.

---

[1]) Der Verfasser dankt den Kollegen vom Labor Steuerungstechnik für die Beratung beim gewählten Beispiel und für die hier vorgestellte „Musterlösung".

Tabelle 8.6 Liste der Eingänge, Ausgänge, Merker zum
Beispiel von Abschnitt 8.5.3

Bezeichnung	Element	Kontaktanordnung
E 1.0	Taster abwärts	Schließer
E 1.1	Initiator unten	Schließer
E 2.0	Taster aufwärts	Schließer
E 2.1	Initiator oben	Schließer
E 3.0	Taster Stop	Schließer
E 4.0	Lichtschranke (belegt = 1, unbelegt = 0)	Schließer
A 1.0	Zylinder abwärts	
A 2.0	Zylinder aufwärts	
M 1.0	Speicher: Zylinder aufwärts	
M 1.1	Speicher: Zylinder abwärts	
M 1.2	Taster aufwärts wirksam	
M 1.3	Taster abwärts wirksam	

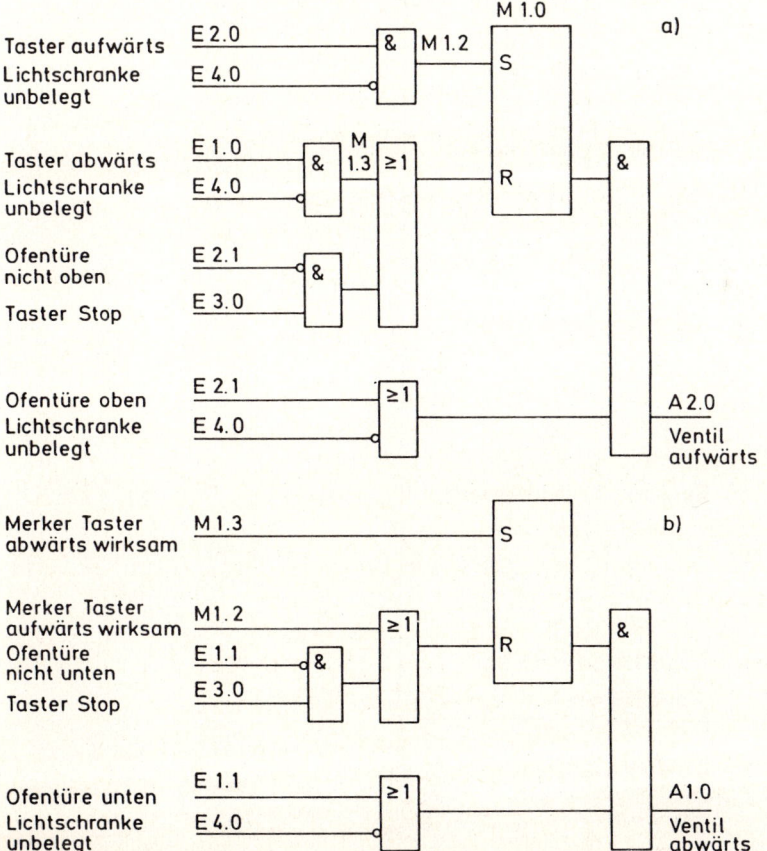

Bild 8.22

Funktionsplan des
weitergeführten
Beispiels

Der Funktionsplan für die Abwärtsbewegung ist ganz entsprechend. Da jedoch die Merker-Signale M 1.2 und M 1.3 schon gebildet und damit verfügbar sind, scheint dieser Teil des Funktionsplans (Bild 8.22b) etwas weniger umfangreich. Bei genauerem Hinsehen können wir jedoch die Symmetrie leicht erkennen.

Die Anweisungsliste AWL von Tabelle 8.7 folgt der eben geschilderten Auflistung der Eingänge. Die gebildeten Verknüpfungen sind deutlich erkennbar; das Rücksetzen der beiden RS-Speicher erfolgt im Programm jeweils nach dem Setzen und ist damit dominierend.

So kann die hier vorgestellte Musterlösung aufzeigen, wie der erfahrenere Programmierer ein derartiges Problem angeht und löst.

Tabelle 8.7 Anweisungsliste (gleich STEP-Programm) für den Funktionsplan von Bild 8.22

```
U    E   2.0
UN   E   4.0
=    M   1.2        Taster aufwärts wirksam

U    E   1.0
UN   E   4.0
=    M   1.3        Taster abwärts wirksam

U    M   1.2
S    M   1.0
U    E   3.0
UN   E   2.1
O    M   1.3
R    M   1.0        Speicher: Zylinder aufwärts

U    M   1.0
U(
O    E   2.1
ON   E   4.0
)
=    A   2.0        Ventil Ofentüre aufwärts

M    M   1.3
S    M   1.1
U    E   3.0
UN   E   1.1
O    M   1.2
R    M   1.1        Speicher: Zylinder abwärts

U    M   1.1
U(
O    E   1.1
ON   E   4.0
)
=    A   1.0        Ventil Ofentüre abwärts

BE                  Baustein-Ende
```

Anhang

A.1 Grundlagen der Aussagelogik

Die Aussagelogik (geht zurück auf den griech. Philosophen Aristoteles) verknüpft Aussagen, über die nur zwei Urteile möglich sind: Sie können entweder zutreffend („wahr") oder nicht zutreffend („falsch") sein. Es wird ausdrücklich ausgeschlossen, daß eine Aussage zugleich „wahr" und „falsch" ist, und weitere Urteile als diese beiden Aussagen sind nicht zulässig.

Damit ist die Aussagelogik eine ideale Grundlage zum Arbeiten mit binären Ausdrücken, die entweder „1" (zutreffend, wahr) oder „0" (nicht zutreffend, falsch) sind. Zweiwertige Aussagen können verknüpft werden zu Schlüssen, also zu neuen, kombinatorischen Aussagen. Die grundsätzlichsten Verknüpfungen sind:

— die Verneinung, die Negation („das Wetter ist nicht schön", Verneinung zur Aussage „das Wetter ist schön")

— Konjunktion, Verknüpfung mit UND („wenn das Wetter schön ist UND ich Zeit habe, gehe ich spazieren").
  Die Schlußfolgerung trifft nur zu, wenn alle Voraussetzungen (schön Wetter, Zeit haben) erfüllt sind.

— Disjunktion, Verknüpfung mit ODER („wenn das Wetter schön ist ODER wenn ich Zeit habe, gehe ich spazieren").
  Die Schlußfolgerung trifft zu, wenn die eine ODER die andere Voraussetzung erfüllt ist.

Aussagen lassen sich wie Variable bezeichnen, z.B. W für schönes Wetter, Z für Zeit haben, S für spazierengehen. Dann kann man — vgl. Bild A.1 — die möglichen Schlußfolgerungen samt den Voraussetzungen in einer Wahrheitstabelle zusammenstellen. In Abschnitt 1.4.3 sind die Wahrheitstabellen für die oben erwähnten Grundverknüpfungen (Negation, Konjunktion, Disjunktion) aufgeführt, und zwar für Schalter.

Die Aussagelogik gibt an, daß alle denkbaren logischen Grundverknüpfungen, bei denen keine Speicherung von Variablen nötig ist, durch die drei Funktionen NICHT, UND, ODER darstellbar sind.

W	Z	S
0	0	0
1	0	0
0	1	0
1	1	1

Voraus-   Schluß
setzungen   (-folgerung)

Bild A.1
Wahrheitstabelle für eine Konjunktion (UND-Verknüpfung) mit zwei Voraussetzungen

A.2 Grundlagen der Schaltalgebra

Die Schaltalgebra (oder Boolsche Algebra) setzt die Schlußfolgerungen der Aussagelogik um in die Schreibweise der Mathematik. Als Operatoren werden häufig die Zeichen & für UND, v für ODER und der Querstrich für NICHT ($\overline{A}$: nicht A) verwendet. In der Realisierung mit Kontakten entspricht dem UND die Reihenschaltung, dem ODER die Parallelschaltung von Arbeitskontakten. Die Negation NICHT wird durch einen Ruhekontakt realisiert.

Tabelle A.1 enthält Regeln für jeweils eine binäre Variable, und zwar in der mathematischen Schreibweise, als Kontaktanordnung und mit kurzem Kommentar. Die Kontaktanordnung und der Kommentar erlauben, die Regel leicht auf Richtigkeit zu prüfen. Vor allem dort, wo Abweichungen gegenüber der normalen Algebra aufscheinen. So etwa ist A & 0 = 0 in der Schaltalgebra, während ja sonst A + 0 = A für die normale Algebra gilt. Insofern ist es wichtig, für die Schaltalgebra eigene Operatoren (&, v) einzuführen.

Tabelle A.2 bringt Regeln für mehrere Variable, wobei die Kontakt-Identität ein einfaches Mittel zum Prüfen der Regeln ist. Diese beziehen sich vor allem auf den Bereich, der in der normalen Algebra als Ausklammern (zum Vereinfachen von Gleichungen) geführt wird.

Tabelle A.1 Regeln der Schalt-Algebra für *eine* Variable

Regel	Kontakt-Anordnung	Kommentar
A v 0 = A		kein paralleler Leitungszweig bringt auch keine Änderung
A v 1 = 1		paralleler Leitungszweig überbrückt Kontakt immer
A v A = A		Parallelschaltung gleicher Kontakte bringt nichts Neues
A v $\overline{A}$ = 1		*einer* der Kontakte ist immer geschlossen
A & 1 = A		Leitung nicht unterbrochen
A & 0 = 0		Leitung unterbrochen
A & A = A		gleichbetätigte Kontakte in Reihe bringen nichts Neues
A & $\overline{A}$ = 0		*einer* der Kontakte unterbricht die Leitung immer
$\overline{\overline{A}}$ = A		doppelte Verneinung ist identisch mit Bejahung

Tabelle A.2 Regeln der Schalt-Algebra für mehrere Variable

Regel	Kontakt-Identität
(A & B) v (A & C) = A & (B v C)	
(A v B) & (A v C) = A v (B & C)	
A v (A & B) = A	
A & (A v B) = A	
A & ($\overline{A}$ v B) = A & B	
A v ($\overline{A}$ & B) = A v B	

Tabelle A.3 Die Sätze von DeMorgan samt einem Kontakt-Analogon

Regel nach DeMorgan	Kontakt-Identität
$\overline{A}$ v $\overline{B}$ v $\overline{C}$ = $\overline{A \& B \& C}$	
$\overline{A}$ & $\overline{B}$ & $\overline{C}$ = $\overline{A v B v C}$	

Die beiden Sätze von DeMorgan (vgl. Tabelle A.3) enthalten Überführungen zwischen UND- bzw. ODER-Verknüpfungen, wobei die Negation stark mitspielt. Über diese Sätze gelingt es, alle logischen Verknüpfungen (die normalerweise durch Kombinationen von UND, NICHT, ODER darzustellen wären) ausschließlich mit der Funktion NICHT UND (NAND, Not And) bzw. mit der Funktion NICHT ODER (NOR, Not Or) auszuführen.

A.3 Logik-Familien, Schaltkreis-Familien

Die für Mikroelektronik nötigen Schaltungen werden auf dem Markt so angeboten, daß mit einer begrenzten Anzahl von Bausteinen alle nur erdenklichen Kombinationen für die verschiedensten Anwendungsfälle aufbaubar sind. Damit müssen die Grundverknüpfungen (UND, ODER, NICHT) genauso greifbar sein wie NAND und NOR. Die Zahl der Eingänge ist gestuft, beginnend mit zwei Eingängen; meist sind dann mehrere dieser Grundverknüpfungen in einem einzigen Baustein (IC, integrated circuit) untergebracht, überwiegend im DIL-Gehäuse (vgl. Abschnitt 1.6).

Dazu kommen Flipflops, Register, Zähler, kleine Speicher und eine ganze Reihe sonstiger Bausteine, über die hier nichts gesagt wurde (wie z.B. der Halbaddierer oder besondere Kippstufen). Die Bausteine einer Logik- oder Schaltkreisfamilie müssen untereinander voll kompatibel sein, damit freies Zusammenschalten möglich wird. Dieses wird erleichtert durch die Angabe von Fan-out und Fan-in der Bausteine. Fan-out ist eine Maßzahl dafür, wie viele andere Bausteine der Ausgang einer Schaltung ansteuern kann; der Fan-in gibt an, ob der Eingang eines Bausteins einen normalen oder einen höheren Bedarf an Steuerstrom hat. Die Angabe ist immer dann nötig, wenn zur Ansteuerung ein nicht vernachlässigbarer Strom verfügbar sein muß.

Dies ist bei der TTL-Schaltkreisfamilie nötig (TTL: Transistor-Transistor-Logik). Sie wird mit 5 V Speisespannung betrieben und ist recht rasch; die Anstiegs- und Abfallzeiten liegen typisch bei 30 ns. Bei der MOS-Technologie ist die Schaltzeit etwas größer, jedoch sind die Eingangsströme so gering, daß eine Abschätzung Fan-out/Fan-in nicht nötig ist. Die MOS-Schaltkreisfamilie läßt sich mit Spannungen zwischen 3...15 V betreiben.

A.4 Flipflop-Typen

Jedes Flipflop ist ein Speicherelement für 1 Bit Information. Ein Basis-Flipflop läßt sich aus zwei über Kreuz verkoppelten NAND (oder NOR) aufbauen, wie dies in Bild A.2 dargestellt ist. Je einer der Eingänge ist für eines der Eingangssignale S, R offen, der andere ist mit dem Ausgang des Partner-NAND verbunden. Wenn man daran denkt, daß bei einem NAND der Ausgang dann und nur dann 0 wird, wenn beide Eingänge zugleich das Signal 1 führen, dann läßt sich die Wahrheitstabelle (vgl. Bild A.2) aufstellen.

Mit einem Signal S = 1 (z.B. als „Setzen" zu deuten) entsteht am Ausgang Q1 das Signal 1, am Ausgang Q2 hingegen das Signal 0. Auf den Ausgang Q1 bezogen wird das Basisflip-

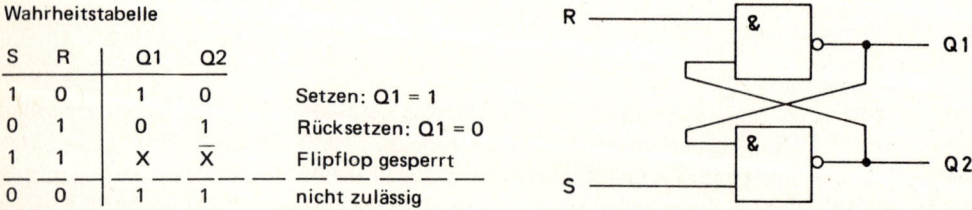

Wahrheitstabelle

S	R	Q1	Q2	
1	0	1	0	Setzen: Q1 = 1
0	1	0	1	Rücksetzen: Q1 = 0
1	1	X	$\overline{X}$	Flipflop gesperrt
0	0	1	1	nicht zulässig

Bild A.2 Kreuzgekoppeltes NAND als Basis-Flipflop. Schaltung und Wahrheitstabelle

flop gesetzt und mit R=1 rückgesetzt. Bei S=R=1 bleibt die zufällige Lage der Ausgänge mit X und $\overline{X}$ (X ist ein sog. „Don't care", ein Signal, das sowohl 0 wie 1 sein darf) erhalten. Für S=R=0 hingegen würde Q1=Q2=1 sein, und das ist nicht zulässig, weil bei einem Flipflop die Ausgänge zueinander invertiert sein sollen (Q1=$\overline{Q2}$).

Bild A.3a zeigt das Symbol für ein derartiges RS-Flipflop. Eingangs- und Ausgangsbezeichnung sind gleich wie in Bild A.2. Die Wahrheitstafel zeigt ein etwas anderes Verhalten: Für R=S=0 soll das Flipflop gesperrt sein. Für R=S=1 hingegen gibt es zwei brauchbare Verhaltensweisen: Bei dominierendem Rücksetzen wird in diesem Falle das Flipflop gelöscht (vgl. das Beispiel in Abschnitt 8.5.3), bei dominierendem Setzen hingegen gekippt. Soll angedeutet werden, daß das Flipflop eine Vorzugslage (z.B. die rückgesetzte Lage) hat, dann wird wie in Bild A.3a der betreffende Ausgang mit einem Balken gekennzeichnet.

Aus der Fülle von Flipflops soll mit Bild A.3b eines ausgewählt werden, das sehr häufig eingesetzt wird. Es handelt sich um ein Universal-Flipflop, genauer um ein JK-Master-Slave-Flipflop. Ein solches Flipflop ist z.B. für Zähler günstig (vgl. Abschnitt 2.1.5). An den Vorbereitungseingängen J, K kann eine Information anstehen, die im LOW-Zustand in einem Hilfsflipflop abgespeichert wird. Beim $0\rightarrow1$-Übergang des Takts C (Clock) wird diese Vorbereitungsinformation in das eigentliche Flipflop übernommen, die Signale stehen jetzt am Ausgang zur Verfügung. Dieses „retardierende Verhalten" wird nach Norm im Symbol durch die Winkel an den Ausgängen angedeutet.

Setzen und Rücksetzen werden also durch J und K gesteuert, wenn der Kippvorgang erst durch eine Taktflanke ausgelöst werden soll. Mit (invertierten) Setz/Rücksetz-Eingängen kann aber das Flipflop auch asynchron betätigt werden. Für J=K=0 ist das Flipflop

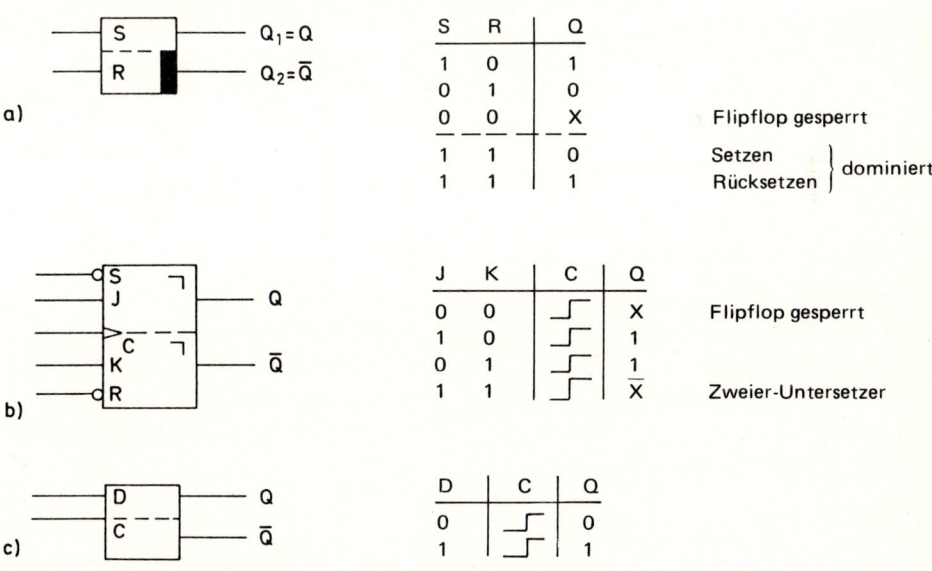

Bild A.3 Häufig vorkommende Flipfloptypen (jeweils Symbol und Wahrheitstabelle)
a) RS-Flipflop   b) Universal-Flipflop (JK-Master-Slave-Flipflop)
b) Auffang- oder Daten-Flipflop (D-Flipflop)

gesperrt, für J=K=1 ist es ein Zweier-Untersetzer, wie es in Abschnitt 2.1.5 geschildert wurde. Unabhängig davon, welche Lage der Ausgang Q hatte (also Don't care X), nach einem Takt gelangt er in die dazu invertierte Lage $\overline{X}$.

Schließlich sollte man noch die Auffang- oder Daten-Flipflops (D-Flipflop) erwähnen, die Bild A.3c zeigt. Das am Eingang D anstehende binäre Signal (0 oder 1) wird beim nächsten Takt in das Flipflop übernommen, also „aufgefangen" und abgespeichert. Selbstverständlich läßt sich aus dem oben erwähnten Universal-Flipflop auch ein D-Flipflop machen. Dazu wird der Eingang J zum D-Eingang erklärt, und mit einem Inverter dafür gesorgt, daß $K=\overline{J}$ ist. Dann gelten nur die für das D-Flipflop kennzeichnenden zwei mittleren Zeilen aus der Wahrheitstabelle des Universal-Flipflops (Bild A.3b).

A.5 Operationsverstärker

Der Operationsverstärker ist wohl das wichtigste Bauelement in der Analog-Elektronik. Seinen Namen hat er daher, daß mit ihm Schaltungen aufbaubar sind, mit denen rechnerische Verknüpfungen analoger Signale erreicht werden können. Dies wird vor allem in der Analog-Rechentechnik ausgenützt, die aber von der Digitaltechnik auf Spezialgebiete abgedrängt worden ist.

Der Operationsverstärker ist ein integrierter Gleichspannungsverstärker. Im Idealfall ist seine Leerlaufverstärkung unendlich groß (real $10^5 \ldots 10^6$), sein Eingangswiderstand ebenfalls (real $10^6 \ldots 10^{12}\ \Omega$); der Ausgangsinnenwiderstand ist vernachlässigbar klein. Durch äußere Beschaltung wird erreicht, daß sich genau definierbare Betriebsverstärkungen ergeben, die weit unter der sehr hohen Leerlaufverstärkung liegen und damit Stabilität und Frequenzverhalten des Elements verbessern. Für Spannung Null im Eingang liefert der reale Operationsverstärker nicht die Ausgangsspannung Null, wie dies die Theorie verlangt. Man muß deshalb im Eingang eine kleine Spannung (Offset-Spannung) so einfügen, daß im genannten Fall die Ausgangsspannung Null beträgt: Es ist ein sog. Offset-Abgleich nötig.

Die wichtigsten Schaltungen mit Operationsverstärkern werden nachfolgend kurz vorgestellt.

Invertierende Grundschaltung

Die invertierende Grundschaltung zeigt Bild A.4. Bei der Berechnung darf man davon ausgehen, daß wegen der (nahezu) unendlich großen Leerlaufverstärkung v_0 die Eingangsspannung u_i wegen $u_a = -v_0 \cdot u_i$ gegenüber einer endlichen Ausgangsspannung u_a vernachlässigt werden darf. Dann ist der in den sehr hochohmigen Verstärker hineinfließende Strom erst recht $i_i = 0$. Unter diesen Bedingungen werden die Gleichungen recht einfach, gilt doch zunächst die Knotenregel

$$i_e + i_f = i_i = 0 \ ,$$

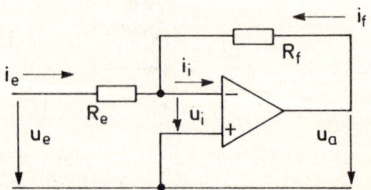

Bild A.4

Invertierende Grundschaltung des Operationsverstärkers

und für die Maschenregeln ergibt sich

$$u_e - i_e \cdot R_e = u_i \approx 0 \; ; \quad u_a - i_f \cdot R_f = u_i \approx 0 \; .$$

Aus den drei Beziehungen folgt also

$$u_a = - \frac{R_f}{R_e} \cdot u_e \; .$$

Die mit der Beschaltung von Bild A.4 entstandene Betriebsverstärkung ist $-R_f/R_e$. Sie hängt nicht mehr vom Verstärker (und seiner Leerlaufverstärkung v_0), sondern nur noch von den beiden Widerständen ab.

In grober Näherung kann man den Frequenzgang der Verstärkung nach Bild A.5 aufzeichnen. Ein integrierter Operationsverstärker hält seine Verstärkung v_0 nur bis zu einer relativ niedrigen Frequenz, danach fällt sie mit 20 dB pro Frequenzdekade ab und erreicht bei der sog. Transit-Frequenz f_T den Wert 0 dB (Verstärkungsfaktor 1). Die Verstärkung wird entweder mit $v = (u_a/u_e)$ oder logarithmisch als $20 \cdot \log(u_a/u_e)$ in dB (Dezibel) angegeben.

Für alle Betriebsverstärkungen $v_B = R_f/R_e \ll v_0$ gilt, daß die Bandbreite f_B bei dieser Verstärkung v_B nach $v_B \cdot f_b = f_T$ mit der Transitfrequenz f_T zusammenhängt, die man deswegen auch als Verstärkungs-Bandbreite-Produkt bezeichnet. Ist die (in den Datenblättern aufgeführte) Transitfrequenz f_T bekannt, dann kann man leicht den Zusammenhang zwischen Betriebsverstärkung und erreichbarer Betriebsbandbreite abschätzen.

Summierverstärker

Die Ausweitung des Eingangskreises der Grundschaltung von Bild A.5 führt auf das Schaltbild von Bild A.6. Dasselbe rechnerische Vorgehen wie bei der Grundschaltung führt auf das Ergebnis

$$u_a = - R_f \left[\frac{u_1}{R_1} + \frac{u_2}{R_2} + \frac{u_3}{R_3} + \dots \right] \; .$$

Der Summierverstärker bildet die Summe der Eingangsspannungen, wovon jede mit einer eigenen Betriebsverstärkung $v_B = - R_f/R_i$ „gewichtet" wird. Summierverstärker werden häufig eingesetzt, u.a. zur Digital-Analog-Umsetzung (vgl. dazu Abschnitt 4.1.3, Bild 4.5).

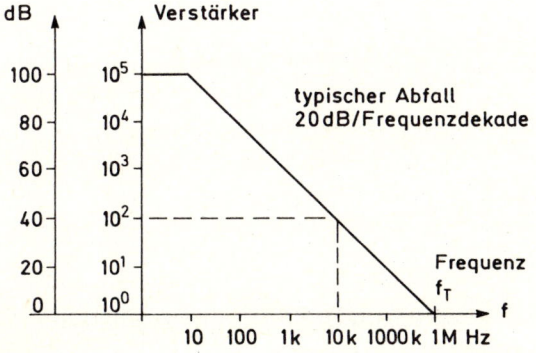

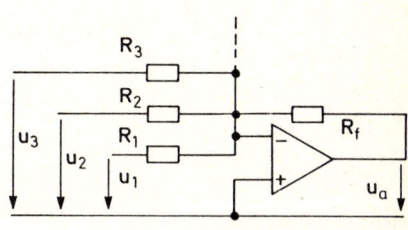

Bild A.5 Vereinfachter Frequenzgang der Verstärkung   **Bild A.6** Summierverstärker

Nichtinvertierender Verstärker

Etwas anders wie seither ist die Schaltung von Bild A.7 zu betrachten. In den Eingang des Verstärkers fließt (praktisch) kein Strom; um die Eingangsspannung $u_i \approx 0$ zu machen, muß die am Teiler R_f, R_e geteilte Ausgangsspannung $u_a \cdot R_e/(R_f + R_e)$ so groß sein wie u_e. Daraus folgt

$$u_a = (R_f/R_e + 1) \cdot u_e = v_B \cdot u_e .$$

Die Betriebsverstärkung ist positiv, der Verstärker kehrt nicht das Vorzeichen um, er invertiert nicht. Die Eingangsspannung u_e liegt direkt an einem der hochohmigen Verstärkereingänge, weswegen diese Schaltung auch als Elektrometer-Verstärker bezeichnet wird.

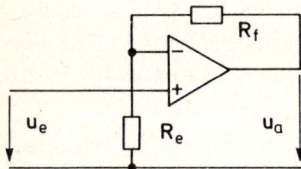

Bild A.7 Nicht invertierender Verstärker

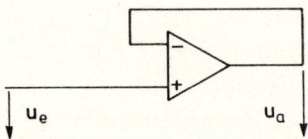

Bild A.8 Pufferverstärker
(Elektrometerverstärker, Impedanzwandler)

Für $R_f \to 0$ (und $R_e \to \infty$) entsteht die einfachste Operations-Verstärkerschaltung, der Puffer oder Treiber von Bild A.8. Für ihn gilt mit hoher Genauigkeit $v_B = 1{,}000$ und somit

$$u_a \equiv u_e .$$

Mit ihm lassen sich hochohmige Spannungsquellen entkoppeln und niederohmig machen, er wirkt als sog. Impedanzwandler.

Differenzverstärker

Die Kombinationen von invertierendem und nicht invertierendem Verstärker führt auf Bild A.9. Für die angegebenen einfachen Widerstandsverhältnisse gilt

$$u_a = n(u_1 - u_2) .$$

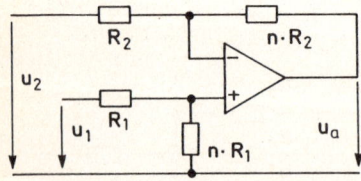

Bild A.9
Subtrahierverstärker, Differenzverstärker

Durch andere Widerstandsbeschaltung lassen sich auch verschiedene „Gewichtungen" von u_1, u_2 erreichen.

Integrator

Mit der Schaltung nach Bild A.10 ist eine Integrierstufe möglich. Unter den üblichen Voraussetzungen $i_i = 0 \,(u_i \approx 0)$ folgt aus der Knotenregel wiederum $i_f = - i_e$. Die Ströme sind $i_f = C \cdot (du_a/dt)$ und $i_e = u_e/R$. Durch Gleichsetzen und Integrieren folgt

$$u_a = - \frac{1}{R \cdot C} \int u_e \cdot dt$$

unter der Voraussetzung, daß zu Beginn der Integration die Ausgangsspannung $u_a = 0$ und somit der Kondensator C entladen gewesen sei. Integratoren werden häufig eingesetzt, oft in Verbindung mit der Summierschaltung nach Bild A.6.

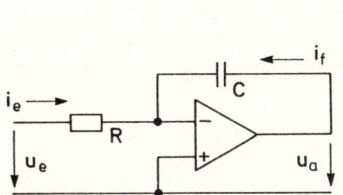 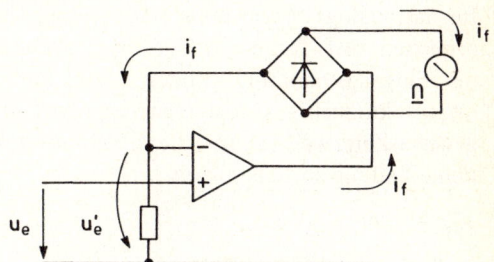

Bild A.10 Integrator mit Operationsverstärker   **Bild A.11** Präzisionsgleichrichter

Präzisionsgleichrichter

Bei Gleichrichterschaltungen mit Dioden stört deren nicht vernachlässigbarer Durchlaßwiderstand und die im Durchlaßverhalten gezeigte Durchlaßspannung. Diese nichtidealen Eigenschaften von Gleichrichterdioden lassen sich mit der Schaltung von Bild A.11 umgehen. Bei diesem nichtinvertierenden Verstärker muß in jedem Augenblick $u_e' = R_e \cdot i_f = u_e$ sein. Der Strom i_f wird somit nur von R_e und u_e, nicht aber von den Eigenschaften der Dioden und des Meßwerks bestimmt; er ist — wie der Elektriker sagt — ein eingeprägter Strom. Damit können ihn die nicht-idealen Eigenschaften der Dioden auch nicht beeinflussen.

Der Graetzgleichrichter schickt die negative Halbwelle des Stroms i_f gleichgerichtet wie die positive Halbwelle durch das Drehspulmeßwerk. Durch dieses fließt also die Betragsfunktion $|i_f|$. Durch die gewohnte Mittelwertsbildung des Drehspulsystems zeigt es den zeitlichen Mittelwert von $|i_f|$, den Betragsmittelwert $\overline{|i_f|}$. Für jede periodische Stromfunktion läßt sich über den Formfaktor $F = I_{eff}/\overline{|i|}$ die Anzeige in Effektivwerten eichen.

A.6 Abtast-Halteschaltung

In vielen Fällen ist es nötig, eine Analogspannung momentan abzufragen und ihren Wert für kurze Zeiten abzuspeichern. Insbesondere dann, wenn z.B. eine gewisse Zeit zum Umsetzen der analogen Spannung in ein digitales Signal benötigt wird (Analog-Digital-Umsetzung, vgl. Abschnitt 4.1.4) und während der Umsetzung keine Änderung des Analogsignals erwünscht oder zulässig ist.

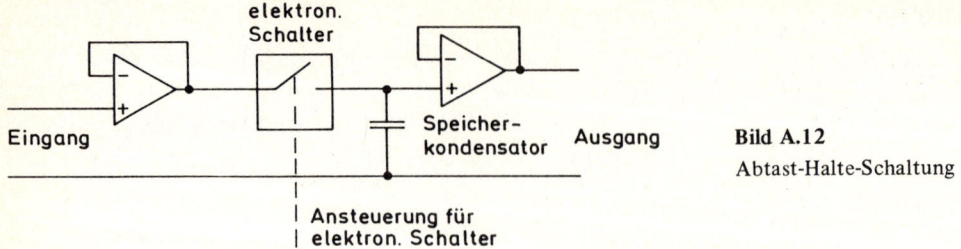

Bild A.12
Abtast-Halte-Schaltung

Bild A.12 zeigt die Anordnung, eine Abtast-Halteschaltung (sample and hold). Die Quelle für das analoge Signal muß niederohmig sein, was sich durch einen Pufferverstärker leicht erreichen läßt. Dann wird der Speicherkondensator sehr rasch auf den Augenblickswert der Eingangsspannung geladen, wenn der elektronische Schalter durch einen Ansteuerimpuls kurzzeitig geschlossen ist. Die Ladung auf dem Kondensator hält sich für eine gewisse Zeit, weil ja mit einem weiteren Pufferverstärker dafür gesorgt ist, daß praktisch keine Ladung abfließen kann.

A.7 Sensoren und Initiatoren

Das Gebiet der Sensoren (Meßgrößenaufnehmer) ist groß und weitet sich auch kräftig aus. Es würde wohl schon Schwierigkeiten machen, die Sensoren alle in ein Buch zu fassen. Um so mehr ist es schwierig, hier in einem Anhangkapitel eine Übersicht zu geben.

Deswegen sind hier keine Aufnehmer für die verschiedenen zu messenden Größen zusammengestellt, sondern die wichtigsten Sensoren nach den Sensor-Effekten aufgeführt. Der Sensor soll eine zu messende, nichtelektrische Größe in ein elektrisches Signal umsetzen, das dann in der Meßkette weiter verarbeitet wird. Nun gibt es genügend Fälle, in denen das zu messende Signal nicht direkt, sondern indirekt erfaßt wird. So etwa können Kräfte und Drücke über Federkörper (Biegebalken, Membranen usw.) in kleine Wege umgesetzt werden. Somit lassen sich diese Größen mit allen Sensoren messen, welche kleine Wege, Längenänderungen, Verlagerungen erfassen können.

In den Tabellen A.4 ist zunächst aufgezeigt, wie die elektrischen Grund-Zweipole Widerstand R, Kapazität C und Induktivität L von nichtelektrischen Größen beeinflußt werden können. Neben dem bekannten Potentiometer ist der Dehnungsmeßstreifen DMS einer der wichtigsten Sensoren (im Maschinenbau). Mit ihm kann man alle Verformungen, Kräfte, Drücke, Drehmomente und andere Größen messen.

Die kapazitiven Sensoren sind erwas seltener, der kapazitive Feuchtesensor nimmt an Bedeutung zu. Bei den induktiven Sensoren ist der transformatorische Aufnehmer wohl der häufigste, sehr empfindlich und genau. Die schwingende Saite findet sich vor allem im Hoch- und Tiefbau (auch im Bergbau). Der Quarzsensor ist geeignet für viele dynamische Meßgrößen, nicht aber für statische Messungen.

Von den magnetischen Aufnehmern wird die Feldplatte weniger zum Messen eingesetzt, viel mehr der lineare Hall-Sensor, der auch als Multiplizierer einsetzbar ist. Die induktive Durchflußmessung bei Flüssigkeiten beruht auf demselben Prinzip.

Tabelle A.4a Einige wichtige Sensoren

Bezeichnung, Skizze, Zusammenhänge	Erläuterungen
Potentiometer Schleifer- stellung $0 \leq x \leq 1,0$ $U_a = x \cdot U_0 \cdot \dfrac{1}{1+(x-x^2)P/R_a}$	Bauform rund oder linearer Widerstand drahtgewickelt (endliche Auflösung) oder als Film (Carbon-Film u.ä., Auflösung unendlich fein). Film-Potentiometer nicht belastbar, müssen z.B. mit Pufferverstärker abgeschlossen werden. Für $R_a \to \infty$ linearer Zusammenhang $U_a = x \cdot U_0$ (Leerlauf).
Dehnungsmeß-Streifen DMS $\dfrac{\Delta R/R}{\Delta l/l} = (1 + 2\,\mu) + \dfrac{\Delta\rho/\rho}{\Delta l/l}$ $= $ k-Faktor μ Querdehnungszahl (Poissonszahl) ρ Spez. Widerstand	Gedehnter Widerstand (dünne Drähtchen, Folien, Dickfilm) ändert seinen Widerstand. Kennzeichnend k-Faktor $k = (\Delta R/R)/(\Delta l/l)$. Metalle (Konstantan) $k \approx 2 \leftarrow$ geometr. Faktor $(1+2\mu)$ überwiegt. Dickschicht $k = 10\ldots20$ Halbleiter: P-Silizium $k \approx +100 \leftarrow$ piezo-resistiver N-Silizium $k \approx -100$ Anteil $\Delta\rho/\rho$ überwiegt
Kondensator $\epsilon_0 = 0,089\ \dfrac{pF}{cm}$ $C = \epsilon_0 \cdot \epsilon_r \cdot \dfrac{A}{d}$ A Plattenfläche	Änderung der Fläche (z.B. Drehkondensator) $C \sim A$ Änderung des Abstands (Weg-Messung) $C \sim 1/d$ Änderung im Dielektrikum $C \sim \epsilon_r$.
Kapazitiver Feuchtesensor (rel.) Feuchte F_{rel}	Feuchte kann in Dielektrikum eindringen, verändert Dielektrizitätskonstante. Erreichbar $\epsilon_r \sim F_{rel}$, $C_{max}/C \approx 1,2$ für 100 % F_{rel}.
Differentialkondensator C_1 $d+x$ C_2 $\downarrow x$ $d-x$	In gewissem Bereich ist C_1/C_2 linear in x. Zum Messen kleiner Wege, Verlagerungen usw. Direkt in Brückenschaltung einfügbar.

Tabelle A.4b Einige wichtige Sensoren

Bezeichnung, Skizze, Zusammenhänge	Erläuterungen
Differentialspulen	In gewissem Bereich x lineare Zusammenhänge: eine Induktivität wird größer, die andere kleiner. Zum Messen von Wegen, Verlagerungen, Unwuchten, Exzentrizitäten usw.
Transformator-Aufnehmer	Über verschieblichen Kern Kopplung auf Spulen verändert. Häufig als „induktiver Taster" hoher Auflösung. Messen von Wegen, Verlagerungen u.a.m. In gewissem Bereich x lineare Zusammenhänge.
Schwingende Saite $$f = \frac{1}{2\,l} \cdot \sqrt{\sigma/\rho}$$	Da die mechanische Spannung σ über den Elastizitätsmodul E nach $\sigma = E \cdot (\Delta l/l)$ mit der Dehnung zusammenhängt, sind viele Messungen möglich: Dehnung, Temperatur, Verlagerung. Abnahme der Frequenz über Abfrage-Magnete, evtl. Einbau der Saite in einen Oszillator.
Quarzsensor $$U = \frac{d \cdot F}{C}$$	Quarzkristall zeigt Ladung Q bei Aufbringen einer Kraft F: piezo-elektr. Effekt $Q = d \cdot F$. Umwandlung in Spannung über $Q = C \cdot U$. Als C wirkt die gesamte Kapazität des Aufbaus! Spannung hochohmig abnehmen, damit keine Ladung abfließt. Zum Messen dynamischer (nicht statischer) Kräfte und Kraftwirkungen.
Feldplatte	Longitudinaler galvano-magnetischer Effekt: In Magnetfeld B wird der Widerstand geändert. Zusammenhang quadratisch. Spezielle Halbleitermaterialien. Für berührungslose Potentiometer, Initiatoren, weniger für Meßzwecke.

Tabelle A.4c Einige wichtige Sensoren

Bezeichnung, Skizze, Zusammenhänge	Erläuterungen
Hall-Sensor $u_H \sim i \cdot B$	Transversaler galvano-magnetischer Effekt: Bewegte Ladungsträger erfahren im Magnetfeld B eine Ablenkung. Diese ist als Hall-Spannung quer zur Leiterbahn feststellbar. Messen von B, Multiplizierer $i \cdot B$, Initiator.
Induktiver Durchfluß-Sensor $u \sim \dfrac{dV}{dt} = \dot{V}$	Hall-Effekt wirkt auch in Flüssigkeiten, wenn Moleküle dissoziiert. Magnetfeld B aufgebracht, dann quer zum Rohr Spannung feststellbar. Diese ist proportional zum Volumenstrom dV/dt.
Widerstands-Thermometer $R(\vartheta) = R(1 + \alpha \cdot \Delta\vartheta)$	Widerstand von Metallen wächst mit dem linearen Temp.-Temperaturkoeffizienten α (für größere Genauigkeit muß noch der quadrat. Temp.-Koeff. berücksichtigt werden), $\alpha \approx 0{,}004/\mathrm{K}$. Als Material Nickel, Platin und Sonderlegierungen.
NTC/PTC-Widerstände	Halbleiter mit stark nichtlinearem, aber rel. großem Temperaturkoeffizienten. NTC (negative temperature coefficient) hat e-Funktion zur Kennlinie, PTC (positive temperature coefficient) nur empirisch angebbar. Linearisierungsschaltungen nötig.
Thermo-Element $u_{th} \sim (\vartheta_x - \vartheta_v)$	Bei Temperaturdifferenz zwischen zwei Metallen der thermo-elektrischen Spannungsreihe entsteht kleine Thermospannung (einige μV/K). Vergleichsstellentemperatur ϑ_v über Thermostat (oder elektronischer Ausgleich).
PTAT-Element Ausgang	PTAT (proportional to absolute temperatur): Spannung an Halbleiter-PN-Übergang ist temperaturproportional. Auswertung über integrierte Schaltungen als Strom oder Spannung, typisch 1 μA/K bzw. 10 mV/K.

Tabelle A.5 Einige Initiatoren

Bezeichnung, Aufbau	Erläuterungen
Induktiver Näherungsschalter Betätigung	Die Amplitude eines HF-Generators wird gleichgerichtet und geht auf eine Schwellenschaltung. Wird der Oszillator bedämpft, dann reißen die Schwingungen ab, die Schwellenschaltung spricht an. Bedämpfung durch Metalle u.a.
Lichtschranke Durch-licht Sender Empfänger Reflexion, Streulicht Empfänger Betätigung	Sender: Glühlampe, Lichtemissionsdiode LED Empfänger: Fotodiode, Fototransistor Bei Durchlicht: Lichtstrahl wird unterbrochen Bei Reflexion: Lichtstrahl wird reflektiert Oftmals Infrarot oder moduliertes Licht, um Einflüsse von außen zu vermeiden.
Ultraschall Sender Empfänger Betätigung	Reflexionsmethode, endliche Schall-Laufzeit gibt die Auswertung („Echo-Lot"). Auch für lineare Abstandserfassung.
Hall-Initiator Betätigung N S	Hall-Sensor mit Verstärker und Schwellenschaltung. Betätigung meist mit Magnet. Prellfreier Schalter, u.a. für Tastaturen.
Schlitz-Initiator *Gabel-Initiator* Betätigung	Eintauchen eines Betätigungselements in eine Gabel. Art des Initiators frei: Gabellichtschranke, induktiver Schlitz-Initiator usw.

Zur Temperaturmessung finden Widerstandsthermometer und Thermoelemente den größten Einsatz. NTC- und PTC-Elemente sind zwar weit empfindlicher, aber grundsätzlich nichtlinear. Man benutzt sie entweder für kleinere Temperaturbereiche oder zusammen mit Linearisierungsschaltungen, die jedoch meist einen Teil der Empfindlichkeit wegnehmen.

Seit einigen Jahren gibt es integrierte Schaltungen, bei denen die Temperaturabhängigkeit eines PN-Übergangs (in Diode oder Transistor) ausgenutzt wird. Zusammen mit entsprechender Umform-Elektronik entstehen kleine Bausteine, deren Ausgangsspannung oder Ausgangsstrom proportional zur absoluten Temperatur ist (PTAT, Proportional To Absolute Temperatur).

Initiatoren sind Sensoren, die bei einer Meßgröße überwachend wirken und auf eine Schwelle ansprechen (vgl. Tabelle A.5). Man könne grundsätzlich jeden (linearen oder nichtlinearen) Sensor mit einer Schwellenschaltung (einem sog. Schmitt-Trigger) zusammenschalten und so einen Initiator aufbauen. Üblich indes sind vor allem induktive Initiatoren, bei denen ein Hochfrequenzschwingkreis bedämpft wird, so daß die Schwingung abreißt. Die Schwingamplitude wird gleichgerichtet, das Signal geht auf eine Schwellenschaltung, die dann das Initiatorverhalten bestimmt. Beim induktiven Initiator werden zur Bedämpfung Metalle (oder Parallel-Leitwerte) benutzt, beim kapazitiven Initiator haben auch Kunststoffe, Flüssigkeiten, Fingerberührung u.a.m. auslösende Wirkung.

Eine vielfältige Gruppe von Initiatoren stellen die Lichtschranken dar, als Durchlicht- oder Reflexionsschranke, ggf. auch in Form der Gabellichtschranke.

Ultraschallgeräte arbeiten nach dem Reflexionsverfahren, wegen der geringen Laufgeschwindigkeit können Ultraschallgeber auch zur Entfernungsmessung (üblicherweise ca. 20 cm bis ca. 20 m) dienen, also linear arbeiten.

Abschließend ist in Tabelle A.5 noch gezeigt, wie mit einem linearen Sensor (z.B. einem Hall-Element) und einer Schwellenschaltung ein Initiator entsteht, vornehmlich einsetzbar als berührungsloser, prellfreier Schalter (z.B. für Eingabe-Tastaturen). Auch die Sonderform des Schlitz-Initiators ist vermerkt.

Sachwortverzeichnis

Abkürzungen 7
−, mnemotechnische 7
Ablaufdiagramm 7, **121 f.**
Acknowledge-Signal 62
ADC (analog to digital converter) 18, **73 f.**
Adreß-Bank 117
Adreß-Bus 56 f.
Adreßdekodierer 40
Adresse 38
Adressierphase 46
Adressierung, absolute 135
−, Arten von 51
−, direkte 51, 135
−, indirekte 51
−, relative 51
−, symbolische 135
−, unmittelbare 51
Adreßraum 39, 114, 117
ADU (Analog-Digital-Umsetzer) 18, **73 f.**
Akkumulator 35 f., 48
Aktiver Sensor 70
ALE-Signal (Address Latch Enable) 53
ALGOL 138
Alpha-numerische Anzeige 88, 93
ALU (Arithmetical Logical Unit) 35, 45, 48
Analog-Digital-Umsetzer 73 f.
−, rascher 77
Analoge Größe, Signal 69
Analog-Prozessor 150
Anpassung, Anpaß-Schaltung 18, **70**
Anweisungsblock 121, **124**
Anweisungsliste 163
Anweisungsregister 169
Anwenderprogramme 146
Anzeigetreiber 57
Approximation, sukzessive 76
Arbeitsspeicher 43
Architektur von Mikro-Elektronik 148 f.
Arithmetik-Prozessor 150
Arithmetische Operationen 104
ASCII-Code 13
Assembler-Sprache (Assembler) 102, 136 f.,
    144
Assemblierer 102, 135 f., 144
Asynchroner Betrieb 30
Ausdruck, binärer **9**, 11
Ausführphase (eines Befehls) 47
Ausgabe (von Information) 4, **69 f.**
Ausgang 14, 58, 82

Ausgangssgröße 14
Aussagelogik 14 f.
Austauschprogrammierte Steuerung 159
Automatisierung 3 f.
Automatisierungsgerät 158, 167

Bank Switching 117
BASIC 138, **139 f.**
Basis-Sensor 70
Basis-Speicher 26
Baud 60
Baustein-Ende BE 169
−, bedingt BEB 169
BCD (Binärer Dezimalcode) 11
Bedingter Sprung 108
Befehlsabholphase 46
Befehlsaufbau 50
Befehlsdekodierer 47 f., 169
Befehlsliste 102
Befehlsregister 46 f.
Befehlsvorrat 102 f.
Befehlszähler 48
Befehlszyklus 47 f.
Bestückungsseite (Leiterplatte) 23
Betriebssystem 146
Bewertungsnetzwerk 72 f.
Bi-direktional 5
Binäre Darstellung 11
Bit 11
Bit-Organisation 39
Bitrate 60
Bit-Slice-Elemente 151
Black Box 5
Blockbild 5
Blockschaltbild 5
−, einer CPU 55
Boolesche Algebra 14 f., 165
Borrow-Impuls 33 f.
Bottom-Up-Entwurf 120
Bus, allgemein 56 f.
−, IEC- 63
−, IEEE 448- 63
−, -System 56
−, -vereinbarungen 60
Busy-Signal 62
Byte 13

CAD (Computer Aided Design) 2
CAE (Computer Aided Engineering) 3

CAM (Computer Aided Manufacturing) 2
Carry-Bit 37, 105 f.
Carry-Impuls 33
Cassettenrecorder 85
Chip 19
Chip Enable 40 f.
Chip Select CS 40 f., 59, 116
CNC (Computerized Numerical Control) 2
Code, ASCII- 13
−, Eins-aus-n- 38
−, einschrittiger 14
Codes 11 f.
Codierschalter 81
Compiler 138
Controller 64
CPU (Central Processing Unit) 17, **46 f.**
CPU, Anschlüsse 52 f.
−, Blockschaltbild 55
Cross-Assembler 136, 145

DAC (Digital to Analog Converter) 18, **71 f.**
Data-accepted-Signal 62
Data-valid-Signal 62, 66
Datenbus 35, **56 f.**, 64
Datensichtgerät 93 f.
DAU (Digital-Analog-Umsetzer) 18, 71 f.
Daumenradschalter 81
Debugging 144
Dekrementieren 36, 45
Demultiplexer DEMUX 150
Dezimalzähler 32
Dialog-Programm 142
Dienstprogramme 147
Digit 11
Digital-Analog-Umsetzer DAU 18, 71 f.
−, multiplizierender 72
Digitale Zeitmessung 77
Direct Memory Access DMA 117 f.
Direkte Adressierung 51
Direkter Speicherzugriff DMA 117 f.
Disjunktion 15
Diskette 18, 84 f.
Don't Care 59
DOS (Disk Operating System) 85
Do-While-Struktur 125 f.
Drehpotentiometer 69
Dreiwort-Befehl 50
Drucktaste 79
Dual-in-line 19 f.
−, Gehäuse 19 f.
−, Schalter 81
Dualzähler 32
Dualzahlen 8 f.
Duplex-Betrieb 99

EAROM (Electrically Alternable Read Only
    Memory) 42
EBCDI-Code 14
Echtzeitbetrieb 18, 145, 150 f.
−, Uhrenbaustein 100
Editor 144 f., 151
Ein/Ausgabe-Adressierung 51
Ein/Ausgabe, Anweisung 104, 121
−, Bausteine 98
−, Information 4, 69 f.
Einchip-Prozessor 148
Einerkomplement 36, 46
Eingang 14
Eingangsgröße 14
Einplatinenrechner 151
Einzelwort-Befehl 50
Elektronischer Schalter 27
Elementarsensor 70
Elemente, zweiwertige 7, 9
Emulationsadapter 146
Entscheidung 122
Entwicklungssystem 144 f., 168
EPROM (Eraseable Programmable Read Only
    Memory) 42
Europa-Karte 23

Festwertspeicher 40 f.
FIFO (First In First Out)-Speicher **45,** 98
Flag 37
Flipflop 25
Floppy Disk 18, **84 f.**
Flußdiagramm (Flow Diagram, Flowchart) 7,
    121 f.
−, Grundstrukturen 123 f.
FORTRAN 138
Freigabe-Signal 40
Frequenz-Spannungs-Umsetzer 78
Frequenz-Teiler 32, 34
Frequenz-Umtastung 85
Fühler 18, 70
Funktionsplan FUP 6, 161 f.

Gain Error 74
Gast-Rechner 145
Gate Array 42
Grundstrukturen, Flußdiagramm 123 f.
Grundverknüpfungen, logische 15 f., 159

Handshake-Bus 64
Handshake-Verfahren 63 f., 96
Hardware-Reset 110
Hexadezimal-System 11
Hex-Code 101
HIGH-Signal 60
Hilfsregister 55

Höhere Programmiersprachen 138 f.
Hörer (listener) 64
Huckepack-Baustein 149

IC (Integrated Circuit) 22
IEC-Bus 63 f.
If/then-else-Struktur 124, 126, 139
Index-Loch 84
Indirekte Adressierung 51
Industrieroboter 1, 3, 153
Inkrementieren 36, 45
Instruktion Cycle 47
–, Execute 47
–, Fetch 46
Integrierte Schaltkreise IC 19
Intelligenter Sensor 70
Interface-Bausteine 95 f.
Interpreter 138
Interrupt, allgemein 53, 110 f.
–, Bearbeitung 111
–, Prioritäten 112
–, Routine 111
–, Steuerung 113
–, Verwaltung 114
Isolierte Ein/Ausgabe (isolated in/out) 97, 103

Kamm-Drucker 91
Kaskade 34
Kellerspeicher (Stack) 45
Kilo-Bit (k-Bit) 38
Kommentar-Feld (Comment Field) 132
Komparator 76
Konjunktion 15
Konsole 145
Kontaktplan KOP 160 f.
Kundenschaltkreise 42

Label Field 132
Lade-Impuls (Load) 33
Latch 26
LCD-Anzeige (Liquid Crystal Display) 89
LED-Anzeige (Light Emitting Diode) 89
Leistungstreiber 67
Leiterplatte 22
LIFO-Speicher (Last In First Out) 45
Linearpotentiometer 69
Linking 144
Links-Verschiebung/Shift 29
Live Zero 18
Lochstreifen 85
Logikanalysator 146
Logik, negative 63
–, positive 158
–, ruhende 159
–, sequentielle 159

Logische Grundverknüpfungen 15 f., 159
Logische Operationen 105 f.
LOW-Signal 60
LSB (Least Significant Bit) 27, 72
LSI (Large Scale Integration) 20

Magnetband 18, 85
Marke 132 f.
Maschinencode, Maschinensprache 101, 132 f.
Maschinenzyklus 46 f.
Maskieren 105, 112
Massenspeicher 18
Matrix-Drucker
Matrix von Schaltern 82
Mechanische Schalter 79 f.
Mehrchip-Prozessor 148
Memory-Mapped-Verfahren 97, 115
Merker 163, 167
Meßgrößenaufnehmer 18, 70
Meßkette 18, 69 f.
Mikrocomputer 151
Mikroelektronik, Architektur 148 f.
Mikroprogrammierung 49
Minicomputer 151
Mnemo-Code 101
Mnemotechnische Abkürzungen 7
MODEM (Modulator/Demodulator) 99
Modul (Programm) 120, 126
Momentanwert-Umsetzer 76
Monitor 147, 151
Monotonie (ADU) 74
Most Significant Bit MSB 27, 76
MSI (Medium Scale Integration) 20
Multiplexer MUX 18, 55, 87, 93, 150
Multiplizierender ADU 72

Namens-Feld (Label Field) 132
NC-Maschinen 86
Negation 15
Negative Logik 63
Nesting 125, 131
NICHT-Verknüpfung 16
NOT-AUS-Schalter 159
Nullpunktfehler (Offset Error) 74
Nur-Lese-Speicher (ROM) 39 f.

Objekt-Programm (Object Program) 144
ODER-Verknüpfung 15
Offener Kolektor (Open Collector) 58, 63
Off-Line-Betrieb 19, 168
Offset, Offsetfehler 74
On-Line-Betrieb 19, 152
Open-Loop-Control 155
Operand 35, 50
Operandenfeld (Operand Field) 132

Operandenregister 35, 47
Operationen, arithmetische 104
–, logische 105
Operationscode (Op-Code) 101, 132
Operationsverstärker 73
Overflow 44

PAL (Programmable Array Logic) 42
Paralleler Betrieb 26
Parallele Schnittstelle 62 f.
Parallel-Serien-Umsetzung 29
Paritätsprüfung 61
Parity Bit 37
PASCAL 127, 131, 138
Peripherie-Bausteine 83, **95 f.**
PIA (Peripheral Interface Adapter) 97
PIC (Programmable Interrupt Controller) 112
Piggiback-Baustein 149
PIO (Parallel In/Out) 97
Plotter 92
POP-Befehl 45
Port 79, 95
Port-Baustein 95
Positive Logik 158
Potentiometer 69
PPI (Programmable Peripheral Interface) 95 f.
Prellen (Schalterkontakt) 80
Preset 34
Problemanalyse **119**, 143, 170
Problemorientierte (Programmier-)Sprachen 138 f.
Programm-Ablaufplan 121 f.
Programm, allgemein 3, 119 f.
Programm-Entwicklung 120 f.
Programm-Modul 120
Programm-Schleife 123
Programm-Sprünge 108 f.
Programm-Test 120 f.
Programm-Verzweigung 122
Programm-Zähler 46
Programmierbarer Nur-Lese-Speicher EPROM 41
Programmieren 119 f.
Programmiersprachen, höhere 138 f.
Programmierung, GOTO-lose 126
–, im Dialog 142
–, strukturierte 126
PROM (Programmable Read Only Memory) 42
Prozeßabbild der Ausgänge PAA 167
Prozessor, Analog- 150
–, Arithmetik 150
–, Bausteine 149
–, CPU 17, 46, 52, 55
–, Einchip- 148

–, -Familien 149
–, Mehrchip- 148
–, ROM-loser 149
Prozeßrechner 152
Pseudocode 126 f., 131, 165
Pufferverstärker 57
Pull-Down-Widerstand 80
Pull-Up-Widerstand 58, 63, 80
PUSH-Befehl 45

Quantisierungsfehler 74
Quellprogramm (Source Program) 144
Quittierungssignale 62

R-2R-Netzwerk 73
RAM (Random Access Memory) 17, **43 f.**
–, dynamisches 44
–, statisches 44
Raster 89 f., 94
Read/Write-Eingang 43, 53, 59
Real-Time-Betrieb 18
Rechenwerk 4
Rechts-Shift 29
Refresh-Impuls 44
Regelkreis 18, 155
Register-Adressierung 51
Register-Anweisung 106
Register, allgemein 25 f.
–, Operanden- 35
–, Schiebe- 28 f.
Regler 152
Relais 7
Relative Adressierung 51
Repeat-Until-Struktur 125 f.
REPROM (Reprogrammable, Programmable Read Only Memory) 42
Reset 26, 30, 46, 110
ROM (Read Only Memory) 17, **40**
ROM-loser Prozessor 149
Rotation 29, 106
Rotationsbefehle 106
Rückflanke 32
Rücksetzen 26, 30
Rückwärtszähler 33
Ruhende Logik 159

Sample and Hold S + H 18
Schaltalgebra **16 f.**, 165
Schaltbild 6
Schalter, elektronisch 27
–, mechanisch 79 f.
Schaltkreis, integrierter 22
Schiebebefehle 106
Schieberegister 28 f.
Schleifenstruktur 123

Schnittstelle, parallele 62
–, RS 232 61
–, serielle 60 f.
–, V24 61
Schreib/Lese-Kopf 84
Schreib/Lese-Speicher RAM 43
Schrittgeschwindigkeit 60
Sechzehnsegment-Anzeige 88
Sedezimal 11
Selbsthaltung 155, 175
Semiduplex-Betrieb 99
Sensor 18, 70 f.
Sensorsystem 70
Sequentielle Logik 159
Sequenz 124, 126
Serielle Schnittstellen 60 f.
Serielle Schnittstellen-Bausteine 98 f.
Serieller Betrieb 26, 60, 98
Serie-Parallel-Umsetzung 29
Setzeingang 26, 33
Setzen 26
Shuttle-Drucker 91
Siebensegment-Anzeige 87
Signatur-Analyse 146
Simplex-Betrieb 99
Simulationsprogramm 145
Software-Entwicklung 123 f., 143 f.
Source Program 144
Spannungs-Frequenz-Umsetzer 98
Spannungsgesteuerter Oszillator 98
Speicher, -Adressierung 51
–, allgemein 4, 37 f.
–, Arbeits- 43
–, -Belegungsplan 115 f.
–, Bit-Organisation 38
–, -Ebene 38
–, -Ein/Ausgabe 97
–, externe 18
–, Festwert- 40 f.
–, flüchtiger (volatile) 43
–, interne 17
–, Massen- 18
–, nicht flüchtige (non volatile) 40 f.
–, Silo- 44
–, Wort-Organisation 38
Speicherprogrammierbare Steuerungen SPS 2,
     155 f., 159
Sperr-Eingang 59
Sprecher (Talker) 65
Sprungbefehle 107
SSI (Small Scale Integration) 20
Standby-Betrieb 43
Stapelspeicher (Stack) 45
Stapelzeiger (Stack Pointer) 45
Startbit 61

Status-Bits 37
Statusregister 37, 48
Stellglied 155
STEP Programmiersprache 170 f.
Steueranweisung 163
Steuerbus 56 f., 64
Steuergröße 155
Steuerkette 155
Steuerprogramm 157
Steuerschrank 157
Steuerung, allgemein 155 f.
–, Arten von 157 f.
–, speicherprogrammierbare SPS 2, 155 f.
–, verbindungsprogrammierte 157
Steuerungsanweisung 163
Steuerwerk 4, 46
Störgröße 155
Stop-Bit 61
Strobe-Signal 62
Struktorgramm 126 f.
Strukturierte Programmierung 126
Sukzessive Approximation 76
Synchroner Betrieb 30
Syntax, Syntax-Fehler 136

Takt 278 f., 46
Talker 65
Task-Struktur 114
Tastaturabfrage-Baustein 83
Tastaturen 81 f.
Teach-in-Prozeß 1, 153
Technologie-Schema 170, 172
Test von Programmen 143 f.
Thumb-Wheel-Switch 81
Top-Down-Entwurf 120
Tor, Torschaltung 27
Trackingverfahren (ADU) 77
Transducer 70
Transferbefehle 103 f.
Treiber 57
Tri-State-Betrieb 58
TTL-Technik 63

UART (Universal Asynchronous Receiver/
     Transmitter) 98
Übertragungsgeschwindigkeit 60
Uhrenbaustein 100
Unbedingter Sprung 108
UND-Verknüpfung 15
Uni-direktional 5
Universalzähler 33
Unmittelbare Adressierung 51
Unterbrechungsgesteuerter (Interrupt Driven)
     Datenaustausch 113
Unterprogramme 108, 120 f., 126

Untersetzerzähler 34
USART (Universal Synchronous/Asynchronous
    Receiver/Transmitter) 98

VCO (Voltage Controlled Oscillator) 78
Verbindungsprogrammierte Steuerung 157
Verblockung 172
Verdrahtetes ODER, UND 64
Verdrahtungsseite 23
Vergleicher 76
Vergleichsbefehle 106
Verknüpfungsergebnis VKE 167
Verknüpfungsprogrammierte Steuerung 159
Verschachteln von Schleifen (Nesting) 125,
    131
Verstärker 18, 57, 70
Verzweigung (von Programmen) 122, **124**
VIA (Versatile Interface Adapter) 97
Vierfelder-Liste 132 f.
VLSI (Very Large Scale Integration) 20
Vorwärtszähler 30 f.
Vorwahl (beim Zähler) 33

Wägeverfahren (Sukzessive Approximation)
    76
Wechseltakt-Schrift 85
Wired AND/OR 64
Wort, binäres 9
Wort-Organisation 38
Write/Read-Eingang 43, 53, 59

X-Y-Schreiber 92

Zähler, allgemein 30 f.
—, -Bausteine 100
—, dezimale 32
—, duale 32
—, universelle 33
—, Untersetzer- 35
—, -Vorwahl 32
Zählpfeil 15
Zähltakt 32
Zahlensysteme, dezimal 8
—, dual 9 f.
—, hexadezimal 11
Zeichengenerator 93
Zeitdiagramm 6
Zeitmessung, digitale 77
Zentraleinheit CPU 56 f.
Zero-Bit 37, 106
Zielmaschine 136
Zugriffszeit 39
Zustandsbits 37
Zwei-aus-5-Code 14
Zweiflanken-Umsetzer (Dual Slope) 77
Zweiwertige (binäre) Elemente 7
Zweiwort-Befehl 50
Zykluszeit 39
—, -Überwachung 170
Z-Zustand 58